IEC 60870-5-104 电力系统应用技术

主　编　王顺江

副主编　王　巍　李　铁　崔　岱

　　　　佟智波　谷　博

中国电力出版社
CHINA ELECTRIC POWER PRESS

内容提要

本书依据中华人民共和国国家能源局于2009年发布的电力行业标准《远动设备及系统　第5-104部分：传输规约 采用标准传输文件集的IEC 60870-5-101网络访问》（DL/T 634.5104—2009），从IEC 60870-5-104规约在我国电力系统的实际应用出发，深入浅出地解析了IEC 60870-5-104规约各类报文结构，并对各类报文进行实例详解。本书共分十一章，包括规约原文、104规约在电力系统中的应用、短帧报文、总召、遥信、遥测、遥控、遥调、时钟报文、SOE、规约扩展，涵盖了目前电力系统调度自动化专业日常工作中的规约报文详解。

图书在版编目（CIP）数据

IEC 60870-5-104电力系统应用技术 / 王顺江主编 .— 北京：中国电力出版社，2021.12（2023.1重印）
ISBN 978-7-5198-6031-8

Ⅰ.①I…　Ⅱ.①王…　Ⅲ.①电力系统—研究　Ⅳ.①TM71

中国版本图书馆CIP数据核字（2021）第194088号

出版发行：中国电力出版社
地　　址：北京市东城区北京站西街19号（邮政编码100005）
网　　址：http：//www.cepp.sgcc.com.cn
责任编辑：孙　芳（010-63412381）
责任校对：黄　蓓　常燕昆
装帧设计：赵丽媛
责任印制：吴　迪

印　　刷：三河市万龙印装有限公司
版　　次：2021年12月第一版
印　　次：2023年1月北京第二次印刷
开　　本：787毫米 ×1092毫米　16开本
印　　张：14.25
字　　数：314千字
印　　数：1001-2000册
定　　价：90.00元

编委会

前言

随着我国电力系统的快速发展，电网结构日趋复杂，电力系统的各种运行参数瞬息万变、互相影响，加之调度自动化系统规模的不断扩大，更加先进的自动化主站和厂站系统不断出现，给电网调度自动化维护人员提出了更高的要求。目前，调度自动化主站和厂站维护人员出现结构性缺员，并在处理自动化系统异常时过度依赖厂家，自动化维护人员掌握的专业技能仍停留在表面，不能及时分析、处理自动化系统的异常及故障，这对整个调度自动化专业来说是极为不利的。

2009 年全国电力系统管理及其信息交换标准化技术委员会经国家发展和改革委员会批准立项，按照 IEC 60870-5-104：2006《远动设备及系统　第 5-104 部分：传输规约 采用标准传输协议集的 IEC 60870-5-101 网络访问》第 2 版对 DL/T 634.5104—2002 进行修订，用 DL/T 634.5104—2009 替代原 DL/T 634.5104—2002 版。由于该协议具有多种报文传输类型和不同的参数配置方式，其原文抽象的内容更是初学者难以把握。为了解决自动化运维人员对 IEC 60870-5-104 规约的理解困难和执行偏差，国网辽宁省电力有限公司电力调控中心自动化专业资深专家王顺江博士组织辽宁省内各自动化专业专家，经认真斟酌，编写了本书。本书可以指导自动化专业技术人员规范应用 IEC 60870-5-104（DL/T 634.5104—2009）协议，更好地实现对电网安全监控，保障电网安全、稳定、经济运行。

在编写组全体成员的共同努力下，经过初稿编写、轮换修改、集中会审、送审、定稿、校稿等多个阶段，完成了本书的编写和出版工作。本书各章节中讲解的各类报文准确、全面，符合现场工作实际，为自动化运维人员提供经验分享和技术支持，从而全面提升调度自动化人员运维能力。本书适合电力系统自动化工作人员阅读，希望各位读者通过阅读本书，提升对 IEC 60870-5-104 规约的理解，为日常工作带来帮助，本书编辑时间较短，若有错漏，请各位读者批评指正。

编者

2021 年 10 月

目 录

第 1 章　规约原文

远动设备及系统　第 5-104 部分：传输规约
采用标准传输协议集的 IEC 60870-5-101 网络访问

1.1　范围

本部分适用于具有串行比特编码数据传输的远动设备和系统，用以对地理广域过程的监视和控制。制订远动配套标准的目的是使兼容的远动设备之间达到互操作。本部分引用了 GB/T 18657 的系列文件。本部分规定了 GB/T 634.5101 的应用层与 TCP/IP 提供的传输功能的结合。在 TCP/IP 框架内，可以运用不同的网络类型，包括 X.25、FR（帧中继）、ATM（异步传输模式）和 ISDN（综合服务数据网络）。根据相同的定义，不同的 ASDU [包括 GB/T 18657 全部配套标准（例如 DL/T 719）所定义的 ASDU] 可以与 TCP/IP 相结合，不过在本部分没有进一步说明。

本部分不包括安全机制。

1.2　规范性引用文件

下列文件中条款通过本部分的引用而成为本部分的条款。凡是注日期的引用文件，其随后所有的修改单（不包括勘误的内容）或修订版均不适用于本部分，然而，鼓励根据本部分达成协议的各方研究是否可使用这些文件的最新版本。凡是不注日期的引用文件，其最新版本适用于本部分。

GB/T 18657.3　远动设备及系统　第 5 部分：传输规约　第 3 篇：应用数据的一般结构

GB/T 18657.4　远动设备及系统　第 5 部分：传输规约　第 4 篇：应用信息元素的定义和编码

GB/T 18657.5　远动设备及系统　第 5 部分：传输规约　第 5 篇：基本应用功能

DL/T 634.5101　远动设备及系统　第 5 部分：传输规约　第 101 篇：基本远动任务的配套标准

DL/T 719　远动设备及系统　第 5 部分：传输规约　第 102 篇：电力系统电能累计量传

输规约的配套标准

ITU-T　建议 X.25：1996　数据终端设备（DTE）与数据通信设备的接口，用于工作在分组方式，以及通过专用电路与共用数据网相连接的终端

IEEE 802.3：1998　信息技术　电讯与系统间信息交换　局域网与城域网　特殊要求　第 3 部分：载波侦听多址访问冲突检测（CSMA/CD）访问方法与物理层规范

RFC 791　互联网协议　请求注释 791（MILSTD 1777）（9，1981）

RFC 793　传输控制协议　请求注释 793（MILSTD 1778）（9，1981）

RFC 894　以太网上的互联网协议

RFC 1661　点对点协议（PPP）

RFC 1662　HDLC 帧上的 PPP

RFC 1700　赋值，请求注释 1700（STD 2）（10，1994）

RFC 2200　豆联网正式协议标准集，请求注释 2200（6，1997）

1.3　一般体系结构

本部分定义了开放的 TCP/IP 接口的使用，这个网络包含例如传输 DL/T 634.5101 ASDU 的远动设备的局域网。包含不同广域网类型（如 X.25、帧中继、ISDN 等）的路由器可通过公共的 TCP/IP——局域网接口互联（见图 1-1）。图 1-1 所示为一个主站的冗余配置与一个非冗余系统的配置。

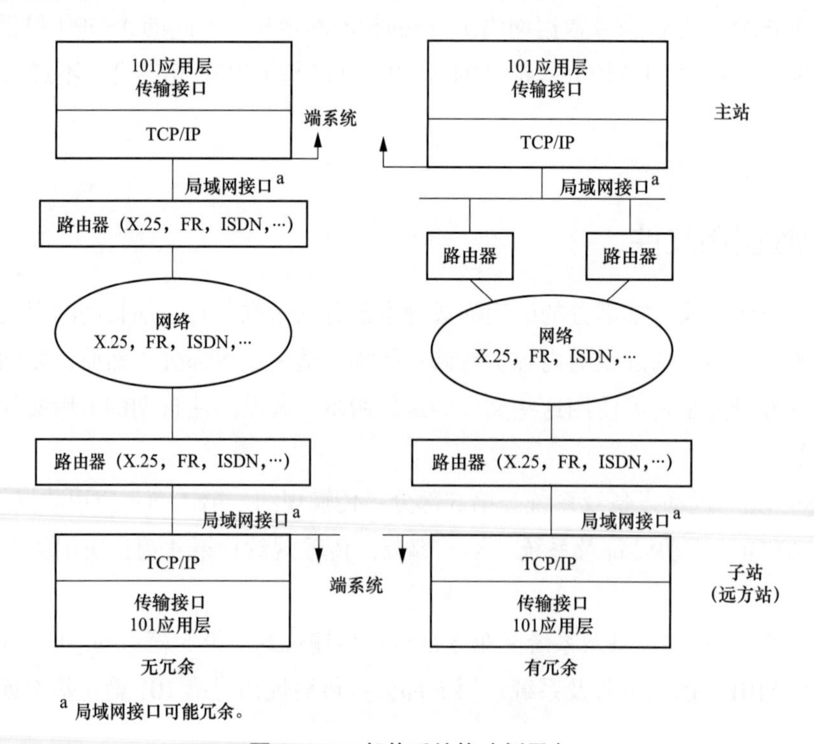

图 1-1　一般体系结构（例子）

使用单独的路由器有以下好处：

（1）端系统无需特殊的网络软件；

（2）端系统无需路由功能；

（3）端系统无需网络管理；

（4）更便于从专门从事于远动设备的制造商处得到端系统；

（5）更便于从非专业远动设备的制造商处得到适用于各种网络的路由器；

（6）只需更换路由器即可改变网络类型，而对端系统没有影响；

（7）特别适合于转换原已存在的支持 DL/T 634.5101 的端系统；

（8）现在和将来都易于实现。

1.4　协议结构

图 1–2 所示为端系统的规约结构。

根据DL/T 634.5101，从GB/T 18657.5中选取的应用功能	初始化	用户进程
从DL/T 634.5101和本部分选取的ASDU		应用层（第7层）
APCI（应用协议控制信息） 传输接口（用户到TCP的接口）		
TCP/IP 协议子集（RFC 2200）		传输层（第4层）
		网络层（第3层）
		链路层（第2层）
		物理层（第1层）
注：第5层、第6层未用。		

图 1–2　已定义的远动配套标准选择的标准版本

图 1–3 所示为本部分推荐使用的 TCP/IP 协议子集（RFC 2200）。本部分出版时，RFC 文件均为有效，但可能在某时被等效的 RFC 文件所取代。相关的 RFC 文件可从网址 http：//www.ietf.org 取得。

传输层接口（用户到TCP的接口）

RFC 793（传输控制协议）		传输层（第4层）
RFC 791（互联网协议）		网络层（第3层）
RFC 1661（PPP）	RFC 894（在以太网上传输IP数据报）	数据链路层（第2层）
RFC 1662（HDLC 帧格式 PPP）		
X.21	IEEE 802.3	物理层（第1层）
串行线	以太网	

图 1–3　已选择的 TCP/IP 协议集 RFC 2200 的标准版本

在图 1–1 所示的例子中，以太网 802.3 栈可能被用于远动站端系统或 DTE（数据终端设备）驱动一单独的路由器。如果不要求冗余，可以用点对点的接口（如 X.21）代替局域网接口接到单独的路由器，这样可以在对原先支持 DL/T 634.5101 的端系统进行转化时，保留更多原先的硬件。

可使用其他来自 RFC 2200 的兼容子集。

本部分采用的 TCP/IP 传输集与在其他引用标准中的定义相同，没有变更。

1.5 应用协议控制信息（APCI）的定义

传输接口（用户到 TCP）是一个面向流的接口，它没有为 DL/T 634.5101 中的 ASDU 定义任何启动或停止机制。为了检出 ASDU 的启动和结束，每个 APCI 包括下列的定界元素：一个启动字符，ASDU 的长度的规范以及控制域（见图 1–4）。可传送一个完整的 APDU（或者出于控制目的，仅有 APCI 域，见图 1–5）。

注：上段中所使用的缩略语均出自 GB/T 18657.3 的第 5 章，如下所示：

APCI　应用协议控制信息

ASDU　应用服务数据单元

APDU　应用协议数据单元

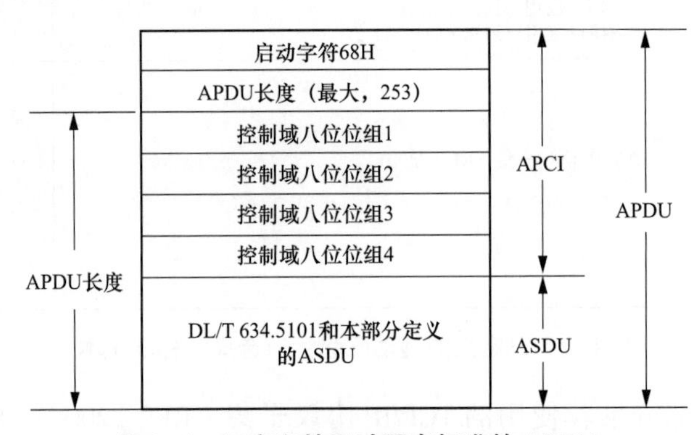

图 1–4　已定义的远动配套标准的 APDU

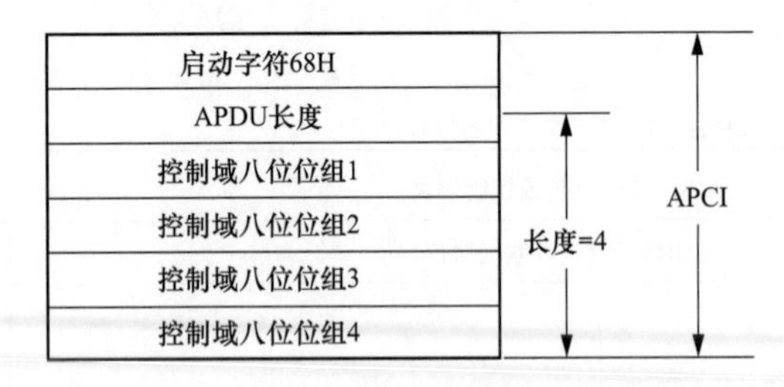

图 1–5　已定义的远动配套标准的 APCI

启动字符 68H 定义了数据流中的起点。

APDU 的长度域定义了 APDU 体的长度，它包括 APCI 的四个控制域八位位组和 ASDU。第一个被计数的八位位组是控制域的第一个八位位组，最后一个被计数的八位位组是 ASDU 的最后一个八位位组。ASDU 的最大长度限制在 249 以内，因为 APDU 域的最大长度是 253

（APDU 最大值 =255 减去启动和长度八位位组），控制域的长度是 4 个八位位组。

控制域定义了保护报文不至丢失和重复传送的控制信息、报文传输启动 / 停止以及传输连接的监视等控制信息。控制域的计数器机制是根据 ITU-T X.25 标准中推荐的 2.3.2.2.1 ～ 2.3.2.2.5 来定义的。

图 1-6 ～图 1-8 为控制域的定义。

三种类型的控制域格式用于编号的信息传输（I 格式）、编号的监视功能（S 格式）和未编号的控制功能（U 格式）。

控制域第一个八位位组的比特 1=0 定义 I 格式，I 格式的 APDU 总是包含一个 ASDU。I 格式的控制信息如图 1-6 所示。

<table>
<tr><td>bit</td><td>8</td><td>7</td><td>6</td><td>5</td><td>4</td><td>3</td><td>2</td><td>1</td><td></td></tr>
<tr><td></td><td colspan="7">发送序列号 N(S)　LSB</td><td>0</td><td>八位位组 1</td></tr>
<tr><td></td><td colspan="8">MSB　发送序列号 N(S)</td><td>八位位组 2</td></tr>
<tr><td></td><td colspan="7">接收序列号 N(R)　LSB</td><td>0</td><td>八位位组 3</td></tr>
<tr><td></td><td colspan="8">MSB　接收序列号 N(R)</td><td>八位位组 4</td></tr>
</table>

图 1-6　信息传输格式类型（I 格式）的控制域

控制域第一个八位位组的比特 1=1 并且比特 2=0 定义 S 格式。S 格式的 APDU 只包括 APCI。S 格式的控制信息如图 1-7 所示。

<table>
<tr><td>bit</td><td>8</td><td>7</td><td>6</td><td>5</td><td>4</td><td>3</td><td>2</td><td>1</td><td></td></tr>
<tr><td></td><td colspan="6">0</td><td>0</td><td>1</td><td>八位位组 1</td></tr>
<tr><td></td><td colspan="8">0</td><td>八位位组 2</td></tr>
<tr><td></td><td colspan="7">接收序列号 N(R)　LSB</td><td>0</td><td>八位位组 3</td></tr>
<tr><td></td><td colspan="8">MSB　接收序列号 N(R)</td><td>八位位组 4</td></tr>
</table>

图 1-7　编号的监视功能类型（S 格式）的控制域

控制域第一个八位位组的比特 1=1 并且比特 2=1 定义了 U 格式。U 格式的 APDU 只包括 APCI.U 格式的控制信息，如图 1-8 所示。在同一时刻，TESTFR、STOPDT 或 STARTDT 中只有一个功能可以激活。

<table>
<tr><td>bit</td><td>8</td><td>7</td><td>6</td><td>5</td><td>4</td><td>3</td><td>2</td><td>1</td><td></td></tr>
<tr><td rowspan="2"></td><td colspan="2">TESTFR</td><td colspan="2">STOPDT</td><td colspan="2">STARTDT</td><td rowspan="2">1</td><td rowspan="2">1</td><td rowspan="2">八位位组 1</td></tr>
<tr><td>确认</td><td>激活</td><td>确认</td><td>激活</td><td>确认</td><td>激活</td></tr>
<tr><td></td><td colspan="8">0</td><td>八位位组 2</td></tr>
<tr><td></td><td colspan="7">0</td><td>0</td><td>八位位组 3</td></tr>
<tr><td></td><td colspan="8">0</td><td>八位位组 4</td></tr>
</table>

图 1-8　未编号的控制功能类型（U 格式）的控制域

1.5.1 防止报文丢失和报文重复

发送序列号 $N(S)$ 和接收序列号 $N(R)$ 的使用与 ITU-T X.25 定义的方法一致。为简化起见，附加的次序如图 1-9 ~ 图 1-12 所示。

两个序列号在每个 APDU 和每个方向上都应按顺序加一。发送方增加发送序列号 $N(S)$，接受方增加接收序列号 $N(R)$。接收站认可接收的每个 APDU 或者多个 APDU，将最后一个正确接收的 APDU 的发送序列号加 1❶作为接收序列号返回。发送站把一个或多个 APDU 保存在缓冲区里，直到它收到接收序列号，这个接收序列号是对所有发送序列号小于该号的 APDU 的有效确认，这时就可以删除缓冲区里已正确传送过的 APDU。如只在一个方向进行较长的数据传输，应在另一个方向发送 S 格式认可这些 APDU。这种方法在两个方向上都适用。在建立一个 TCP 连接后，发送和接收序列号都应被设置成 0。

下列定义对图 1-9 ~ 图 1-16 有效：

V(S)——发送状态变量（见 ITU-T X.25）；

V(R)——接收状态变量（见 ITU-T X.25）；

ACK——指示 DTE 已经正确收到所有小于或等于这个编号的 I 格式的 APDU；

I(a, b)——I 格式的 APDU，*a*= 发送序列号，*b*= 接收序列号；

S(b)——S 格式的 APDU，*b*= 接收序列号；

U——未编号的 U 格式的 APDU。

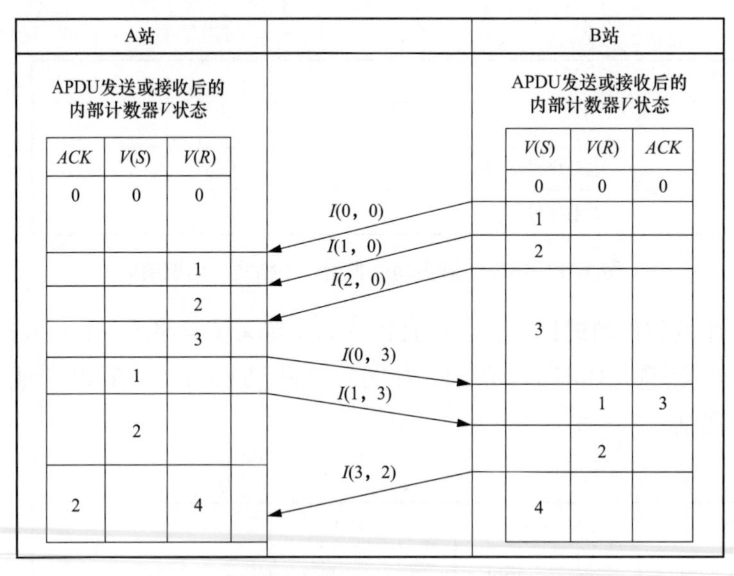

图 1-9 编号的 I 格式 APDU 的未受干扰过程

❶ 原文此处对发送序列号和接收序列号的描述有误，本部分根据原文的附图对此处进行了修改。

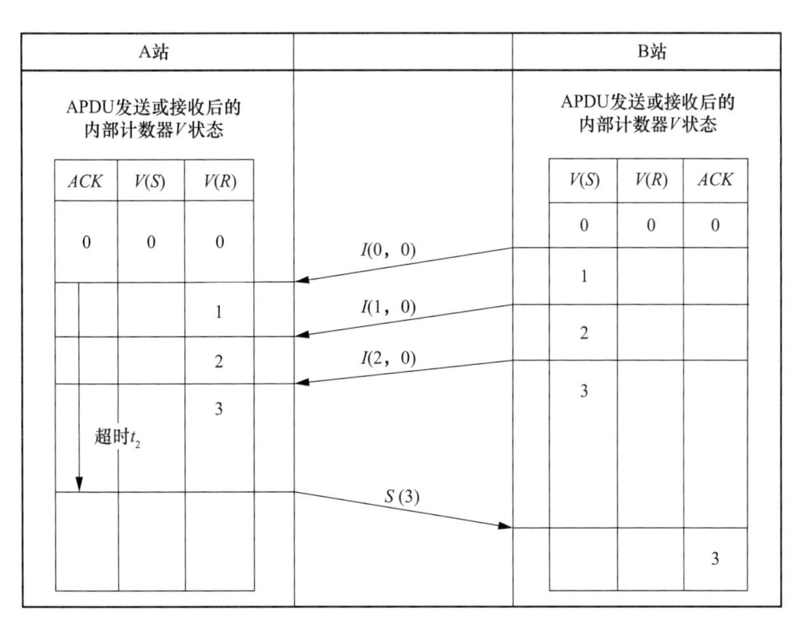

图 1–10　用 S 格式 APDU 确认的编号的 I 格式 APDU 的未受干扰过程

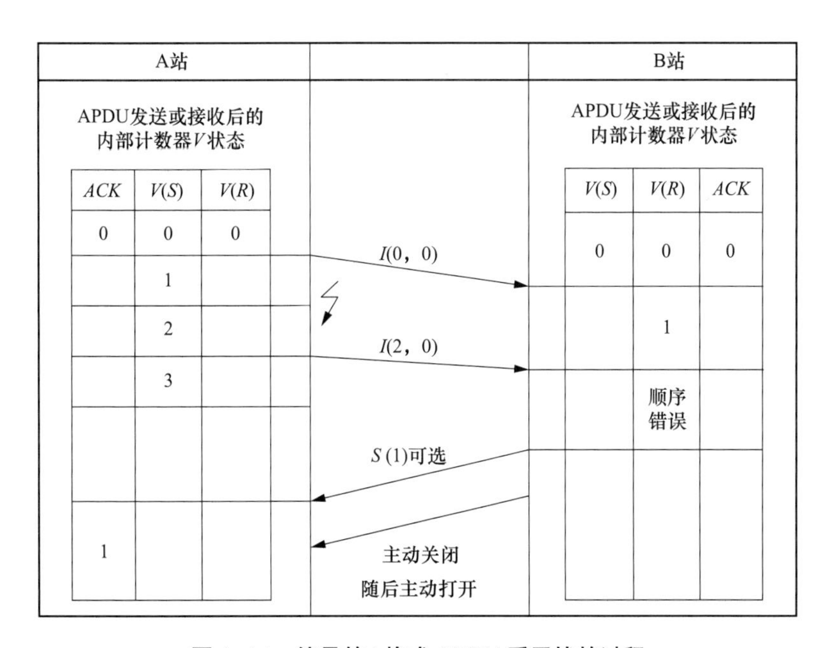

图 1–11　编号的 I 格式 APDU 受干扰的过程

注：为避免重传已接收到的 APDU，在操作主动关闭之前，在可能的情况下应发送一个 S 帧。

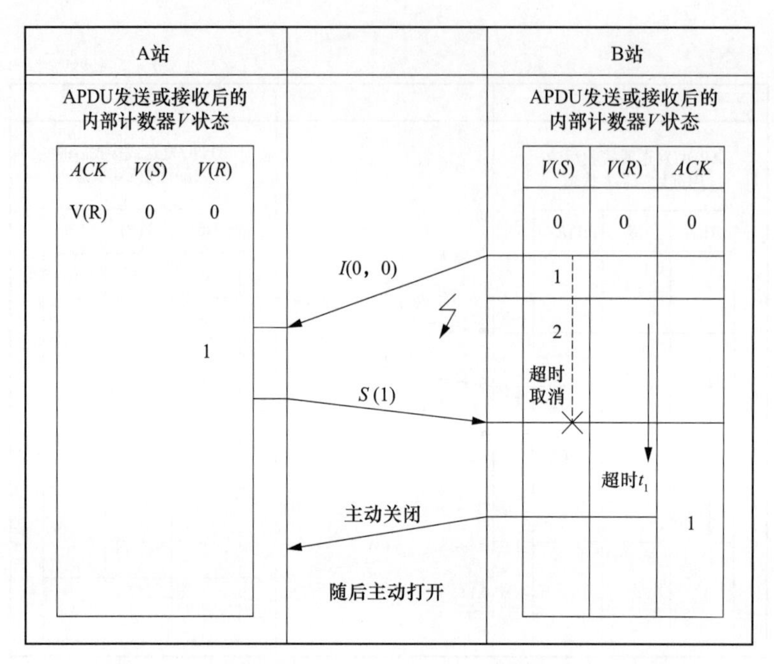

图 1-12　最后的 I 格式 APDU 未被认可情况下的超时

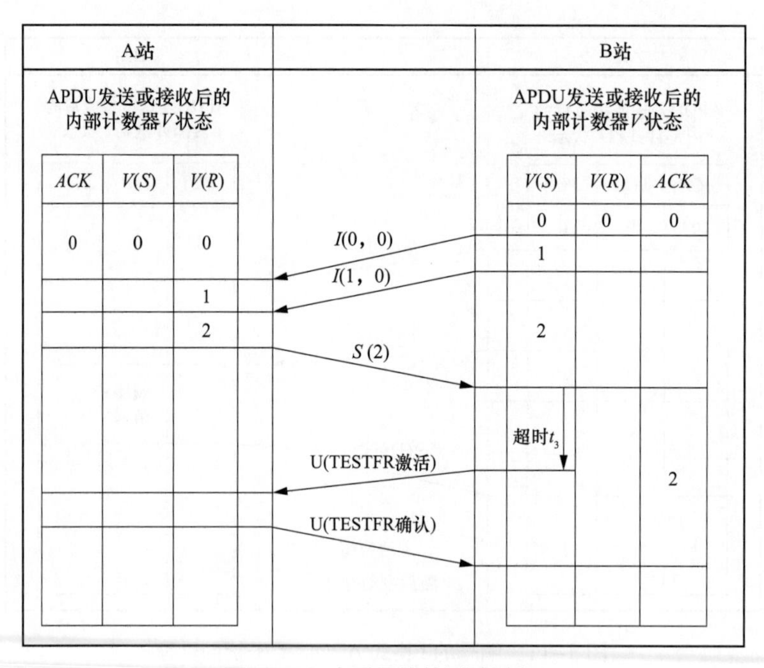

图 1-13　未受干扰的测试过程

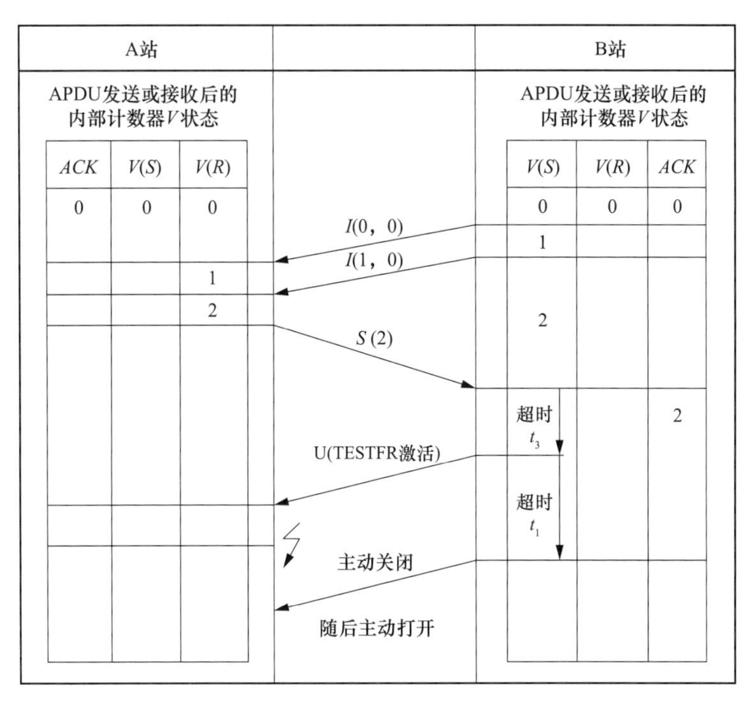

图 1-14 未确认的测试过程

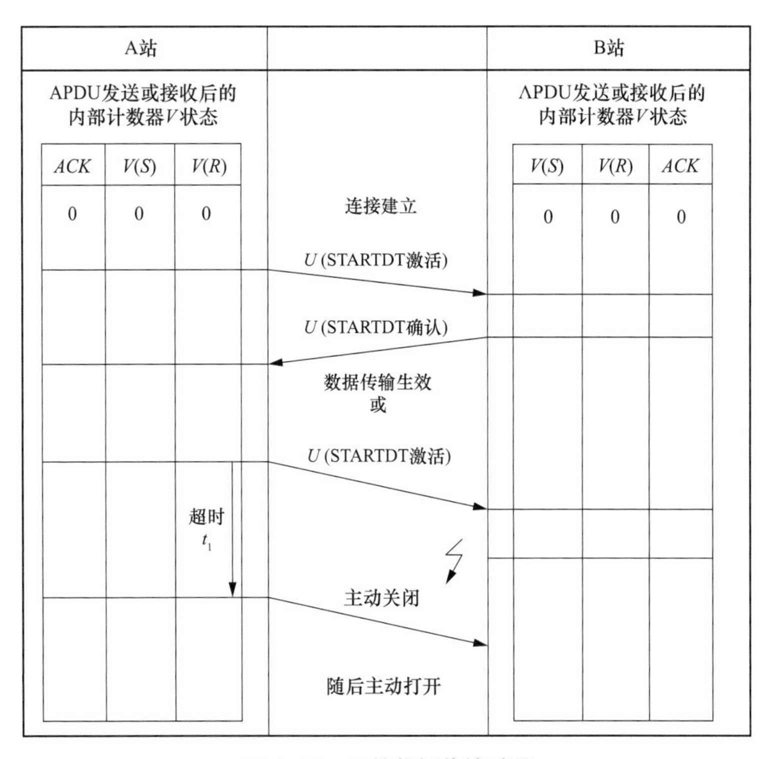

图 1-15 开始数据传输过程

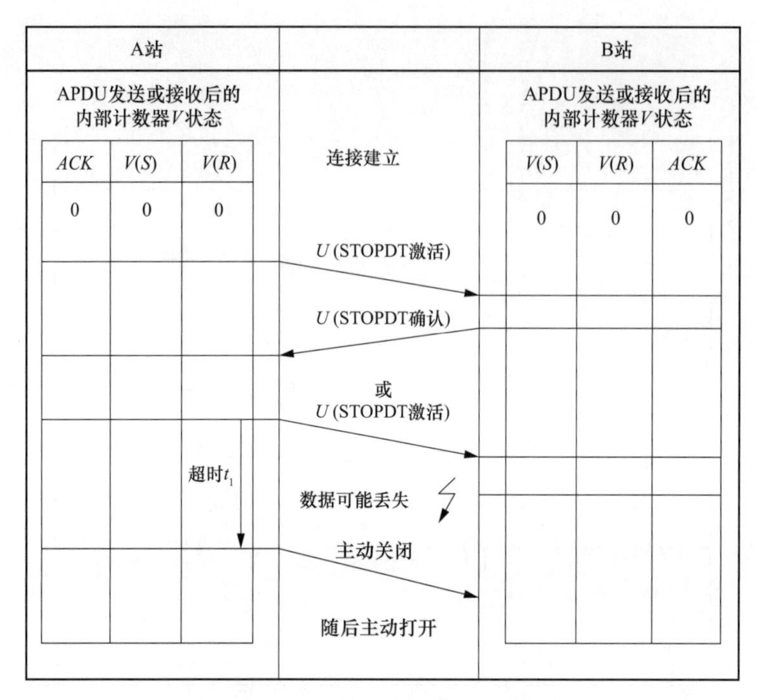

图 1-16　停止数据传输过程

1.5.2　测试过程

未使用但已打开的连接可通过发送测试 APDU（TESTFR=act）并由接收站发送 TESTFR=con，在两个方向上进行周期性测试。发送站和接收站在规定时间段内没有数据传输（超时）均可启动测试过程。每接收一帧（I 帧、S 帧或 U 帧）重新启动定时器 t_3。

B 站应独立地监视连接。但是，如果它接收到从 A 站传来的测试帧，就不再发送测试帧。

当连接长时间缺乏活动性，又需要确保不断时，测试过程也可以在“激活”的连接上启动。

1.5.3　采用启 / 停的传输控制

控制站（如 A 站）可以很有效地利用 STARTDT（启动数据传输）和 STOPDT（停止数据传输）来控制被控站（B 站）的数据传输。例如，当在站间有超过一个以上打开的连接可利用时，一次只有一个连接可用于数据传输。定义 STARTDT 和 STOPDT 的功能在于从一个连接切换到另一个连接时避免数据丢失。STARTDT 和 STOPDT 还可与站间的单个连接一起用于控制连接的通信量。

连接建立后，被控站不会自动使能连接上的用户数据传输，即当一个连接建立时，STOPDT 是默认状态。在这种状态下，除了未编号的控制功能和对这些功能的确认，被控站不通过这个连接发送任何数据。控制站应通过这个连接发送 STARTDT 激活指令激活这个连接中的用户数据传输。被控站用 STARTDT 确认响应这个命令。如果 STARTDT 没有被确认，被控站将关闭这个连接。站初始化之后（见 1.7.1），STARTDT 必须总是在来自被控站的任何用户数据传输（例如，总召唤信息）开始前发送。被控站只有在发送 STARTDT 确认后才能发送任何待发用户数据。

STARTDT/STOPDT 是一种控制站激活 / 解除激活监视方向的机制，即使没有收到激活确认，控制站也可以发送命令或者设定值。发送和接收计数器继续计数，不依赖于 STARTDT/STOPDT 的使用。

在某种情况下，例如，从一个有效连接切换到另一连接（例如，通过操作员），控制站首先在有效连接上传送一个 STOPDT 激活指令，被控站停止这个连接上的用户数据传输并返回一个 STOPDT 确认。待发的对用户数据的 *ACK* 可以在被控站收到 STOPDT 激活指令和返回 STOPTD 确认的时刻之间发送。收到 STOPDT 确认后，控制站可以关闭这个连接。其他的连接上需要一个 STARTDT 启动来自被控站的数据传送（见图 1–17）。

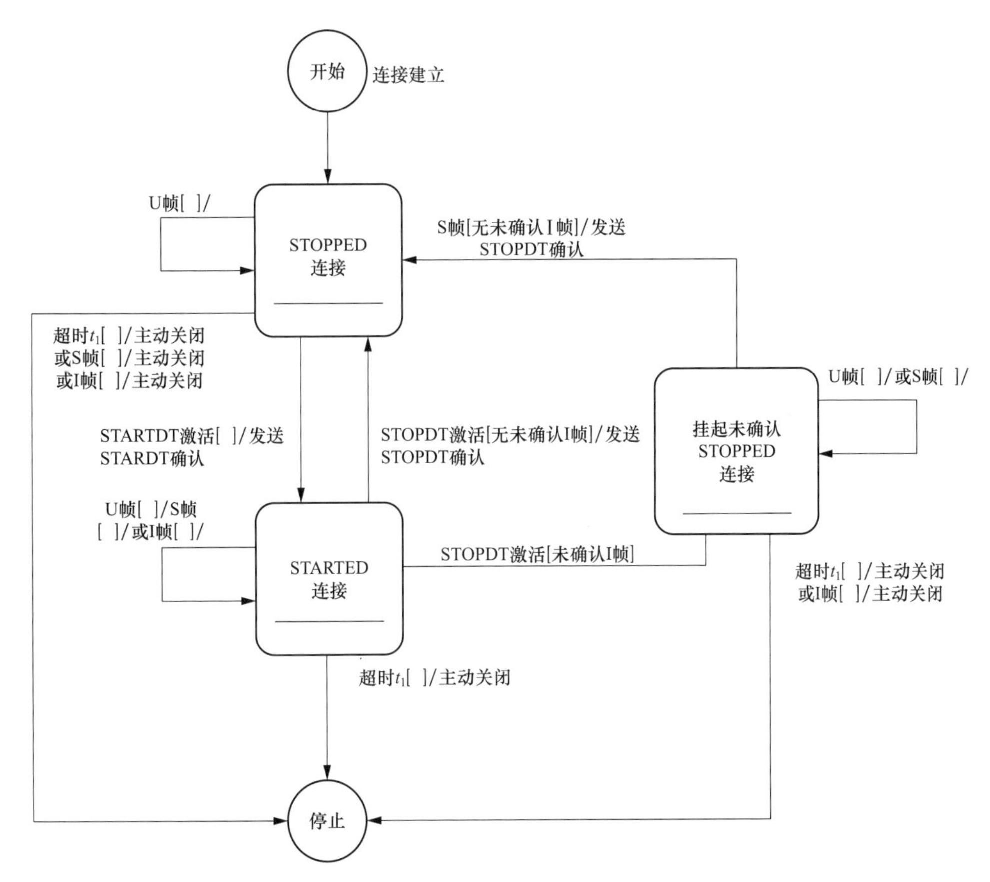

图 1–17　被控站的开始 / 停止状态切换图

注：1. 连接终止意味着 TCP 和应用层协议（CS104）之间没有数据交换。

2. t_1 为发送 U 帧或者 I 帧的超时时间。

STOPDT 激活指令立即停止 I 帧的传输。

一般情况下，控制站在发出 STOPDT 激活指令前确认所有收到的报文，而被控站应该在回答 STOPDT 确认指令前确认所有收到的报文，这类似于在连接关闭前存在挂起的未被确认的报文的情况，见图 1-11。

在 STOPPED 挂起或者 UNCONFIRMED STOPPED 挂起状态时，控制站在收到一帧 I 帧后必须马上发送 S 帧，这确保了被控站能够更快地发送 STOPDT 确认（见图 1-18）。

如果控制站端还有未确认的报文存在，那么被控站必须在发出 STOPDT 确认指令之前首先发送 S 帧以确认这些报文。如果被控站端有未确认的报文存在，那么被控站在发出 STOPDT 之前必须首先等待 S 帧以确认这些报文。

任何连接重新建立后，如果用户进程有需求，在 STARTDT 过程结束后，未经确认的报文可以被发送。

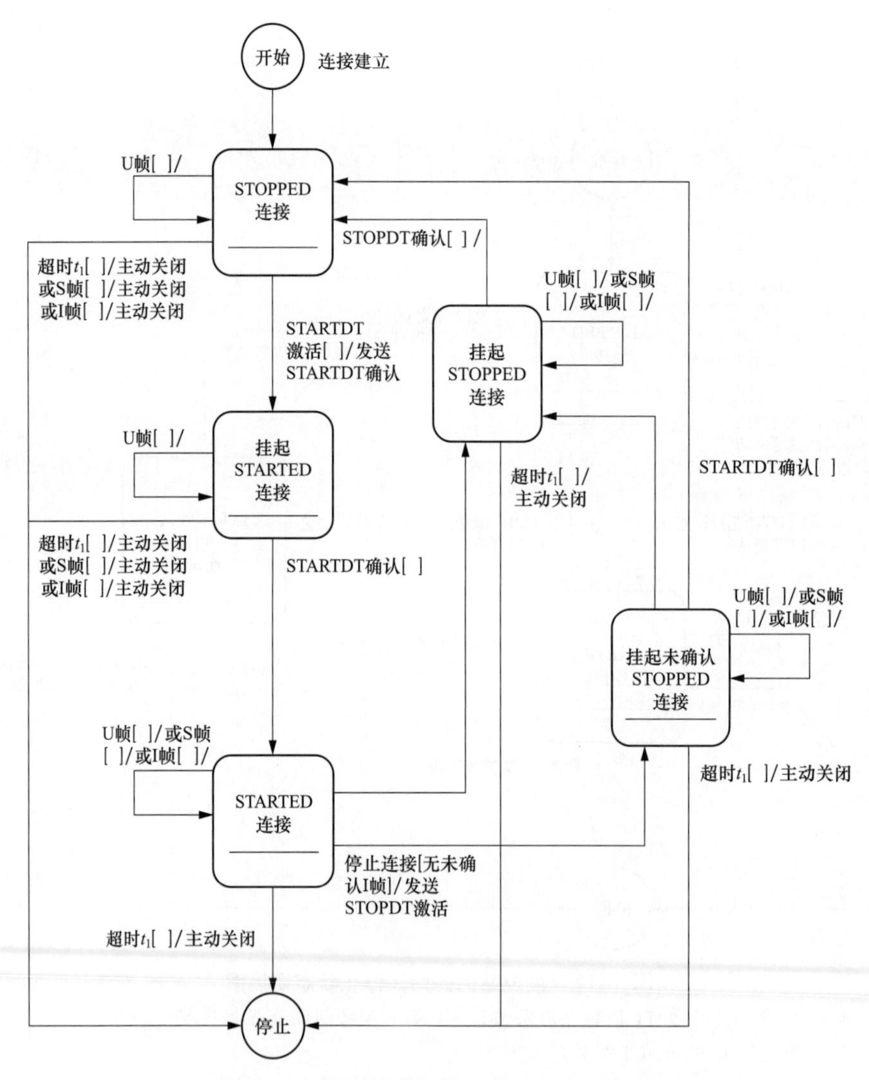

图 1-18　控制站的开始 / 停止状态切换图

注：1. 连接终止意味着 TCP 和应用层协议（CS104）之间没有数据交换。

2. t_1 为发送 U 帧或者 I 帧的超时时间。

1.5.4 端口号

每个 TCP 地址由一个 IP 地址和一个端口号组成。连接到 TCP 局域网中的每台设备均有自己的独立 IP 地址，本部分标准端口号定义为 2404，已由 IANA 确认。

在任何情况下，服务器（被控站）使用端口号 2404 用于侦听端口和已建立的连接。而客户端（控制站）可能利用其他的端口号，例如客户端的 TCP 应用所分配的临时端口号。

1.5.5 未被确认的 I 格式 APDU 最大数目（*k*）

k 表示在某一特定的时间内未被 DTE 确认（即不被承认）的连续编号的 I 格式 APDU 的最大数目。每一 I 格式帧都按顺序编好号，从 0 到模数 *n* 减 1。以 *n* 为模的操作中 *k* 值永远不会超过 *n*–l（见 ITU–T X.25 建议的 2.3.2.2.1 和 2.4.8.6）。

——当未确认 I 格式 APDU 达到 *k* 个时，发送方停止传送。

——接收方收到 *w* 个 I 格式 APDU 后确认。

——模 *n* 操作时 *k* 的最大值是 *n*–1。

k 值的最大范围：1 ~ 32767（2^{15}–1）APDU，精确到一个 APDU。

w 值的最大范围：1 ~ 32767 APDU，精确到一个 APDU（推荐：*w* 不应超过 2/3 的 *k*）。

1.6 DL/T 634.5101 中定义的 ASDU 的选取与新增的 ASDU

在 DL/T 634.5101 中以及本部分第 8 章中定义的表 1–1 ~表 1–6 ASDU 有效。

表 1–1 监视方向的过程信息

类型标识：=UI8[1…8]<0…44>		
<0>	：= 未定义	
<1>	：= 单点信息	M_SP_NA_1
<3>	：= 双点信息	M_DP_NA_1
<5>	：= 步位置信息	M_ST_NA_1
<7>	：=32 比特串	M_BO_NA_1
<9>	：= 测量值，归一化值	M_ME_NA_1
<11>	：= 测量值，标度化值	M_ME_NB_1
<13>	：= 测量值，短浮点数	M_ME_NC_1
<15>	：= 累计量	M_IT_NA_l
<20>	：= 带状态检出的成组单点信息	M_PS_NA_l
<21>	：= 不带品质描述的归一化测量值	M_ME_ND_l
<22…29>	：= 为将来的兼容定义保留	
[a]<30>	：= 带时标 CP56Time2a 的单点信息	M_SP_TB_1
[a]<31>	：= 带时标 CP56Time2a 的双点信息	M_DP_TB_1
[a]<32>	：= 带时标 CP56Time2a 的步位置信息	M_ST_TB_1
[a]<33>	：= 带时标 CP56Time2a 的 32 比特串	M_BO_TB_1
[a]<34>	：= 带时标 CP56Time2a 的测量值，归一化值	M_ME_TD_1
[a]<35>	：= 带时标 CP56Time2a 的测量位，标度化值	M_ME_TE_1
[a]<36>	：= 带时标 CP56Time2a 的测量值，短浮点数	M_ME_TF_1
[a]<37>	：= 带时标 CP56Time2a 的累计量	M_IT_TB_l

续表

[a]<38>	：= 带时标 CP56Time2a 的继电保护装置事件	M_EP_TD_1
[a]<39>	：= 带时标 CP56Time2a 的继电保护装置成组启动事件	M_EP_TE_1
[a]<40>	：= 带时标 CP56Time2a 的继电保护装置成组输出电路信息	M_EP_TF_1
<41…44>	：= 为将来的兼容定义保留	
[a] 这些类型在 DL/T 634.5101 中定义。		

表 1–2　　控制方向的过程信息

类型标识：=UI8[1…8]<45…69>			
CON	<45>	：= 单命令	C_SC_NA_1
CON	<46>	：= 双命令	C_DC_NA_1
CON	<47>	：= 步调节命令	C_RC_NA_1
CON	<48>	：= 设点命令，归一化值	C_SE_NA_1
CON	<49>	：= 设点命令，标度化值	C_SE_NB_1
CON	<50>	：= 设点命令，短浮点数	C_SE_NC_1
CON	<51>	：=32 比特串	C_BO_NA_1
	<52…57>	：= 为将来的兼容定义保留	
控制方向的过程信息，带时标的 ASDU：			
CON	<58>	：= 带时标 CP56Time2a 的单命令	C_SC_TA_1
CON	<59>	：= 带时标 CP56Time2a 的双命令	C_DC_TA_1
CON	<60>	：= 带时标 CP56Time2a 的步调节命令	C_RC_TA_1
CON	<61>	：= 带时标 CP56Time2a 的设点命令，归一化值	C_SE_TA_1
CON	<62>	：= 带时标 CP56Time2a 的设点命令，标度化值	C_SE_TB_1
CON	<63>	：= 带时标 CP56Time2a 的设点命令，短浮点数	C_SE_TC_1
CON	<64>	：= 带时标 CP56Time2a 的 32 比特串	C_BO_TA_1
	<65…69>	：= 为将来的兼容定义保留	

在控制方向传送过程信息给指定站时，可以带时标或者不带时标，但对某一给定的站，两者不可混合发送。

注：在控制方向上具有"CON"标记的 ASDU 是被确认的应用服务，在监视方向上可以用不同的传送原因镜像同样的报文内容。这些镜像 ASDU 用作肯定或否定认可（确定）。

表 1–3　　监视方向的系统信息

类型标识：=UI8[1…8]<70…99>		
<70>	：= 初始化结束	M_EI_NA_1
<71…99>	：= 为将来的兼容定义保留	

表 1–4　　控制方向的系统信息

类型标识：=UI8[1…8]<100…109>			
CON	<100>	：= 总召唤命令	C_IC_NA_1
CON	<101>	：= 电能脉冲召唤命令	C_CI_NA_1
	<102>	：= 读命令	C_RD_NA_1
CON	<103>	：= 时钟同步命令（可选，见 1.7.6）	C_CS_NA_1

续表

CON <105>	：= 复位进程命令	C_RP_NA_1
CON <107>	：= 带时标 CP56Time2a 的测试命令	C_TS_TA_1
<108…109>	：= 为将来的兼容定义保留	

表 1–5　　控制方向的参数

类型标识：=UI8[1…8J<110…119>		
CON <110>	：= 测量值参数，归一化值	P_ME_NA_1
CON <111>	：= 测量值参数，标度化值	P_ME_NB_l
CON <112>	：= 测量值参数，短浮点数	P_ME_NC_1
CON <113>	：= 参数激活	P_AC_NA_1
<114…119>	：= 为将来的兼容定义保留	

表 1–6　　文件传输

类型标识：=UI8[1…8J<120…127>		
<120>	：= 文件已准备好	F_FR_NA_1
<121>	：= 节已准备好	F_SR_NA_1
<122>	：= 召唤目录，选择文件，召唤文件，召唤节	F_SC_NA_1
<123>	：= 最后的节，最后的段	F_LS_NA_1
<124>	：= 确认文件，确认节	F_AF_NA_1
<125>	：= 段	F_SG_NA_1
<126>	：= 目录	F_DR_TA_1
<127>	：= 日志查询 – 请求存档文件	F_SC_NB_1

注：在控制方向上具有“CON”标记的 ASDU 是被确认的应用服务，在监视方向上可以用不同的传送原因镜像同样的报文内容。这些镜像 ASDU 用作肯定或否定认可（确定）。

1.7 选定的应用数据单元和功能与 TCP 服务间的映射关系

本章描述从 GB/T 18657.5 中选出的功能。本部分定义的应用服务被分配到适当的 RFC 793 传输服务上。ASDU 标识与 GB/T 18657.5 定义的相同。

控制站等同于客户（连接者），被控站为服务器（监听者）。

1.7.1 站初始化（GB/T 18657.5 的 6.1.5 ~ 6.1.7）

连接的释放既可由控制站也可由被控站提出，连接的建立有两种方式：

——由一对控制站和被控站中的控制站建立连接。

——两个平等的控制站，固定选择（参数）其中一个站建立连接（见图 1–1）。

图 1–19 显示关闭一个已建立的连接，首先由控制站向其 TCP 发出主动关闭请求，接着被控站向其 TCP 发出被动关闭请求。图 1–19 接着显示建立一个新连接，首先由控制主站向其 TCP 发出主动打开请求，接着被控站向其 TCP 发出被动打开请求。最后图 1–19 显示可选择由被控站主动关闭连接。

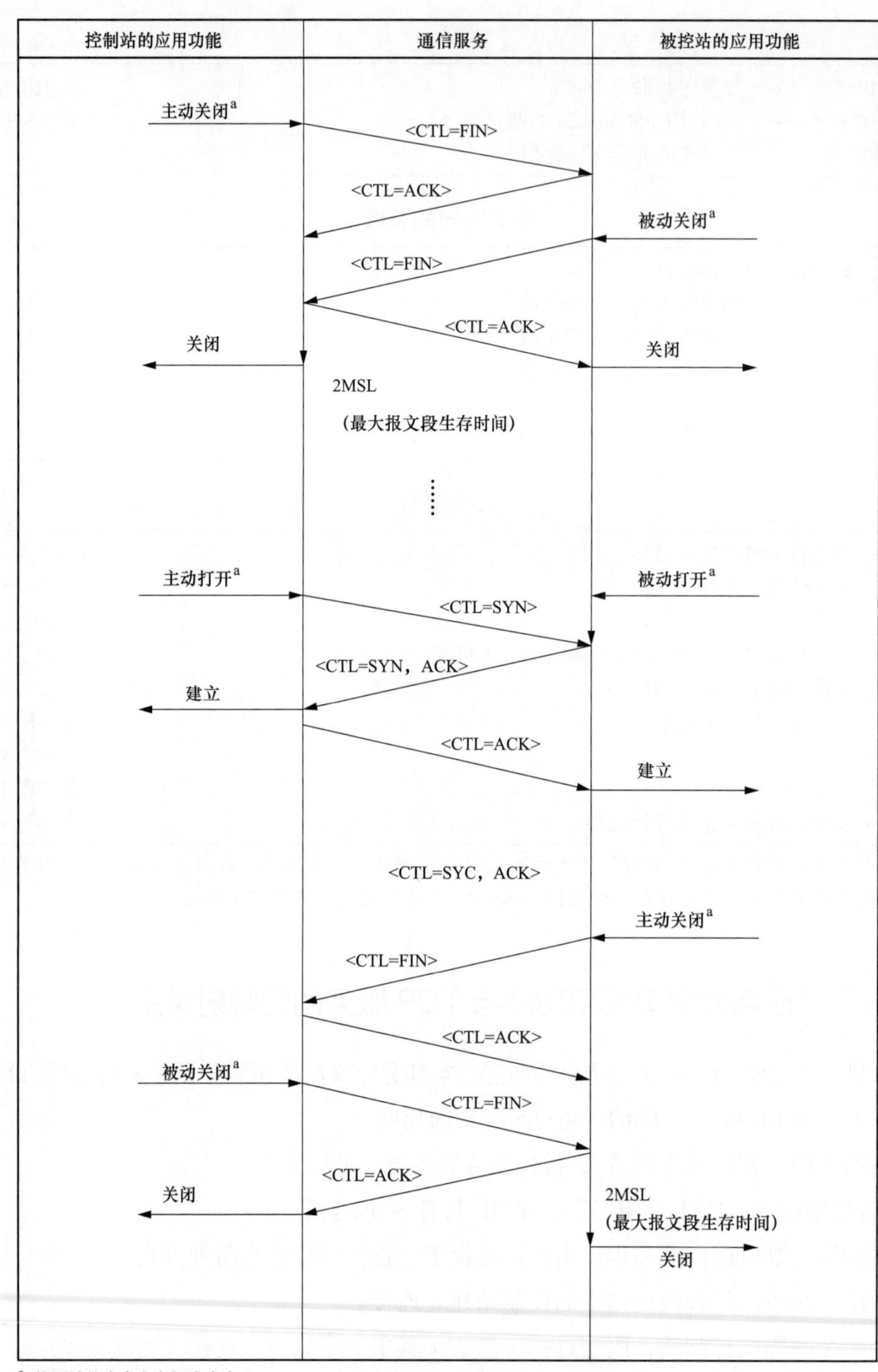

[a] 数据域的内容未在标准中定义。

图 1–19　TCP 连接的建立和关闭

图 1–20 显示控制站初始化时依次与每一个被控站建立连接。由子站 1 开始，控制站向 TCP 发出主动打开请求，如果被控站的 TCP 有监听状态（状态未显示在图中），连接就建立起来了。其他的被控站也重复相同的过程。

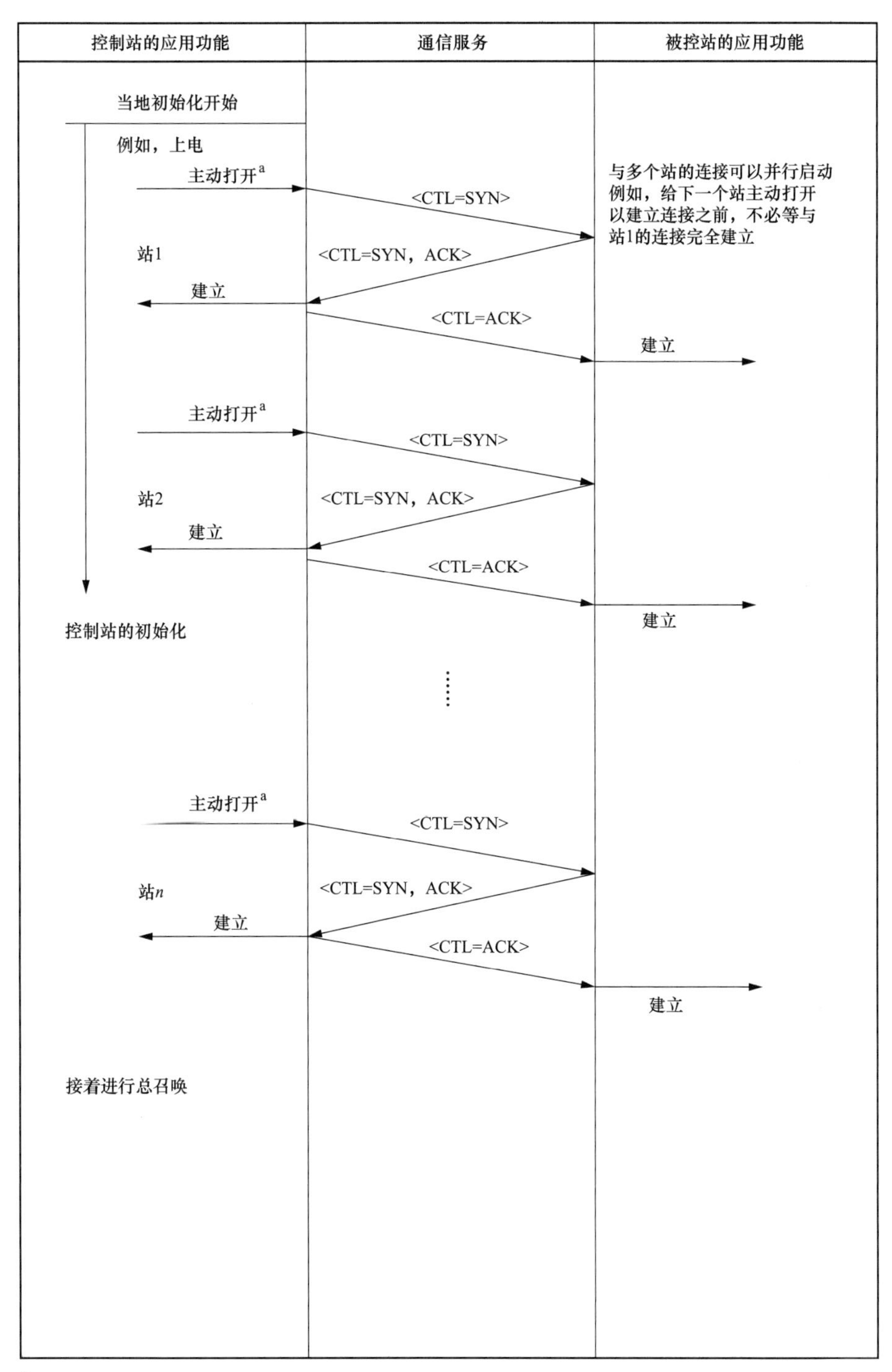

[a] 数据域的内容未在标注中定义。

图 1-20　控制站的初始化

图 1-21 显示控制站反复尝试与被控站建立连接。直到被控站完成本地的初始他，向 TCP 发出被动打开请求，取得监听状态（状态未显示在图 1-21 中），连接才成功。

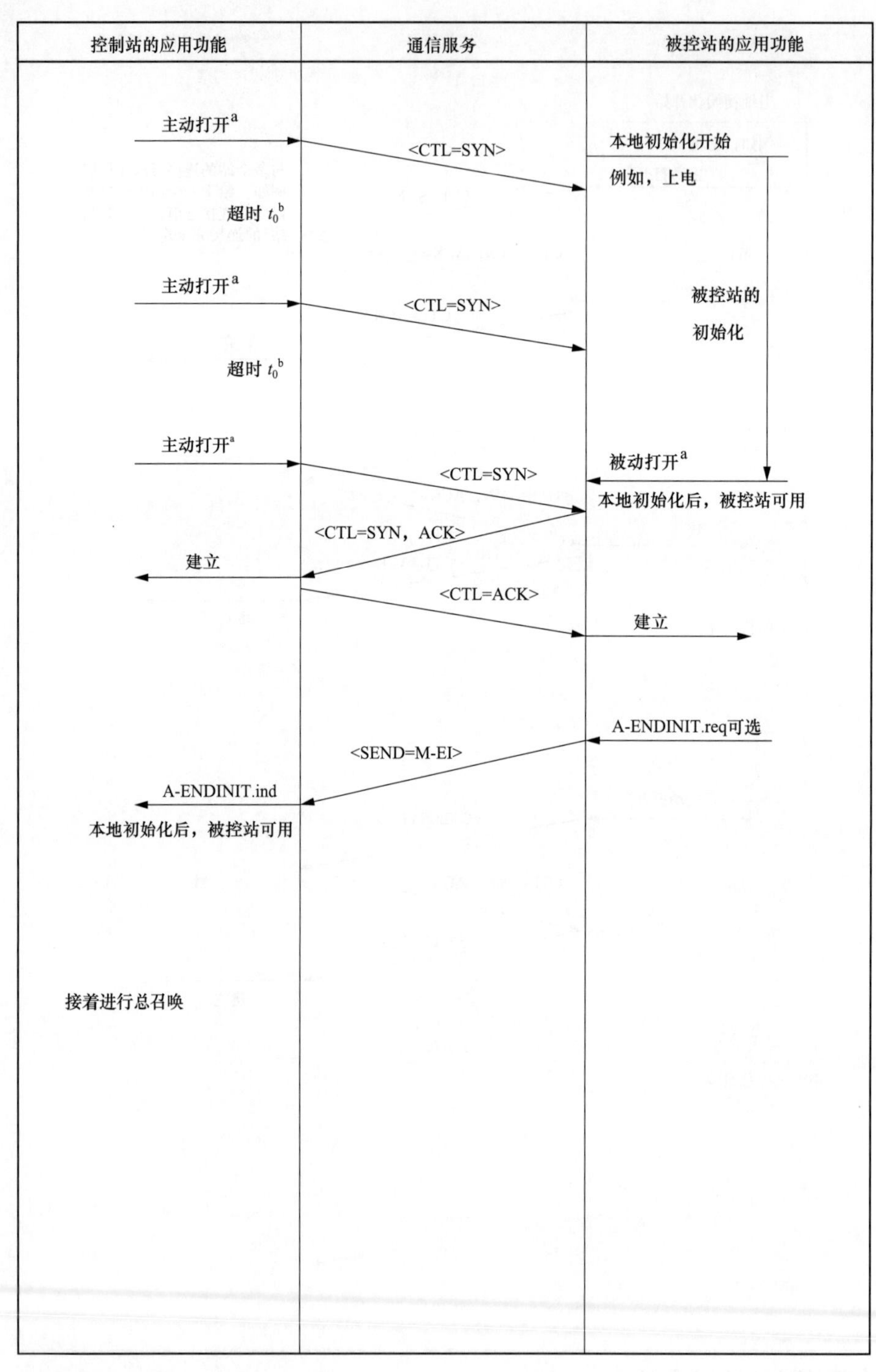

[a] 数据域的内容未在标注中定义。

[b] 计时器t_0指取消打开，而不是重新打开的时间。

图 1–21　被控站的本地初始化

图 1–22 显示控制站向 TCP 发出主动打开请求建立连接，然后向被控站发出复位进程命令，被控站返回确认并向 TCP 发出主动关闭请求。控制站向 TCP 发出被动关闭请求后连接

被释放，然后控制站向 TCP 循环发出主动打开请求，试着连接被控站。当被控子站完成初始化并再次可用，被控站返回 CLT=SYN，ACK。当控制站确认 CLT=SYN，ACK 后，连接建立。

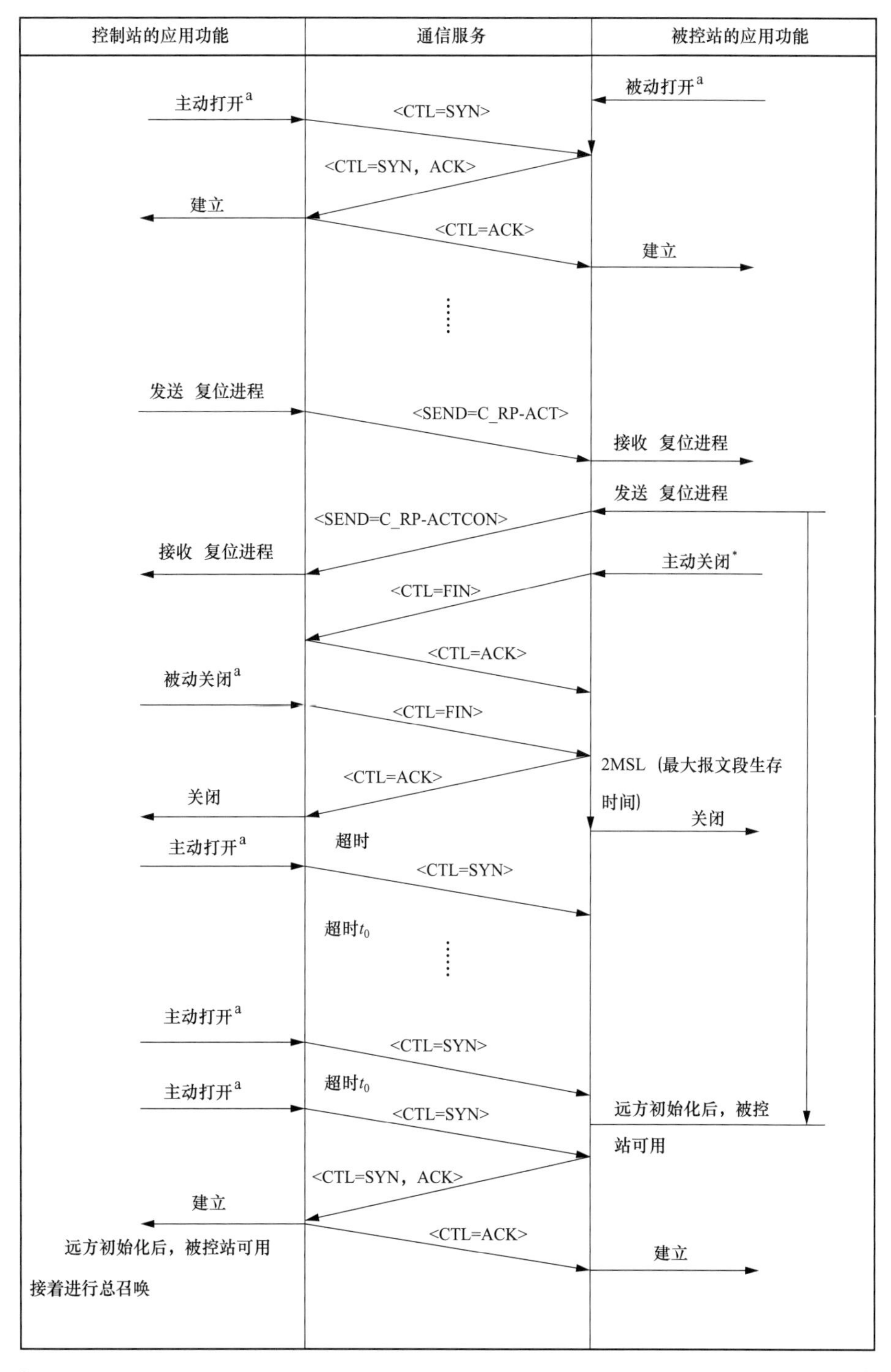

a 数据域的内容未在标注中定义。

图 1–22　被控站的远方初始化

1.7.2 用查询方式收集数据（GB/T 18657.5 的 6.2）

请求 1 级和 2 级用户数据是 GB/T 18657.2 的链路功能，无法用于本标准中。但是可以按照 GB/T 18657.5 中图 1-10 底部所示的方法读取（请求）数据。因为循环请求数据会加重网络传输负担，因此尽管允许，也应尽量避免。

应用服务	TCP 服务	ASDU 标识
GB/T 18657.5	RFC 793	GB/T 18657.5
A_RD_DATA.req	发送	C_RD
A_RD_DATA.ind	接受	C_RD
A_M_DATA.req	发送	M
A_M_DATA.ind	接受	M

1.7.3 循环数据传输（GB/T 18657.5 的 6.3）

应用服务	TCP 服务	ASDU 标识
GB/T 18657.5	RFC 793	GB/T 18657.5
A_CYCLIC_DATA.req	发送	M CYCLIC
A_CYCLIC_DATA.ind	接受	M CYCLIC

1.7.4 事件收集（GB/T 18657.5 的 6.4）

应用服务	TCP 服务	ASDU 标识
GB/T 18657.5	RFC 793	GB/T 18657.5
A_EVENT.req	发送	M SPONT
A_EVENT.ind	接受	M SPONT

1.7.5 总召唤（GB/T 18657.5 的 6.6）

应用服务	TCP 服务	ASDU 标识
GB/T 18657.5	RFC 793	GB/T 18657.5
A_GENINCOM.req	发送	C_IC ACT
A_GENINCOM.ind	接受	C_IC ACT
A_GENINACK.req	发送	C_IC ACTCON
A_GENINACK.ind	接受	C_IC ACTCON
A_INTINF.req	发送	M
A_INTINF.ind	接受	M
A_ENDINT.req	发送	C_IC ACTTERM
A_ENDINT.ind	接受	C_IC ACTTERM

1.7.6 时钟同步（GB/T 18657.5 的 6.7）

应用服务	TCP 服务	ASDU 标识
GB/T 18657.5	RFC 793	GB/T 18657.5
A_CLOCKSYN.req	发送	C_CS ACT
A_CLOCKSYN.ind	接受	C_CS ACT
A_TIMEMESS.req	发送	C_CS ACTCON
A_TIMEMESS.ind	接受	C_CS ACTCON

按照 GB/T 18657.2，链路层提供发送时钟命令的精确时间。因为本部分不使用该链路层，故 GB/T 18657.5 中定义的时钟同步过程无法应用于本部分。

但是，当最大网络延迟小于接收站要求的时钟精度时，配置中仍然可以使用时钟同步。例如，如果网络提供者保证网络延迟不大于 400ms（X.25 WAN 的典型值），并且被控站要求的精度为 1s，时钟同步过程就可以使用，从而避免在几百甚至上千个被控站安装时钟同步接收器或类似的装置。

时钟同步过程参照 GB/T 18657.5 的 6.7，删去"比特 1"和"时间修正"要求以及链路层选项（发送 / 无回答或发送 / 确认）。

被控站的时钟必须与控制站同步，以提供具有正确的按时间顺序排列的带时标的事件和信息对象，不管发送给控制站还是记录在本地。系统初始化完成后，控制站进行初始化同步，以后每隔一段约定的时间发送 C_CS ACT PDU 再同步。

C_CS ACT PDU 包含完整的时钟信息（日期和时间），这个时间是应用层生成报文时的时间，并且具有要求的时间分辨率。被控站内部执行了时钟同步之后，生成一个包含同步前本地时间的 C_CS ACTCON PDU，排在缓冲区中等待发送的带时标的 PDU 之后发送。内部时钟同步之后发生的带时标的事件，排在 C_CS ACTCON PDU 之后发送。

被控站在约定的时间间隔内等待接收时钟同步报文。如果在约定的时间间隔内未收到同步命令，被控站给所有带时标的信息对象设置时标可能不精确（无效）的标志。在被控站初始化（热启动或冷启动）后，收到正确的 C_CS ACT PDU 前，也应设置该标志。收到正确的 C_CS ACT PDU 后发生的带时标的事件，发送时无此标志。

顺序过程描述（见 GB/T 18657.5 图 1–15）

控制站应用进程使用 CLOCKSYN.req 原语发送时钟同步命令，命令包括应用进程的时间和通信服务要求的精度。通信服务使用 C_CS ACT PDU 发送此请求，并使用 A_CLOCKSYN.ind 原语将此请求递交给被控站的应用进程。

完成时钟同步操作后，被控站的应用进程产生一个时间报文，并用由 A_TIMEMESS.req 原语启动的 C_CS ACTCON PDU 发送。这个请求包含被控站收到 A_CLOCKSYN.ind 之前应用进程的时间。这个 PDU 使用 A_TIMEMESS.ind 原语传递给控制站应用进程。

1.7.7 命令传输（GB/T 18657.5 的 6.8）

应用服务	TCP 服务	ASDU 标识
GB/T 18657.5	RFC 793	GB/T 18657.5
A_SELECT.req	发送	C_SC, C_DC, C_SE, C_RC, C_BO ACT
A_SELECT.ind	接收	C_SC, C_DC, C_SE, C_RC, C_BO ACT
A_SELECT.res	发送	C_SC, C_DC, C_SE, C_RC, C_BO ACTCON
A_SELECT.con	接收	C_SC, C_DC, C_SE, C_RC, C_BO ACTCON
A_BREAK.req	发送	C_SC, C_DC, C_SE, C_RC, C_BO DEACT
A_BREAK.ind	接收	C_SC, C_DC, C_SE, C_RC, C_BO DEACT
A_BREAK.res	发送	C_SC, C_DC, C_SE, C_RC, C_BO DEACTCON
A_BREAK.con	接收	C_SC, C_DC, C_SE, C_RC, C_BO DEACTCON
A_EXCO.req	发送	C_SC, C_DC, C_SE, C_RC, C_BO ACT
A_EXCO.ind	接收	C_SC, C_DC, C_SE, C_RC, C_BO ACT
A_EXCO.res	发送	C_SC, C_DC, C_SE, C_RC, C_BO ACTCON
A_EXCO.con	接收	C_SC, C_DC, C_SE, C_RC, C_BO ACTCON
A_RETURN_INF.req	发送	M_SP, M_DP, M_ST
A_RETURN_INF.ind	接收	M_SP, M_DP, M_ST
A_COTERM.req	发送	C_SC, C_DC, C_SE, C_RC, C_BO ACTTERM
A_COTERM.ind	接收	C_SC, C_DC, C_SE, C_RC, C_BO ACTTERM

1.7.8 累计量的传输（GB/T 18657.5 的 6.9）

应用服务	TCP 服务	ASDU 标识
GB/T 18657.5	RFC 793	GB/T 18657.5
A_MEMCNT.req	发送	C_CI ACT
A_MEMCNT.ind	接收	C_CI ACT
A_MEMCNT.res	发送	C_CI ACTCON
A_MEMCNT.con	接收	C_CI ACTCON
A_MEMINCR.req	发送	C_CI ACT
A_MEMINCR.ind	接收	C_CI ACT
A_MEMINCR.res	发送	C_CI ACTCON
A_MEMINCR.con	接收	C_CI ACTCON
A_REQINTO.req	发送	C_CI ACT
A_REQINTO.ind	接收	C_CI ACT

应用服务	TCP 服务	ASDU 标识
A_REQINTO.res	发送	C_CI ACTCON
A_REQINTO.con	接收	C_CI ACTCON
A_INTO_INF.req	发送	M_IT
A_INTO_INF.ind	接收	M_IT
A_ITERM.req	发送	C_CI ACTTERM
A_ITERM.ind	接收	C_CI ACTTERM

1.7.9 参数装载（GB/T 18657.5 的 6.10）

应用服务	TCP 服务	ASDU 标识
GB/T 18657.5	RFC 793	GB/T 18657.5
A_PARAM.req	发送	P_ME ACT
A_PARAM.ind	接收	P_ME ACT
A_PARAM.res	发送	P_ME ACTCON
A_PARAM.con	接收	P_ME ACTCON
A_PACTIV.req	发送	P_AC ACT
A_PACTIV.ind	接收	P_AC ACT
A_PACTIV.res	发送	P_AC ACTCON
A_PACTIV.con	接收	P_AC ACTCON
A_LCPACH.req	发送	P_ME SPONT
A_LCPACH.ind	接收	P_ME SPONT

1.7.10 测试过程（GB/T 18657.5 的 6.11）

应用服务	TCP 服务	ASDU 标识
GB/T 18657.5	RFC 793	GB/T 18657.5
A_TEST.req	发送	C_TS ACT
A_TEST.ind	接收	C_TS ACT
A_TEST.res	发送	C_TS ACTCON
A_TEST.con	接收	C_TS ACTCON

1.7.11 文件传输（GB/T 18657.5 的 6.12）

控制和监视方向

应用服务	TCP 服务	ASDU 标识
GB/T 18657.5	RFC 793	GB/T 18657.5
A_CALL_DIRECTORY.req	发送	F_SC

应用服务	TCP 服务	ASDU 标识
A_CALL_DIRECTORY.ind	接收	F_SC
A_CALL_DIRECTORY.res	发送	F_DR
A_CALL_DIRECTORY.con	接收	F_DR
A_SELECT_FILE.req	发送	F_SC
A_SELECT_FILE.ind	接收	F_SC
A_FILE_READY.req	发送	F_FR
A_FILE_READY.ind	接收	F_FR
A_CALL_FILE.req	发送	F_SC
A_CALL_FILE.ind	接收	F_SC
A_SECTIONl_READY.req	发送	F_SR
A_SECTIONl_READY.ind	接收	F_SR
A_CALL_SECTIONl.req	发送	F_SC
A_CALL_SECTIONl.ind	接收	F_SC
A_SEGMENTl.req	发送	F_SG
A_SEGMENTl.ind	接收	F_SG
A_SEGMENTn.req	发送	F_SG
A_SEGMENTn.ind	接收	F_SG
A_LAST_SEGMENT.req	发送	F_LS
A_LAST_SEGMENT.ind	接收	F_LS
A_ACK_SECTIONl.req	发送	F_AF
A_ACK_SECTIONl.ind	接收	F_AF
A_SECTIONm_READY.req	发送	F_SR
A_SECTIONm_READY.ind	接收	F_SR
A_CALL_SECTIONm.req	发送	F_SC
A_CALL_SECTIONm.ind	接收	F_SC
A_ACK_SECTIONm.req	发送	F_AF
A_ACK_SECTIONm.ind	接收	F_AF
A_LAST_SECTION.req	发送	F_LS
A_LAST_SECTION.ind	接收	F_LS
A_ACK_FILE.req	发送	F_AF
A_ACK_FILE.ind	接收	F_AF

应用服务	TCP 服务	ASDU 标识
A_DIRECTORY.req	发送	F_DR
A_DIRECTORY.ind	接收	F_DR

1.8　控制方向带时标的过程信息 ASDU

本章定义了一些新增的控制方向带时标 CP56Time2a 的 ASDU。这个时标包含从毫秒到年的日期和时钟时间，在 DL/T 634.5101 中有定义。当使用那些可能产生较大的命令延迟的网络时，本部分建议在发送时使用带时标的 ASDU，这样当被控站收到一个超过最大允许延迟（系统特定参数）的命令或设定时，不会发回一个协议上的响应（例如被控站不回复一个“肯定”确认或“否定”确认）。这是因为这个确认信息可能被明显地滞后，并难以与最初的主站请求相关联。命令被传递至被控站的应用耐，这个命令将被识别出来是接收得“太迟”了，且不得执行命令中的任何操作，该时标包含了控制站的命令初始形成时的时间。

1.8.1　类型标识 58:　　　　C_SC_TA_1

带时标 CP56Time2a 的单命令见图 1–23。

单个信息对象（SQ=0）

0	0	1	1	1	0	1	0	类型标识	数据单元标识符
0	0	0	0	0	0	0	1	可变结构限定词	在 DL/T 634.5101
在 DL/T 634.5101 7.2.3中定义								传送原因	7.1 中定义
在 DL/T 634.5101 7.2.4中定义								ASDU公共地址	
在 DL/T 634.5101 7.2.5中定义								信息对象地址	信息对象
S/E	QU					0	SCS	SCO=单命令，在DL/T 634.5101 7.2.6.15中定义	
CP56Time2a DL/T 634.5101 7.2.6.18中定义								7 个八位位组的二进制时间（日期和时间为毫秒至年）	

图 1–23　ASDU：C_SC_TA_1，带时标 CP56Time2a 的单命令

C_SC_TA_1：=CP{ 数据单元标识符，信息对象地址，SCO，CP56Time2a}

类型标识 58：=C_SC_TA_1 中使用的传送原因：

在控制方向：

<6>　　　：= 激活

<8>　　　：= 停止激活

在监视方向：

<9>　　　：= 激活确认

<9>　　　：= 停止激活确认

<10>　　: = 激活终止

<44>　　: = 未知的类型标识

<45>　　: = 未知的传送原因

<46>　　: = 未知的 ASDU 公共地址

<47>　　: = 未知的信息对象地址

1.8.2 类型标识 59:　　C_DC_TA_1

带时标 CP56Time2a 的双命令见图 1-24。

单个信息对象（SQ=0）

位	说明	
0 0 1 1 1 0 1 1	类型标识	数据单元标识符
0 0 0 0 0 0 0 1	可变结构限定词	在 DL/T 634.5101
在 DL/T 634.5101 7.2.3中定义	传送原因	7.1 中定义
在 DL/T 634.5101 7.2.4中定义	ASDU公共地址	
在 DL/T 634.5101 7.2.5中定义	信息对象地址	信息对象
S/E	QU	DCS	DCO=双命令，在DL/T 634.5101 7.2.6.16中定义	
CP56Time2a DL/T 634.5101 7.2.6.18中定义	7 个八位位组的二进制时间（日期和时间为毫秒至年）	

图 1-24　ASDU：C_DC_TA_1，带时标 CP56Time2a 的双命令

C_DC_TA_1：=CP{数据单元标识符，信息对象地址，DCO，CP56Time2a}

类型标识 59：=C_DC_TA_1 中使用的传送原因：

在控制方向：

<6>　　: = 激活

<8>　　: = 停止激活

在监视方向：

<7>　　: = 激活确认

<9>　　: = 停止激活确认

<10>　　: = 激活终止

<44>　　: = 未知的类型标识

<45>　　: = 未知的传送原因

<46>　　: = 未知的 ASDU 公共地址

<47>　　: = 未知的信息对象地址

1.8.3 类型标识 60:　　C_RC_TA_1

带时标 CP56Time2a 的步调节命令见图 1-25。

单个信息对象（SQ=0）

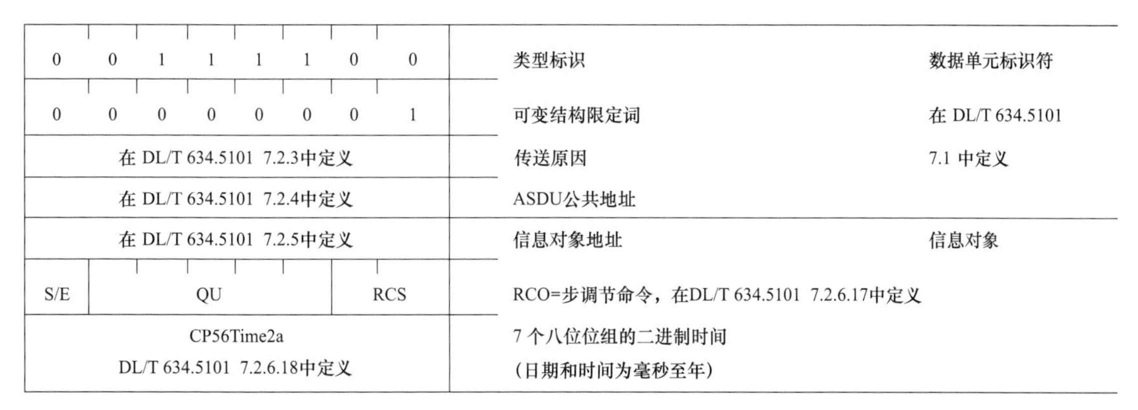

图 1-25　ASDU：C_RC_TA_1，带时标 CP56Time2a 的步调节命令

C_RC_TA_1：=CP{ 数据单元标识符，信息对象地址，RCO，CP56Time2a}

类型标识 60：=C_RC_TA_1 中使用的传送原因：

在控制方向：

<6>　　：= 激活

<8>　　：= 停止激活

在监视方向：

<7>　　：= 激活确认

<9>　　：= 停止激活确认

<10>　　：= 激活终止

<44>　　：= 未知的类型标识

<45>　　：= 未知的传送原因

<46>　　：= 未知的 ASDU 公共地址

<47>　　：= 未知的信息对象地址

1.8.4　类型标识 61：　　C_SE_TA_1

带时标 CP56Time2a 的设定值命令，归一化值，详见图 1-26。

单个信息对象（SQ=0）

C_SE_TA_1：=CP{ 数据单元标识符，信息对象地址，NVA，QOS，CP56Time2a}

类型标识 61：=C_SE_TA_1 中使用的传送原因：

在控制方向：

<6>　　：= 激活

<8>　　：= 停止激活

在监视方向：

<7>　　：= 激活确认

<9>　　：= 停止激活确认

<10>　　：= 激活终止

<44> ：= 未知的类型标识

<45> ：= 未知的传送原因

<46> ：= 未知的 ASDU 公共地址

<47> ：= 未知的信息对象地址

0 0 1 1 1 1 0 1	类型标识	数据单元标识符
0 0 0 0 0 0 0 1	可变结构限定词	在 DL/T 634.5101
在 DL/T 634.5101 7.2.3中定义	传送原因	7.1 中定义
在 DL/T 634.5101 7.2.4中定义	ASDU公共地址	
在 DL/T 634.5101 7.2.5中定义	信息对象地址	信息对象
Value	NVA=归一化值，在DL/T 634.5101 7.2.6.6中定义	
S Value		
S/E QL	QOS=设定值命令品质限定值，在DL/T 634.5101 7.2.6.39中定义	
CP56Time2a DL/T 634.5101 7.2.6.18中定义	7 个八位位组的二进制时间 (日期和时间为毫秒至年)	

图 1-26 ASDU：C_SE_TA_1，带时标 CP56Time2a 的设定值命令，归一化值

1.8.5 类型标识 62： C_SE_TB_1

带时标 CP56Time2a 的设定值命令，标度化值，详见图 1-27。

单个信息对象（SQ=0）

0 0 1 1 1 1 1 0	类型标识	数据单元标识符
0 0 0 0 0 0 0 1	可变结构限定词	在 DL/T 634.5101
在 DL/T 634.5101 7.2.3中定义	传送原因	7.1 中定义
在 DL/T 634.5101 7.2.4中定义	ASDU公共地址	
在 DL/T 634.5101 7.2.5中定义	信息对象地址	信息对象
Value	SVA=标度化值，在DL/T 634.5101 7.2.6.7中定义	
S Value		
S/E QL	QOS=设定值命令品质限定值，DL/T 634.5101 7.2.6.39中定义	
CP56Time2a DL/T 634.5101 7.2.6.18中定义	7 个八位位组的二进制时间 (日期和时间为毫秒至年)	

图 1-27 ASDU：C_SE_TB_1，带时标 CP56Time2a 的设定值命令，标度化值

C_SE_TB_1：=CP{数据单元标识符，信息对象地址，SVA，QOS，CP56Time2a}

类型标识 62：=C_SE_TB_1 中使用的传送原因：

在控制方向：

<6> ：= 激活

<8>　　: = 停止激活

在监视方向:

<7>　　: = 激活确认

<9>　　: = 停止激活确认

<10>　　: = 激活终止

<44>　　: = 未知的类型标识

<45>　　: = 未知的传送原因

<46>　　: = 未知的 ASDU 公共地址

<47>　　: = 未知的信息对象地址

1.8.6 类型标识 63:　　C_SE_TC_1

带时标 CP56Time2a 的设定值命令，短浮点数，详见图 1-28。

单个信息对象（SQ=0）

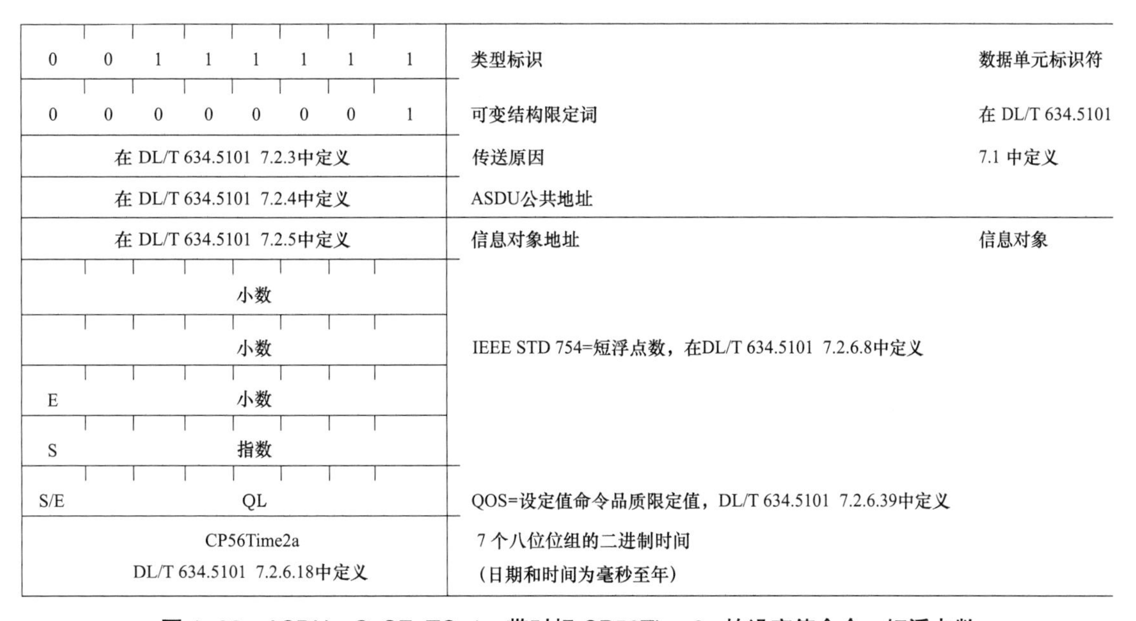

八位位组	说明	
0 0 1 1 1 1 1 1	类型标识	数据单元标识符
0 0 0 0 0 0 0 1	可变结构限定词	在 DL/T 634.5101
在 DL/T 634.5101 7.2.3中定义	传送原因	7.1 中定义
在 DL/T 634.5101 7.2.4中定义	ASDU公共地址	
在 DL/T 634.5101 7.2.5中定义	信息对象地址	信息对象
小数	IEEE STD 754=短浮点数，在DL/T 634.5101 7.2.6.8中定义	
小数		
E 小数		
S 指数		
S/E QL	QOS=设定值命令品质限定值，DL/T 634.5101 7.2.6.39中定义	
CP56Time2a DL/T 634.5101 7.2.6.18中定义	7 个八位位组的二进制时间 （日期和时间为毫秒至年）	

图 1-28　ASDU：C_SE_TC_1，带时标 CP56Time2a 的设定值命令，短浮点数

C_SE_TC_1：=CP{ 数据单元标识符，信息对象地址，IEEE STD 754，QOS，CP56Time2a}

类型标识 63：=C_SE_TC_1 中使用的传送原因:

在控制方向:

<6>　　: = 激活

<8>　　: = 停止激活

在监视方向:

<7>　　: = 激活确认

<9>　　: = 停止激活确认

<10> ：= 激活终止

<44> ：= 未知的类型标识

<45> ：= 未知的传送原因

<46> ：= 未知的 ASDU 公共地址

<47> ：= 未知的信息对象地址

1.8.7 类型标识 64： C_BO_TA_1

带时标 CP56Time2a 的 32 比特串见图 1-29。

单个信息对象（SQ=0）

0 1 0 0 0 0 0 0	类型标识	数据单元标识符
0 0 0 0 0 0 0 1	可变结构限定词	在 DL/T 634.5101
在 DL/T 634.5101 7.2.3中定义	传送原因	7.1 中定义
在 DL/T 634.5101 7.2.4中定义	ASDU公共地址	
在 DL/T 634.5101 7.2.5中定义	信息对象地址	信息对象
比特串	BSI=32 比特二进制状态信息，在DL/T 634.5101 7.2.6.13中定义	
比特串		
比特串		
比特串		
CP56Time2a DL/T 634.5101 7.2.6.18中定义	7 个八位位组的二进制时间 （日期和时间为毫秒至年）	

图 1-29 ASDU：C_BO_TA_1，带时标 CP56Time2a 的 32 比特串

C_BO_TA_1：=CP{ 数据单元标识符，信息对象地址，BSI，CP56Time2a}

类型标识 64：=C_BO_TA_1 中使用的传送原因：

在控制方向：

<6> ：= 激活

在监视方向：

<7> ：= 激活确认

<10> ：= 激活终止（可选）

<44> ：= 未知的类型标识

<45> ：= 未知的传送原因

<46> ：= 未知的 ASDU 公共地址

<47> ：= 未知的信息对象地址

1.8.8 类型标识 107： C_TS_TA_1

带时标 CP56Time2a 的测试命令见图 1-30。

单个信息对象（SQ=0）

0　1　1　0　1　0　1　1	类型标识	数据单元标识符
0　0　0　0　0　0　0　1	可变结构限定词	在 DL/T 634.5101
在 DL/T 634.5101 7.2.3中定义	传送原因	7.1 中定义
在 DL/T 634.5101 7.2.4中定义	ASDU 公共地址	
在 DL/T 634.5101 7.2.5中定义	信息对象地址	
TSC	TSC=测试顺序计数器，16比特	
CP56Time2a DL/T 634.5101 7.2.6.18中定义	7 个八位位组的二进制时间 （日期和时间为毫秒至年）	信息对象

图 1-30　ASDU：C_TS_TA_1，带时标 CP56Time2a 的测试命令

C_TS_TA_1：=CP{数据单元标识符，信息对象地址，TSC，CP56Time2a}

TSC　　　：=UI 16[1…16] <0…65535>

请求站可以选择 TSC 中的任何值。在响应中的 TSC 值必须与请求中的值匹配，响应的时间也必须严格地与请求中的时间匹配。

类型标识 107：=C_TS_TA_1 中使用的传送原因：

在控制方向：

<6>　　　：= 激活

在监视方向：

<7>　　　：= 激活确认

<44>　　　：= 未知的类型标识

<45>　　　：= 未知的传送原因

<46>　　　：= 未知的 ASDU 公共地址

<47>　　　：= 未知的信息对象地址

1.8.9　类型标识 127：　　　F_SC_NB_1

QueryLog—请求日志文件，见图 1-31。

单个信息对象（SQ=0）

类型标识 127：=F_SC_NB_1 中使用的传送原因：

<13>　　　：= 文件传输

<44>　　　：= 未知的文件类型

<45>　　　：= 未知的传送原因

<46>　　　：= 未知的 ASDU 公共地址

<47>　　　：= 未知的信息对象地址

0　1　1　0　1　0　1　1	类型标识	数据单元标识符
0　0　0　0　0　0　0　1	可变结构限定词	在 DL/T 634.5101
在 DL/T 634.5101 7.2.3中定义	传送原因	7.1 中定义
在 DL/T 634.5101 7.2.4中定义	ASDU 公共地址	
在 DL/T 634.5101 7.2.5中定义	信息对象地址	信息对象
在 DL/T 634.5101 7.2.6.33中定义	文件名	
CP56Time2a DL/T 634.5101 7.2.6.18中定义	7 个八位位组的二进制时间 (范围开始时间)	
CP56Time2a DL/T 634.5101 7.2.6.18中定义	7 个八位位组的二进制时间 (范围结束时间)	

图 1-31　ASDU：F_SC_NB_1，QueryLog—请求档案文件

基于两个时标值，文件（被表示为记录）的部分或全部可以被传输。

范围开始时间	范围结束时间	相应的文件传输
有	有	时标介于范围开始时间和范围结束时间之间的所有记录[a]
0（全 0）	有	时标介于文件起始和范围结束时间之间的所有记录[a]
有	0（全 0）	时标介于范围开始时间和文件结尾之间的所有记录[a]
0（全 0）	0（全 0）	所有记录
[a] 分别包括时标正好为范围开始时间和范围结束时间的记录。		

注：假设每个记录都有相应的时标，并且该时标是确定的。

只有当被控站收到一个成功的查询请求后，才开始文件传输（DL/T 634.5101 中 7.4.11 节中所定义），该查询请求预先选好要在后续召唤过程中传输的文件。

1.9　互操作性

本部分提出一系列参数与可选项，供选用以构成支持特定远动系统的子集。某些参数值，如 ASDU 中的信息对象地址中的“结构”或“非结构”域，是互斥性选项，这意味着一个系统对这些参数只能选择一个值。而其他参数，如已列出的在监视方向与控制方向的不同过程信息，允许对给定应用指定适合于该应用的全集或子集。本章归纳了前述各章的参数，以帮助对特定应用做出合适的选择。如果一个系统是由不同厂家生产的设备构成的，那么所有参与者必须遵守一致的参数选择。

以下互操作性列表包含 DL/T 634.5101 所定义的参数和本部分扩展了的参数。本部分不适用的参数的文字描述被划掉（文前选择框标记为黑色）。

注：另外，系统的全部规范可能要求对系统的某些部分的某些参数，做出个别的选择，例如，对个别的可寻址测量值的比例因子做出选择。

被选择的参数必须按如下方式在方框中标注：

R　功能或 ASDU 未采用；

B　功能或 ASDU 按标准使用（默认）；

R　功能或 ASDU 按反向模式使用；

B　功能或 ASDU 按标准和反向模式使用。

对每一特定的节或参数给出可能的选择（空白，X，R 或 B）。

描黑的方框表示本配套标准不采用该选项。

1.9.1　系统或设备

（系统特定参数，通过给如下选项标“×”以指定系统或设备的定义）

□系统定义

□控制站定义（主站）

□被控站定义（从站）

1.9.2　网络配置

（网络特定参数，所有采用的参数均标“×”）

■~~点到点~~	■~~多点~~
■~~多个点到点~~	■~~多点星形~~

1.9.3　物理层

（网络特定参数，所有采用的接口与数据速率均标“×”）

传输速度（控制方向）

非平衡交换电路	非平衡交换电路	平衡交换电路	
V.24/V.28	V.24/V.28	X.24/X.27	
标准	大于 1200bit/s 时推荐		
■ ~~100bit/s~~	■ ~~2400bit/s~~	■ ~~2400bit/s~~	■ ~~56 000bit/s~~
■ ~~200bit/s~~	■ ~~4800bit/s~~	■ ~~4800bit/s~~	■ ~~64 000bit/s~~
■ ~~300bit/s~~	■ ~~9600bit/s~~	■ ~~9600bit/s~~	
■ ~~600bit/s~~		■ ~~19 200bit/s~~	
■ ~~1200bit/s~~		■ ~~38 400bit/s~~	

传输速度（监视方向）

非平衡交换电路	非平衡交换电路	平衡交换电路	
V.24/V.28	V.24/V.28	X.24/X.27	
标准	大于 1200bit/s 时推荐		
■ ~~100bit/s~~	■ ~~2400bit/s~~	■ ~~2400bit/s~~	■ ~~56 000bit/s~~
■ ~~200bit/s~~	■ ~~4800bit/s~~	■ ~~4800bit/s~~	■ ~~64 000bit/s~~
■ ~~300bit/s~~	■ ~~9600bit/s~~	■ ~~9600bit/s~~	

■ ~~600bit/s~~　　■ ~~19 200bit/s~~

■ ~~1200bit/s~~　　■ ~~38 400bit/s~~

1.9.4　链路层

（网络特定参数，所有采用的选项均标“×”，规定最大帧长。如采用非平衡传输的 2 级报文的非标准的分配，指明所有分配到 2 级的报文的类型标识与传送原因）

~~帧格式 FT1.2，单字符与室超时间隔在本标准中唯一采用~~

链路传输

■~~平衡传输~~

■~~非平衡传输~~

链路地址域

■~~无（只对平衡传输）~~

■~~一个 8 位位组~~

■~~两个 8 位位组~~

■~~结构化~~

■~~非结构化~~

帧长度

■~~最大长度 *L*（八位位组数）~~

当采用非平衡链路层，如下 ASDU 类型指明传输原因用二级报文（低优先级）返回。

■~~标准分配如下 ASDU 用二级数据：~~

类型标识	传送原因
9，11，13，21	<1>

■~~特别分配 ASDU 到二级报文如下：~~

~~注：（当受控站没有二级数据时，可用一级数据响应对二级数据的轮询）~~。

1.9.5　应用层

应用数据的传输模式

模式 1（低八位位组在前），如 GB/T 18657.4 的 4.10 所定义，在本部分唯一采用。

ASDU 公共地址

（系统特定参数，所有采用的参数均标“×”）

■~~单个八位位组~~　　☒两个八位位组

信息对象地址

（系统特定参数，所有采用的参数均标“×”）

■~~单个八位位组~~ □结构的

■~~两个八位位组~~ □非结构的

☒~~三个八位位组~~

传送原因

（系统特定参数，所有采用的参数均标“×”）

■~~单个八位位组~~ ☒两个八位位组（含源地址），若未用到，源地址设为 0

APDU 长度

（系统特定参数，指定每个系统 APDU 的最大长度）

在每个方向上的 APDU 的最大长度为 253，它是固定的系统参数。

■每个系统在控制方向的 APDU 的最大长度。

■每个系统在监视方向的 APDU 的最大长度。

标准 ASDU 的选集

监视方向的过程信息

（站特定参数，只用在标准方向标“×”，只用在相反方向标“R”，用在两个方向标“B”）

□ <1> ：= 单点信息 M-SP-NA-1

■ ~~<2> ：= 带时标单点信息 M-SP-TA-1~~

□ <3> ：= 双点信息 M-DP-TA-1

■ ~~<4> ：= 带时标双点信息 M-DP-TA-1~~

□ <5> ：= 步位置信息 M-ST-NA-1

■ ~~<6> ：= 带时标步位置信息 M-ST-TA-1~~

□ <7> ：=32 比特串 M-BO-NA-1

■ ~~<8> ：= 带时标 32 比特串 M-BO-TA-1~~

□ <9> ：= 测量值，归一化值 M-ME-NA-1

■ ~~<10> ：= 测量值，带时标归一化值 M-ME-TA-1~~

□ <11> ：= 测量值，标度化值 M-ME-NB-1

■ ~~<12> ：= 测量值，带时标标度化值 M-ME-TB-1~~

□ <13> ：= 测量值，短浮点数 M-ME-NC-1

■ ~~<14> ：= 测量值，带时标短浮点数 M-ME-TC-1~~

□ <15> ：= 累计量 M-IT-NA-1

■ ~~<16> ：= 带时标累计量 M-IT-NA-1~~

■ ~~<17> ：= 带时标继电保护装置事件 M-EP-TA-1~~

■ ~~<18> ：= 带时标继电保护装置成组启动事件 M-EP-TB-1~~

■ ~~<19> ：= 带时标继电保护装置成组输出电路信息 M-EP-TC-1~~

□ <20> ：= 具有状态变位检出的成组单点信息 M-SP-NA-1

□ <21> ：= 测量值，不带品质描述的归一化值 M-ME-ND-1

□ <30> ：= 带时标 CP56Time2a 的单点信息 M-SP-TB-1

□ <31> ：= 带时标 CP56Time2a 的双点信息 M-DP-TB-1

□ <32> ：= 带时标 CP56Time2a 的步位置信息 M-ST-TB-1

□ <33> ：= 带时标 CP56Time2a 的 32 位串 M-BO-TB-1

□ <34> ：= 带时标 CP56Time2a 的归一化测量值 M-ME-TD-1

□ <35> ：= 测量值，带时标 CP56Time2a 的标度化值 M-ME-TE-1

□ <36> ：= 测量值，带时标 CP56Time2a 的短浮点数 M-ME-TF-1

□ <37> ：= 带时标 CP56Time2a 的累计值 M-IT-TB-1

□ <38> ：= 带时标 CP56Time2a 的继电保护装置事件 M-EP-TD-1

□ <39> ：= 带时标 CP56Time2a 的继电保护装置成组启动事件 M-EP-TE-1

□ <40> ：= 带时标 CP56Time2a 的继电保护装置成组输出电路信息 M-EP-TF-1

在配套标准中只有带时标的 ASDU 集 <30> ~ <40> 允许采用。

ASDU 集 <1>、<3>、<5>、<7>、<9>、<11>、<13>、<15>、<20>、<21>、<30> ~ <40> 都可采用。

控制方向的过程信息

（站特定参数，只用在标准方向标“×”，只用在反方向标“R”，用在两个方向标“B”）

□ <45> ：= 单命令 C-SC-NA-1

□ <46> ：= 双命令 C-DC-NA-1

□ <47> ：= 步调节命令 C-RC-NA-1

□ <48> ：= 设定值命令，归一化值 C-SE-NA-1

□ <49> ：= 设定值命令，标度化值 C-SE-NB-1

□ <50> ：= 设定值命令，短浮点数 C-SE-NC-1

□ <51> ：=32 比特串 C-BO-NA-1

□ <58> ：= 带时标 CP56Time2a 的单命令 C-SC-TA-I

□ <59> ：= 带时标 CP56Time2a 的双命令 C-DC-TA-I

□ <60> ：= 带时标 CP56Time2a 的步调节命令 C-RC-TA-1

□ <61> ：= 带时标 CP56Time2a 的设定值命令，归一化值 C-SE-TA-1

□ <62> ：= 带时标 CP56Time2a 的设定值命令，标度化值 C-SE-TB-I

□ <63> ：= 带时标 CP56Time2a 的设定值命令，短浮点数 C-SE-TC-I

□ <64> ：= 带时标 CP56Time2a 的 32 比特串 C-BO-TA-1

ASDU 集 <45…51> 或 <58…64> 都可采用。

监视方向的系统信息

（站特定参数，只用在标准方向标“×”，只用在反方向标“R”，用在两个方向标“B”）

□ <70> ：= 初始化结束 M-EI-NA-1

控制方向的系统信息

（站特定参数，只用在标准方向标“×”，只用在反方向标“R”，用在两个方向标“B”）

□ <100> ：= 总召唤命令 C-IC-NA-1

□ <101> ：= 电能脉冲召唤命令 C-CI-NA-1

□ <102> ：= 读命令 C-RD-NA-1

□ <103> ：= 时钟同步命令 C-CS-NA-1

■ ~~<104> ：= 测试命令 C-TS-NA-1~~

□ <105> ：= 复位进程命令 C-RP-NA-1

■ ~~<106> ：= 延时获得命令 C-CD-NA-1~~

□ <107> ：= 带时标 CP56Time2a 的测试命令 C-TS-TA-1

控制方向的参数命令

（站特定参数，只用在标准方向标“×”，只用在反方向标“R”，用在两个方向标“B”）

□ <110> ：= 测量值参数，归一化值 P-ME-NA-1

□ <111> ：= 测量值参数，标度化值 P-ME-NB-1

□ <112> ：= 测量值参数，短浮点数 P-ME-NC-1

□ <113> ：= 参数激活 P-AC-NA-I

文件传输

（站特定参数，只用在标准方向标“×”，只用在反方向标“R”，用在两个方向标“B”）

□ <120> ：= 文件已准备好 F-FR-NA-1

□ <121> ：= 节已准备好 F-SR-NA-1

□ <122> ：= 召唤目录，选择文件，召唤文件，召唤节 F-SC-NA-1

□ <123> ：= 最后的节，最后的段 F-LS-NA-1

□ <124> ：= 确认文件，确认节 F-AF-NA-1

□ <125> ：= 段 F-SG-NA-1

□ <126> ：= 目录 { 空白或 ×，只在监视（标准）方向有效 } F-DR-TA-1

□ <127> ：= 查询日志（QueryLog） F-SC-NB-1

类型标识与传送原因分配

（站特定参数 ）

类型标识与传输原因的标记：

灰块：不要求选用

黑块：本配套标准不允许选用

未标记的格：功能或 ASDU 未采用

“×”只用在标准方向

“R”只用在反方向

“B”用在两个方向

类型标识		传送原因																		
		1	2	3	4	5	6	7	8	9	10	11	12	13	20~36	37~41	44	45	46	47
<1>	M-SP-NA-1																			
~~<2>~~	~~M-SP-TA-1~~																			
<3>	M-DP-NA-1																			
~~<4>~~	~~M-DP-TA-1~~																			
<5>	M-ST-NA-1																			
~~<6>~~	~~M-ST-TA-1~~																			
<7>	M-BO-NA-1																			
~~<8>~~	~~M-BO-NA-1~~																			
<9>	M-ME-NA-1																			
~~<10>~~	~~M-ME-TA-1~~																			
<11>	M-ME-NB-1																			
~~<12>~~	~~M-ME-TB-1~~																			
<13>	M-ME-NC-1																			
~~<14>~~	~~M-ME-TC-1~~																			
<15>	M-IT-NA-1																			
~~<16>~~	~~M-IT-TA-1~~																			
~~<17>~~	~~M-EP-TA-1~~																			
~~<18>~~	~~M-EP-TB-1~~																			
~~<19>~~	~~M-EP-TC-1~~																			
<20>	M-PS-NA-1																			
<21>	M-ME-ND-1																			
<30>	M-SP-TB-1																			
<31>	M-DP-TB-1																			
<32>	M-ST-TB-1																			
<33>	M-BO-TB-1																			
<34>	M-ME-TD-1																			
<35>	M-ME-TE-1																			
<36>	M-ME-TF-1																			
<37>	M-IT-TB-1																			
<38>	M-EP-TD-1																			
<39>	M-EP-TE-1																			
<40>	M-EP-TP-1																			

续表

类型标识		传送原因																	
		1	2	3	4	5	6	7	8	9	10	11	12	13	20~36	37~41	44	45	46	47
<45>	C-SC-NA-1																			
<46>	C-DC-NA-1																			
<47>	C-RC-NA-1																			
<48>	C-SE-NA-1																			
<49>	C-SE-NB-1																			
<50>	C-SE-NC-1																			
<51>	C-BO-NA-1																			
<58>	C-SC-TA-1																			
<59>	C-DC-TA-1																			
<60>	C-RC-TA-1																			
<61>	C-SE-TA-1																			
<62>	C-SE-TB-1																			
<63>	C-SE-TC-1																			
<64>	C-BO-TA-1																			
<70>	M-EI-NA-1[a]																			
<100>	C-IC-NA-1																			
<101>	C-CI-NA-1																			
<102>	C-RD-NA-1																			
<103>	C-CS-NA-1																			
~~<104>~~	~~C-TS-NA-1~~																			
<105>	C-RP-NA-1																			
~~<106>~~	~~C-CD-NA-1~~																			
<107>	C-TS-NA-1																			
<110>	P-ME-NA-1																			
<111>	P-ME-NB-1																			
<112>	P-ME-NC-1																			
<113>	P-AC-NA-1																			
<120>	F-FR-NA-1																			
<121>	F-SR-NA-1																			
<122>	F-SC-NA-1																			

续表

类型标识		传送原因																		
		1	2	3	4	5	6	7	8	9	10	11	12	13	20~36	37~41	44	45	46	47
<123>	F-LS-NA-1																			
<124>	F-AF-NA-1																			
<125>	F-SG-NA-1																			
<126>	F-DR-TA-1[a]																			
<127>	F-SC-NB-1[a]																			

[a] 只能为空白或 ×。

1.9.6 基本应用功能

站初始化

（站特定参数，被采用标“X”）

□远方初始化

循环数据传送

（站特定参数，仅用于标准方向时标“X”，仅用于反向时标“R”，双向使用时标“B”。）

□循环数据传送

读过程

（站特定参数，仅用于标准方向时标“X”，仅用于反向时标“R”，双向使用时标“B”。）

□读过程

突发传送

（站特定参数，仅用于标准方向时标“X”，仅用于反向时标“R”，双向使用时标“B”。）

□突发传送

带突发传送原因的信息对象的两次传送

（站特定参数，在响应被监视信息对象的单个突发变位时，不带时标及相应带时标的类型标识均被组织上送时，所采用的每种信息类型均标“X”。）

由于信息对象的单个状态变位，以下类型标识可能会连续传输。允许两次传输的特定信息对象地址在工程特定的列表中定义。

□单点信息 M_SP_NA_1，M_SP_TA_1，M_SP_TB_1 和 M_PS_NA_1

□双点信息 M_DP_NA_1，M_DP_TA_1 和 M_DP_TB_1

□步位置信息 M_ST_NA_1，M_ST_TA_1 和 M_ST_TB_1

□ 32 比特串 M_BO_NA_1，M_BO_TA_1 和 M_BO_TB_1（如果是为一个特定项目定义）

□测量值，归一化值 M_ME_NA_1，M_ME_TA_1，M_ME_ND_1 和 M_ME_TD_1

☐测量值，标度化值 M_ME_NB_1，M_ME_TB_1 和 M_ME_TE_1

☐测量值，短浮点数 M_ME_NC_1，M_ME_TC_1 和 M_ME_TF_1

站召唤

（站特定参数，仅用于标准方向时标“X”，仅用于反向时标“R”，双向使用时标“B”）

☐全局

☐第 1 组

☐第 2 组

☐第 3 组

☐第 4 组

☐第 5 组

☐第 6 组

☐第 7 组

☐第 8 组

☐第 9 组

☐第 10 组

☐第 11 组

☐第 12 组

☐第 13 组

☐第 14 组

☐第 15 组

☐第 16 组

分配给每一组的信息对象地址应在一个单独的表中显示。

时钟同步

（站特定参数，仅用于标准方向时标“X”，仅用于反向时标“R”，双向使用时标“B”）

☐时钟同步

☐使用星期

☐使用 RES1，GEN（时标被替换 / 时标不被替换）

☐使用 SU 位（夏令时）

可选，见 1.7.6。

控制命令传送

（对象特定参数，仅用于标准方向时标“X”，仅用于反向时标“R”，双向使用时标“B”）

☐直接命令传送

☐直接设定值命令传送

☐选择和执行命令

☐选择和执行设定值命令

☐采用 C_SE ACTTERM

☐无附加定义

☐短脉冲宽度（在被控站由系统参数确定）

☐长脉冲宽度（在被控站由系统参数确定）

☐持续输出

☐命令和设定值命令在命令方向上的最大延迟监控

☐命令和设定值命令的最大允许延迟

累计量传送

（站或对象特定参数，仅用于标准方向时标“X”，仅用于反向时标“R”，双向使用时标“B”）

□模式 A：突发传送的当地冻结
□模式 B：累计量召唤的当地冻结
□模式 C：由累计量召唤命令冻结和传送
□模式 D：由累计量召唤命令冻结，冻结值突发传送

□读累计量
□累计量冻结不复位
□累计量冻结并复位
□累计量复位

□总请求累计量
□请求累计量第 1 组
□请求累计量第 2 组
□请求累计量第 3 组
□请求累计量第 4 组

参数装载

（对象特定参数，仅用于标准方向时标“X”，仅用于反向时标“R”，双向使用时标“B”）

□门限值
□滤波因子
□测量值传送的下限
□测量值传送的上限

参数激活

（对象特定参数，仅用于标准方向时标“X”，仅用于反向时标“R”，双向使用时标“B”）

□所寻址信息对象的循环传输或者周期传输的激活 / 停止激活

测试过程

（站特定参数，仅用于标准方向时标“X”，仅用于反向时标“R”，双向使用时标“B”）

□测试过程

文件传输

（站特定参数，在应用程序时标“X”）

监视方向上的文件传送

□透明文件
□继电保护装置的扰动数据的传输
□事件序列传输

□模拟量顺序记录的传输

控制方向上的文件传送

□透明文件

背景扫描

（站特定参数，仅用于标准方向时标“X”，仅用于反向时标“R”，双向使用时标“B”）

□背景扫描

传输延时获得

（站特定参数，仅用于标准方向时标“X”，仅用于反向时标“R”，双向使用时标“B”）

■~~传输延时~~获得

超时的定义

参数	默认值	备注	选择值
t_0	30s	建立连接的超时	
t_1	15s	发送或测试 APDU 的超时	
t_2	10s	无数据报文时确认的超时，$t_2<t_1$	
t_3	20s	长期空闲状态下发送测试帧的超时	

超时时间 t_0 ~ t_2 最大范围：1s ~ 255s，精确到 1s。

推荐超时时间 t_3 范围：1s ~ 48h，精确到 1s。

在某些特殊场合，如卫星通信链路或电话拨号连接的使用（如建立链接并每天或每周收集一次数据）需要用到 t_3 的长超时。

未被确认的 I 格式 APDU 的最大数目（*k*）和最迟确认 APDU 的最大数目（*w*）

参数	默认值	备注	选择值
k	12 个 APDU	发送状态变量和接受序号的最大差值	
w	8 个 APDU	最迟接收到 w 个 I 格式的 APDU 后给出确认	

k 值的最大范围：1 ~ 32 767（$2^{15}-1$）个 APDU，精确到 1 个 APDU。

w 值的最大范围：1 ~ 32 767 个 APDU，精确到 1 个 APDU（建议：w 不应超过 k 的 2/3）。

端口号

参数	值	备注
端口号	2404	任何情况下均如此

冗余连接

□冗余组用到的连接数量 N

RFC 2200 组

RFC 2200 是一个官方互联网标准，它描述了由互联网构架委员会（IAB）所定的互联网上使用的协议标准的情况。它提供了一个用于互联网的广泛的实际标准架。对于给定的项目，由本标准的用户从本标准有定义的源自 RFC 2200 的文档中做出合适的选择。

□以太网 802.3

□串行 X.21 接口

□来自 RFC 2200 的其他选集

RFC 2200 中的有效文档列表

1．………………………………………………

2．………………………………………………

3．………………………………………………

4．………………………………………………

5．………………………………………………

6．………………………………………………

7．等等。

1.10 冗余连接

1.10.1 概述

本部分定义了使用 TCP/IP 传输特性的 DL/T 634.5101 标准的网络访问，并主要关注于单个 TCP 连接的使用。

但在很多情况下，要求使用冗余来提高通信系统的可用性。在这样的情况下，两个节点间要建立多个冗余连接。本章描述了当备用连接用作冗余连接时凸现出来的互操作性问题。

1.10.2 总体要求

应用本部分的系统可通过在两站间建立起超过 1 个的逻辑连接达到冗余通信。一个逻辑连接由两个 IP 地址和两个端口号对（即控制站的 IP 地址 / 端口号对和被控站的 IP 地址 / 端口号）唯一定义。

如 1.7.1 所述，当控制站与被控站非对等时，连接的建立由控制站执行，当两站关系对等时，由固定选择的一方（参数）执行。在后续描述中，发起建立连接的站被引述为控制站（站 A），而对方作为被控站（站 B）。

下列规则适用于本章涉及的冗余连接：

（1）控制站和被控站应有能力处理多个逻辑连接。

（2）N 个逻辑连接表示一个冗余组。

（3）在一个冗余组内，当发送 / 接收用户数据时，仅一个逻辑连接有效。

（4）控制站决定 N 个连接中启动其中哪个连接。

（5）一个冗余组中的所有连接应用 1.5.2 所描述的测试帧进行监管。

（6）一个冗余组仅基于一个过程镜像（数据库 / 事件缓冲区）。

（7）如多于一个控制站需同时访问同一个被控站，每个控制站应被指定到互不相同的冗余组（过程镜像）。

被使能可在任何时刻进行用户数据传输的逻辑连接定义为激活的连接，其他的作为备用连接。激活连接的选择根据状态转换图 1–36 和图 1–37 由本部分 1.5.3 所述的未编号的控制功能（U 帧）STARTDT/STOPDT 完成。

如规则 4 所述，激活连接的选择和切换总是由控制站发起，由传输接口或更高层进行管理。站初始化完成后的激活连接选择，通过在拟激活的连接上发送一个 STARTDT_ACT 实现。类似的在故障（连接故障）下的连接切换，由在拟切换过去的备用连接上发送一个 STARTDT_ACT 实现。

被控站（厂站 B）应能在连接中识别出哪个是最近收到的 STARTDT_ACT 以作为激活连接，并发送一个 STARTDT_CON 回应激活请求。当控制站收到 STARTDT_CON，整个激活过程完成。

人工连接切换可这样完成，首先在当前激活的连接上发送一个 STOPDT_ACT，然后在被选中的拟激活的连接上发送一个 STARTDT_ACT。这样可以在新连接上恢复以前顺利地在原连接上终止数据传输。

控制站或被控站应定时检查所有已建立的连接的状态，以便尽快发现通信上的任何问题。这可通过发送 1.5.2 定义的 TESTFR 帧实现。

一个冗余组中的每个连接的发送 / 接收计数器连续计数，与是否使用到 STARTDT/STOPDT 无关。

1.10.3　控制站的初始化

有 N 个冗余连接的控制站初始化过程时序如图 1–32 所示。

连接建立后，默认为停止状态，故将其中的一个连接从停止状态转换为启动状态以便用户数据传输。

初始化结束请求（ENDINIT.req）（可选但推荐使用，见图 1–32 和图 1–33）还可用于发出该报文的站通知对方，已准备好响应对方的召唤请求。只有在定义数据的反向传输时，控制站初始化情况下，该请求才发送。

如图 1–32 和图 1–33 所示，当连接中的一个被启动后，控制站应尽快启动“站召唤”过程。

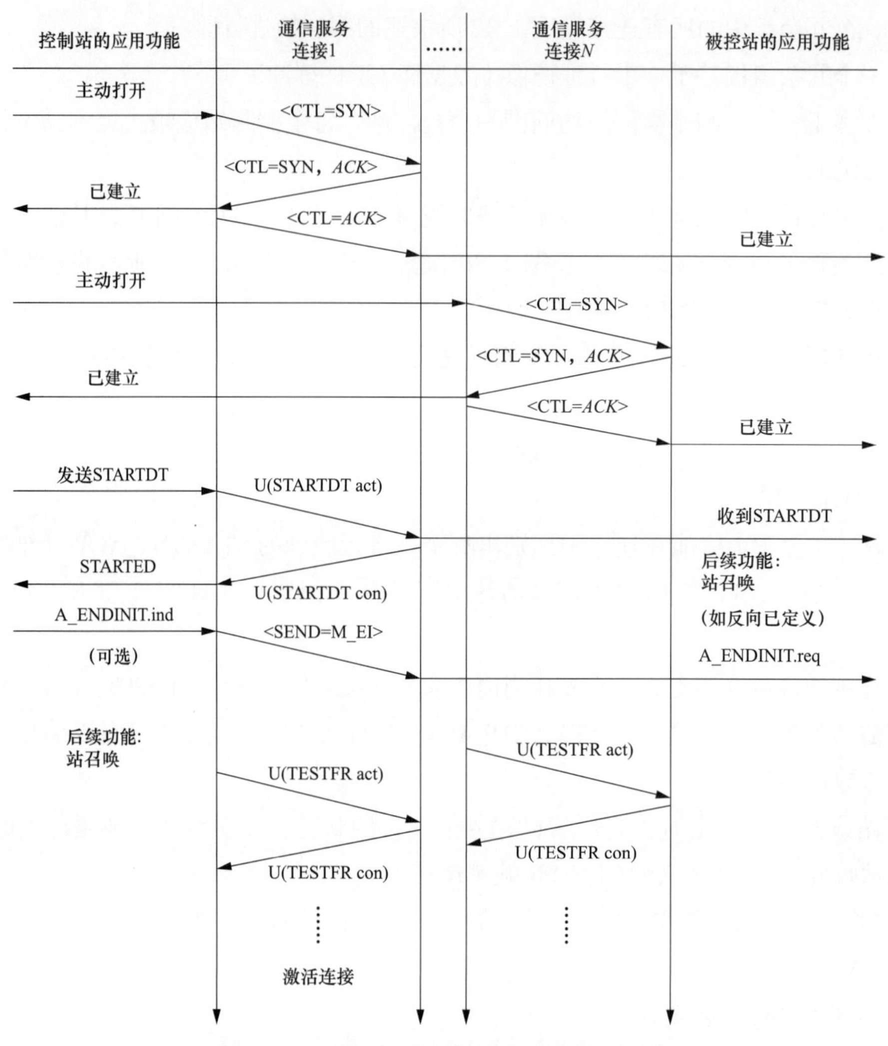

图 1–32　有冗余连接的控制站的初始化过程

注：连接过程之间的时序关系并不固定，例如，首先启动建立一些连接，然后并行建立。

1.10.4　被控站的初始化

有 N 个冗余连接的被控站初始化过程时序如图 1–33 所示。

被控站重启后，根据 1.7.1 建立起多个连接，但在其中尚未有连接处于启动状态前，不可发出用户数据。

1.10.5　来自控制站的用户数据

如果控制站在当前启动的连接（如连接 m）上试图发送用户数据（例如，一个命令的 ASDU）时发生了通信故障，宜（最好自动）进行连接切换，这种情况下的时序如图 1–34 所示。新的已启动连接的选择由控制站决定。

当超过传输超时设定（t_1）时，备用连接中的一个（连接 n）通过 STARTDT 功能启动。不论是在此连接重传 ASDU，还是终止正在进行的应用功能并将其重新初始化到新的连接上

（如 ASDU 已被重传，则由应用决定），随后的命令都直接面向新启动的连接。故障连接最终应被两端关闭。在故障消除和连接重新建立前，控制站应有规律地尝试重新打开该连接。

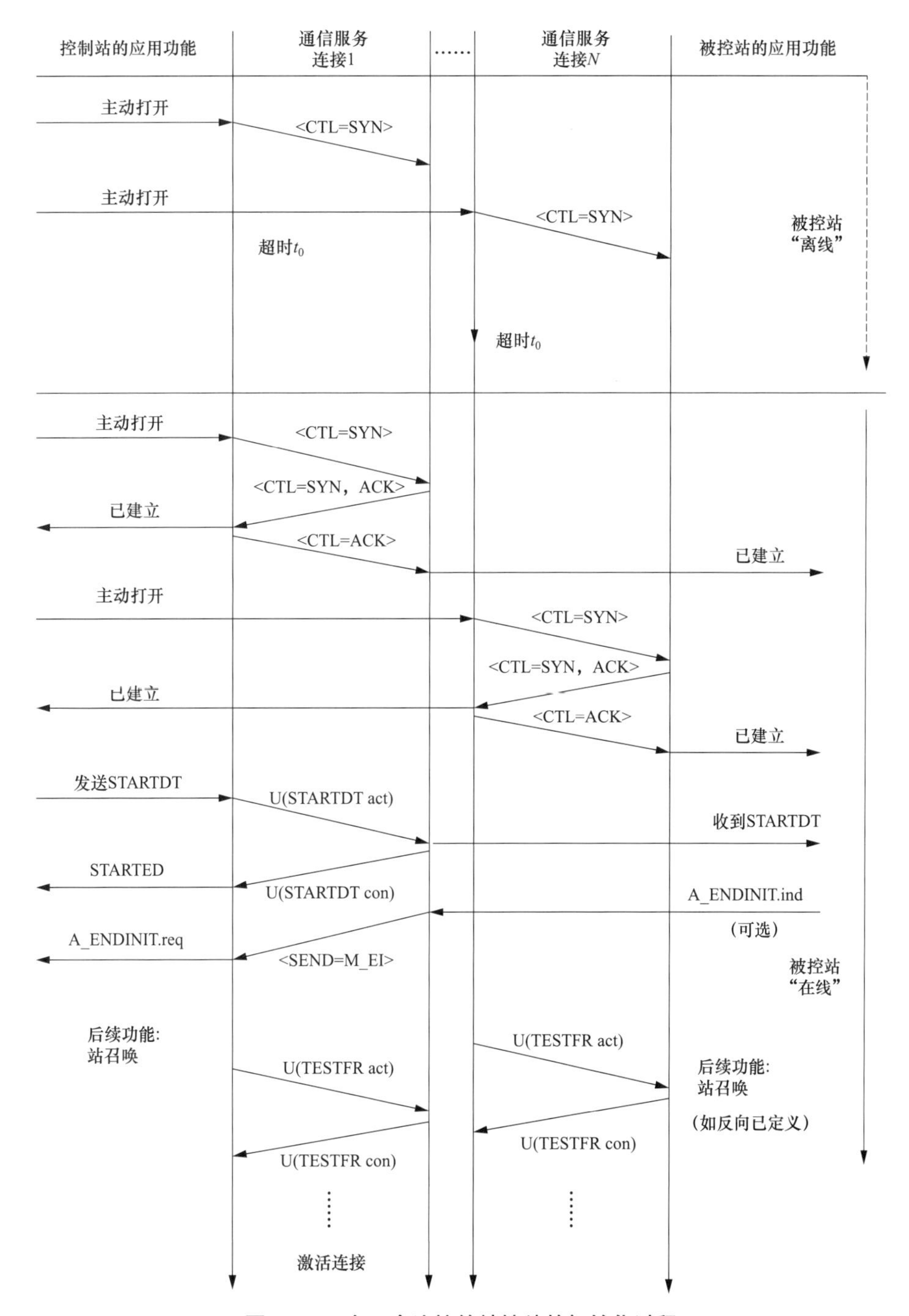

图 1–33 有冗余连接的被控站的初始化过程

注：这些连接过程之间的时序关系不是固定的，例如，首先启动建立一些连接，然后并行建立。

任何后续用户数据（如事件数据）应在新的启动的连接上传输。

一旦在启动的连接出现 TESTFR_ACT 传输失败应进行连接切换，并报告在这个连接上有通信差错。

连接切换期间应避免数据丢失。例如在连接切换后，宜进行站召唤过程。

被控站只可认可在最后收到 STARTDT_ACT 的连接（激活的连接）上的用户数据。

1.10.6 来自被控站的用户数据

如果被控站在当前启动的连接（如连接 *m*）上试图发送用户数据（例如，一个事件 ASDU）时发生了通信故障，控制站应检测到该故障并完成连接切换，以使 ASDU 可在先前停止的连接上重传。这种情况的处理时序图如图 1–35 所示，不对称超时的使用说明见 1.10.7。

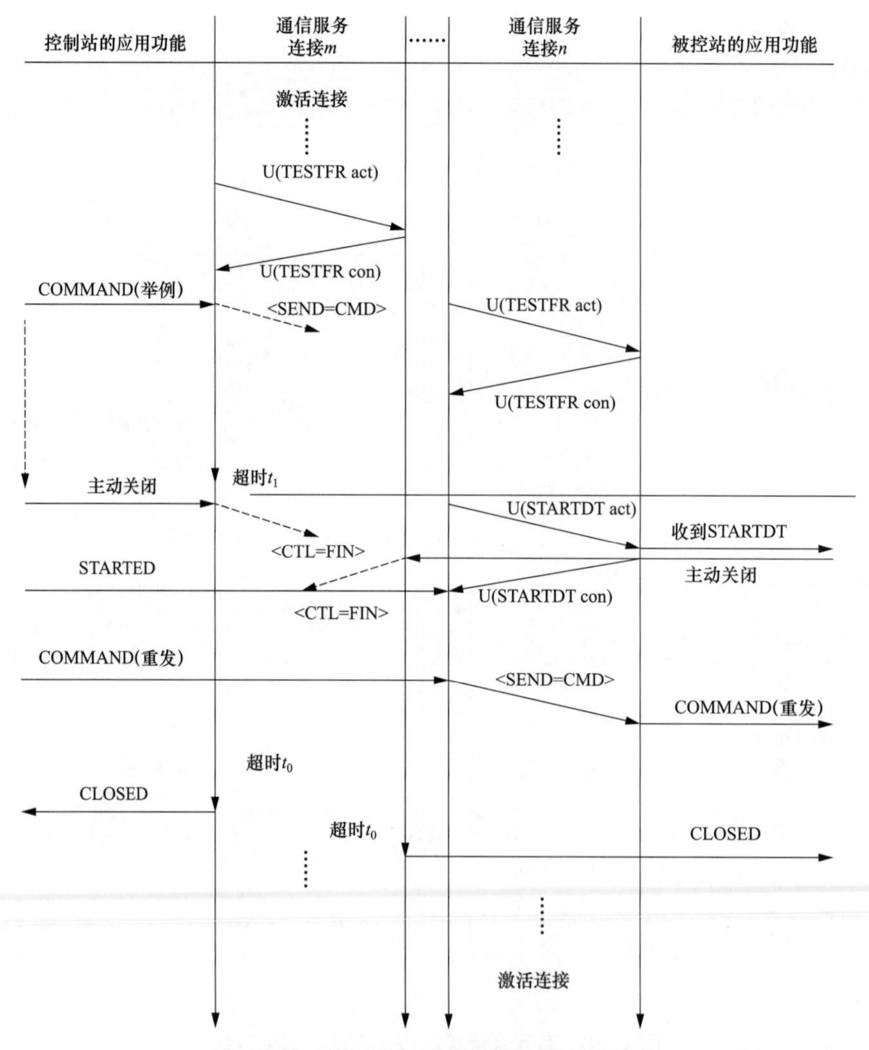

图 1–34 冗余连接—来自控制站的用户数据

注：除非发生连接切换，两个连接上的所有过程之间的时序关系不固定。

当控制站在当前启动但已在故障连接上发出的 TESTFR 帧发生 t_1 超时，最终将在某个停止的连接（连接 m）上收到 STARTDT_ACT。被选中的该停止连接成为新的启动的连接，并在此连接上重新传输挂起的事件。

通常一个连接切换发生故障后，任何未经确认的用户数据都应在新启动的连接上重传，包括潜在的未确认的 ACTCONs 或者 ACTTERMs。

故障的连接最终应被两端关闭，在故障消除和连接重新建立前，应有规律地尝试重新打开该连接。

连按尚未启动前，控制站不可确认在该连接上收到的用户数据。

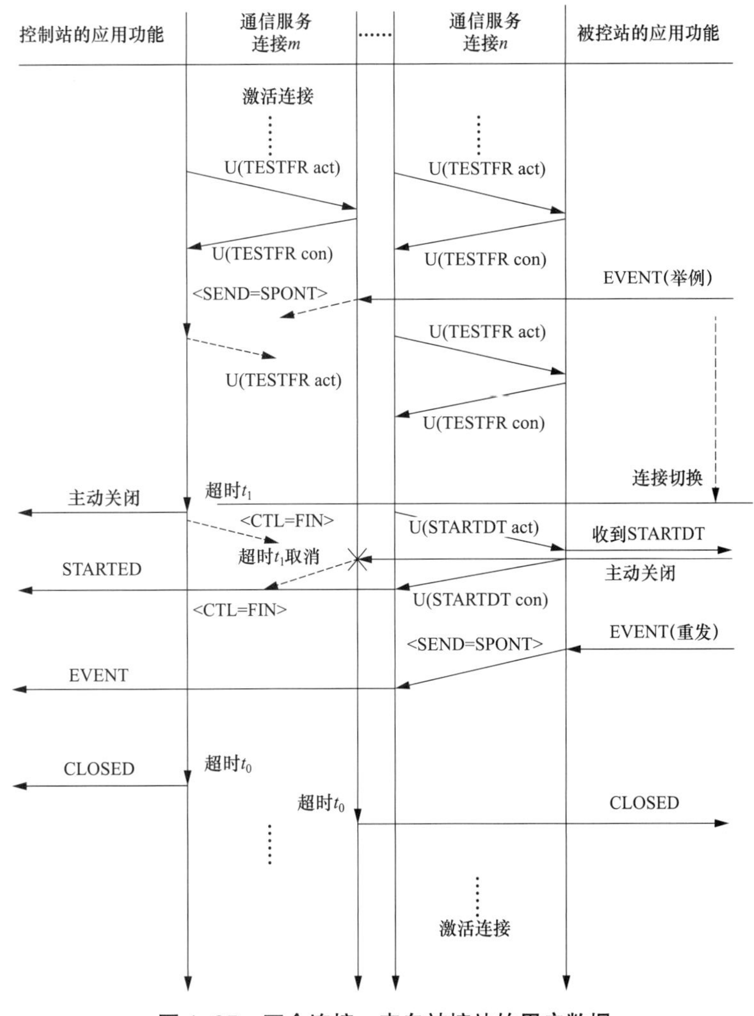

图 1–35　冗余连接一来自被控站的用户数据

注：1. 除非发生连接切换，两个连接上的所有过程之间的时序关系不固定。

2. 图中表示了 1.10.7 描述的不对称超时 t_1 的使用。

1.10.7 状态转换图

图 1-36 和图 1-37 表示了在冗余连接情况下，支持自动切换的连接的“启动”/“停止”过程的状态转换图。

控制站在已启动的连接上发生 t_1 超时宜自动触发用户应用产生连接切换请求，从而进行新（冗余）连接的启动和自动的连接切换。手动切换可由用户应用先停止一个已启动的连接，再启动一个新的连接实现，或者直接发送连接切换请求实现。

任何连接如果不是处于 STOPPED 状态，则在新的连接启动事件发生时应被立即关闭。这意味着可使用不对称超时 t_1（或超时 t_2）缩短切换时间，即改变控制站的 t_1 使之小于被控站的 t_1。

在一个冗余组中，可独立对其中每个连接分别设置计时器的值（在 t_0 ~ t_3 之间）。

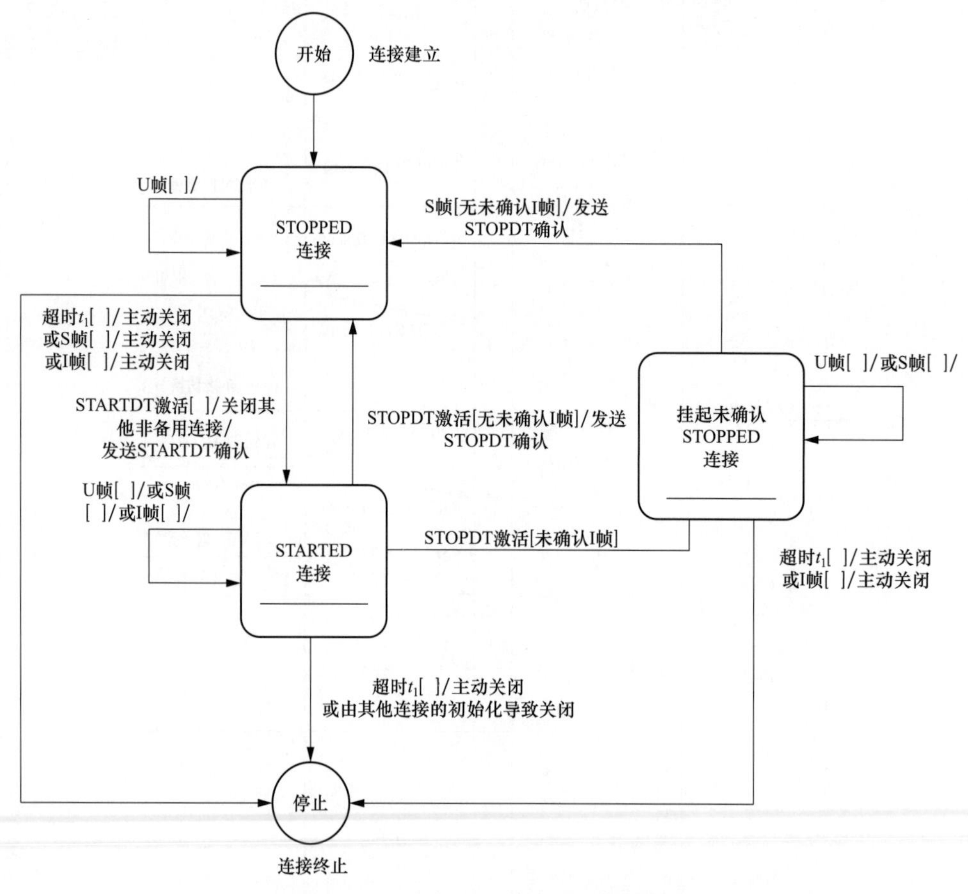

图 1-36　被控站冗余连接的状态转换图

注：1. 连接终止意味着 TCP 和应用层协议（CS104）之间没有数据交换。

2. t_1 表示 U 帧或者 I 帧发送超时。

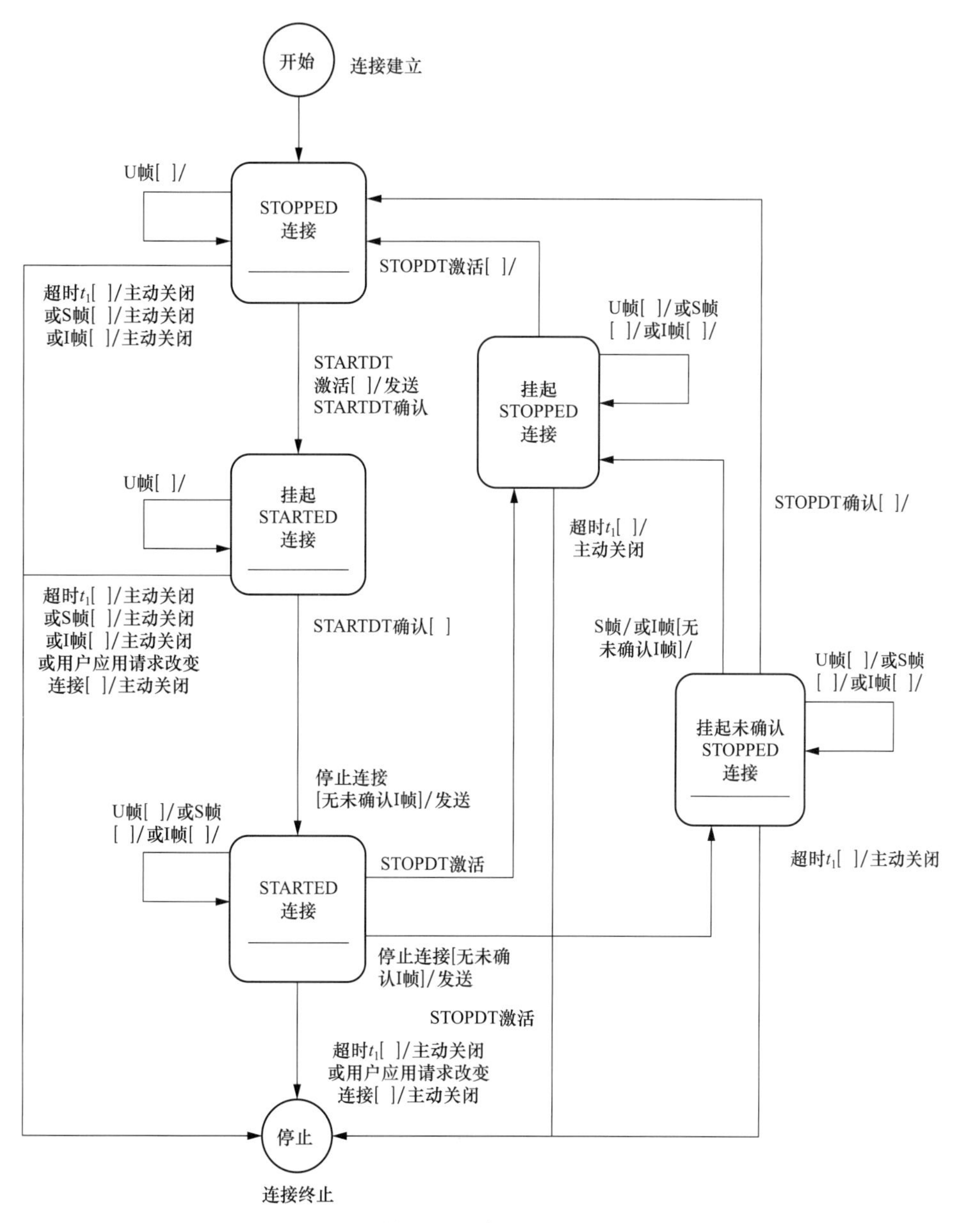

图 1-37 控制站冗余连接的状态转换图

注：1. 连接终止意味着 TCP 和应用层协议（CS104）之间没有数据交换。

2. t_1 表示 U 帧或者 I 帧发送超时。

第2章　104规约在电力系统中的应用

2.1　IEC 60870-5-104规约的由来

随着计算机、网络、通信等技术的不断发展，电力系统调度运行的信息传输要求不断提高，信息传输方式已逐步走向数字化和网络化。为此，国际电工委员会电力系统控制及其通信技术委员会（IEC TC57）根据形势发展的要求制定调度自动化系统和变电站自动化系统的数据通信标准，以适应和引导电力系统调度自动化技术的发展，规范调度自动化及远动设备的技术性能。IEC 1995年出版了IEC 60870-5-101，国内开始引进是在1997年，因其是国际标准，解决了国内远动系统长期以来协议繁多、互不相容的问题，同时也是国内远动产品走向国际的重要技术，因此得到了国家电力相关部门的重视，并进行了积极的推广。

随着国际上基于以太网的Internet技术WEB技术的嵌入式应用日益广泛，美国、欧洲以及日本等发达国家对基于以太网的变电站自动化技术都给予了前所未有的重视，IEC的有关工作组在制订通信规约标准时开始关注以太网技术的嵌入式应用。人们在广泛应用以太网的同时，已开始高度重视以太网通信的时延不确定性问题，并对用于工业以太网通信的时延不确定性问题进行了深入研究。随着互联网技术的发展和普及推广，以太网技术出现了交换技术、全双工通信、虚拟局域网（VLAN）、信息优先级、流量控制、自动负载平衡、自动协商、服务质量（QoS）等一些新技术，这些都为提高以太网实时性提供了新的途径。TCP/IP协议已经成为互联网的标准通信协议，它并非国际标准，但是它已经成为计算机网络的事实上的国际标准。这主要是因为现在完全符合OSI各层协议的产品极少，远不能满足用户的要求，使用TCP/IP的产品却大量涌入市场，在Internet中使用的协议就是TCP/IP，因此，TCP/IP得到了广泛的应用。1969年美国国防部高级研究项目机构（ARPA）建立了著名的ARPANET。在此基础上实现了异构机、异构网之间的互联。在20世纪70年代末推出了TCP/IP体系结构和协议规范。

国际电工委员会第57技术委员会（IEC TC57）1995年出版IEC 60870-5-101后，得到了广泛的应用。为适应网络传输，2000年IEC TC57又出版了IEC 60870-5-104：2000《远动设备及系统第5-104部分：传输规约——采用标准传输协议集的IEC 60870-5-101网络访问》。结合以太网技术和IP技术的发展，总结实践经验，IEC 2000年出版了IEC 60870-

5-104：2000。为规范本标准在国内的应用，全国电力系统控制及其通信标准化技术委员会于 2000 年向国家经贸委提出申请，经国家经贸委电力 [2000]70 号文批准立项。2001 年国内提出了利用 IEC 60870-5-104 传输规约进行远动信息的访问的可行性研究，从而揭开了这种以 Internet 为基础的新型远动规约的研究与应用。2003 年 9 月 16 日，国家经贸委正式发布《远动设备与系统第 5-104 部分：传输规约采用标准传输文件集的 IEC 60870-5-101 的网络访问》。为规范该标准在国内的应用，全国电力系统控制及其通信标准化技术委员会对 IEC 60870-5-104：2000 等同采用，转化为电力行业标准 DL/T 634.5104—2002。2006 年 6 月，IEC TC57 发布 IEC 60870-5-104 第二版，以替代原来的第一版。相对于第一版而言，新版本最主要的变化体现在：协议的传输序列和互操作性的改进以及对冗余连接处理方面新功能的增为保持与相关国际标准的一致性，进一步规范国内应用，全国电力系统管理及其信息交换标准化技为保持与相关国际标准的一致性，进一步规范国内应用，全国电力系统管理及其信息交换标准化技术委员会经国家发展和改革委员会批准立项，按照 IEC 60870-5-104：2006《远动设备及系统第 5-104 部分：传输规约—采用标准传输协议集的 IEC 60870-5-101 网络访问》第 2 版对 DL/T 634.5104—2002 进行修订，用 DL/T 634.5104—2009 替代原 DL/T 634.5104—2002 版。

2.2 IEC 60870-5-104 在电力系统中的应用情况

目前用于电力系统的远动通信规约非常之多，有国际标准、国家标准，也有行业标准。按照通信接口可以分为两大类。一类是通过专线利用串口实现数据传输，另一类是通过路由器上网实现网络数据传输，底层采用 TCP/IP。对于基于串口通信方式的规约，又可分为 CDT 规约和 POLLING 规约两大类。CDT 规约的代表是部颁循环式远动规约 DL451-91；POLLING 规约主要有 MODBUS 通信协议、SC1801 通信协议、μ4F 通信协议、IEC 60870-5-101 通信协议等。基于网络通信方式的规约主要有 DL 476-92 通信协议，IEC 60870-6TASE2 协议，IEC 60870-5-104 协议，IEC 61850 等。基于串口通信方式的远动规约由于应用时间长、应用范围特别广，在现阶段变电站自动化的远动通信中仍然处于重要的地位，本章将对此类规约进行简单介绍，并指出该类规约存在的缺陷和变电站远动通信网络化的必然趋势。然后，本章将着重介绍基于网络通信方式的远动规约 IEC 60870-5-104 协议，本章将对其同步方式、帧格式、数据结构和传输规则（或称为通信工作方式）等各方面作详细介绍。

电网调度自动化是用来监控整个电网运行状态的，使调度人员可统观全局，运筹全网，有效地指挥电网安全、稳定、经济运行，是调度现代电网的重要手段。电网调度自动化系统对电力系统的安全经济运行起着不可或缺的作用。到目前为止，电网调度自动化系统的发展已经历了 4 代。总结电网调度自动化系统的发展历程，每一次升级换代无不伴随着信息技术的日新月异，随着计算机技术、网络和通信技术、数据库技术等的飞速发展和电力市场的要求以及国际标准的成熟完善，调度自动化系统正在朝着数字化、集成化、网格化、标准化、市场化、智能化的方向发展。随着计算机，网络和通信技术的不断发展，电力系统调度运行的信息传输要求也在不断提高，信息传输方式已逐步走向数字化和网络化。为此国际电工委员会电力系统控制及其通信技术委员会（IEC TC57）根据形势发展的要求制定调度自动化系统和变电站自动化系统的数据通信标准，以适应和引导电力系统调度自动化技术的发展，规范调度自动化及远动设备的技术性能。IEC 60870-5-104 传输规约是在 IEC 101 规约基础上，采用专用 INTERNET 网络进行调度通信的协议标准，替代了传统的串口通信机制。IEC TC57 在 IEC 60870-5-101 的基础上，又制定了 IEC 60870-5-104—利用标准传输协议子集 IEC 60870-5-101 的网络访问，它是目前唯一可供选择的网络访问协议。IEC 60870-5-104 规约简称 104 规约，适用于具有串行比特数据编码传输的远动设备和系统，用以对地理广域过程的监视和控制。制定远动配套标准的目的是使兼容的远动设备之间达到互操作。104 规约利用了国际标准 IEC 60870-5 的系列文件，规定了 IEC 60870-5-101 的应用层与 TCP/IP 提供的传输功能的结合。104 规约是通过数据网络连接的远动站之间传输相同的信息，这个数据网络上含有转发站，可以存储与转发信息，并在远动站之间提供虚电路。这种网络使用 TCP/IP 协议，可以运用不同的网络类型，包括 X.25、FR（帧中继）、ATM（异步传输模式）和 ISDN（综合服务数据网络），它的传输延时取决于网络负载，基本可以以几毫秒来计算，由于综合自动化站采样系统的限制是可以忽略不记的。104 规约改变了电网调度系统中传统的利用串口通信机制进行实时数据传输，取而代之的是利用 INTERNET 技术进行调度。相比于以前的远动技术，更加灵活、简单、经济。单一平面网络中，由于网络耦合度较高，网络设备和系统缺陷容易影响网络的可用性，为适应电网发展的需要，满足调度机构在正常运行和应急状态下对信息的需求，国调于 2009 年提出来的双平面的概念，如图 2-1 所示。双平面网络由于平面间的相对独立性，通过与业务层面的配合，业务可通过正常网络平面实现转发，具有较高的业务保障能力 。调度数据网网络组成：骨干网（负责数据汇聚和转发）+ 接入网（负责接入厂站并将数据发送至骨干网）骨干网节点包含了国调、网调、省调、地调节点，骨干网一平面和骨干网二平面是两张结构一样的网络，分别属于不同的自治系统，所有的厂站数据必须通过骨干网双平面与调度端主站系统进行通信。接入网分为省调接入网（负责接入辽宁境内 220kV 及以上电压等级的厂站）和地调接入网（负责接入各地区 66kV 及 220kV 厂站）。省调接入网按网络结构分为核心、汇聚、接入三个层次，核心层由位于省调、备调的核心节点组成，汇聚层由各地市的汇聚节点组成，接入层由各厂站接入节点组成。地调接入网与省调接入网结构类似。220kV 厂站通过 2 条 2M 链路上行接入省调接入网的地调节点，同时，也需要经过 1 条 2 × 2M 捆绑链路上行接入对应的地调接入网的第二核心节点。66kV 厂站通过 2 条 2M 链路上行接入相应地调接入网的不同的核心（汇聚）节点。

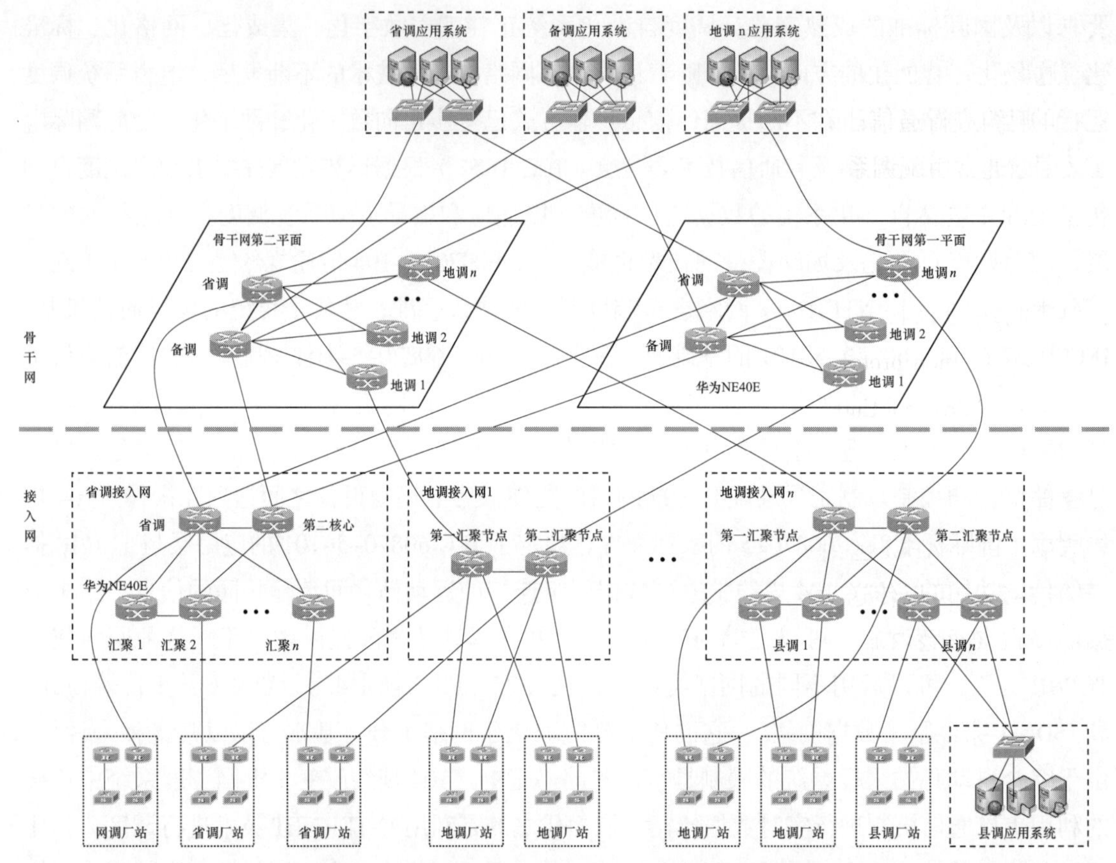

图 2-1　调度自动化系统应用 104 规约典型结构

104 规约不仅可以用在调度和厂站之间，而且完全可以应用于变电站自动化系统内部，现在 104 规约已被多个国际知名保护自动化公司如 SIEMENS、GE、ELIN 等公司应用到变电站自动化系统当中，并且已经获得了成功。适用 500/220kV 电压等级变电站自动化系统分为站控层和间隔层，站控层与间隔层之间采用以太网通信，通信网络传输层采用国际标准的 103 和 104 规约，104 规约用于远动、就地监控主站与 IED 设备间的通信，103 规约仅用于继电保护子站与 IED 设备层的通信。104 规约的功能的进一步延伸使得它有可能成为站内局域网的应用层通信规约的标准。随着电力系统光纤通信网络的发展，在建的国家电力数据网络（SPDnet）将发展到一个新阶段从而初步搭建电力系统信息高速公路，而 104 规约正是目前阶段将变电站实时信息送到这个高速公路的有效载体，提供以太网接口并支持 104 规约的站内远动终端可以直接接入 SPDnet 边缘交换机，从而将实时信息发送给所有需要该站信息的连接到 SPDnet 的用户。2004 年底至 2005 年初期间，国家电网公司各网、省级调度通信中心已经全面启动了 104 规约的上网（国家电力数据网）工作。

目前，在电力系统中，IEC 60870-5-104 主要应用在调度支持系统的数据采集中，用于主站和厂站间数据的交互，主要是“四遥”数据的传输，通常由主站的前置机和厂站的远动机进行通信，随着电力系统自动化水平的提高，这种基于网络的通信规约也被应用在其他场景中。例如辅助设备监视系统的主站和厂站通信也有一部分使用这种规约进行通信，厂站设备通过串口或 103 规约与消防、门禁等辅助设备联动，再经由厂站的通信传输单元与主站通过 104 规约进行通信；除此之外，104 规约也有可以用在地、配调间数据共享中，这种场景下，主站通常由配调系统前置机担任，厂站通常由地调系统前置机担任。

2.3　报文帧结构

控制站与被控站之间通过 TCP 连接交换的是 DL/T 634.5104—2002 应用层协议数据单元（application protocol data unit, APDU）。每个 APDU 都是由唯一的应用规约控制信息（Application Protocol Control Information, APCI）以及一个可能的应用服务数据单元（application service data unit，ASDU）组成，如图 2–2 所示。传输接口（TCP 到用户）是一个定向流接口，它没有为 IEC 60870–5–101 中的 ASDU 定义任何启动或者停止机制。为了检出 ASDU 的启动和结束，每个 APCI 包括下列的定界元素：一个启动字符，ASDU 的规定长度，以及控制域（见图 2–2）。可以传送一个完整的 APDU（或者出于控制目的，仅仅是 APCI 域也是可以被传送的）（见图 2–3）。

注：以上所使用的缩写出自 IEC 60870–5–3 的第五节。

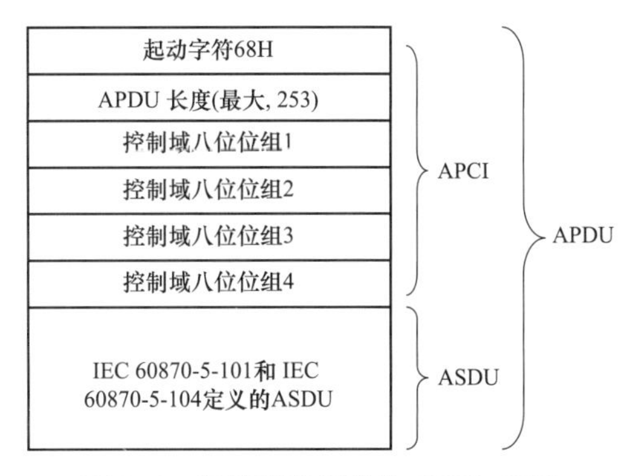

图 2–2　远动配套标准的 APDU 定义

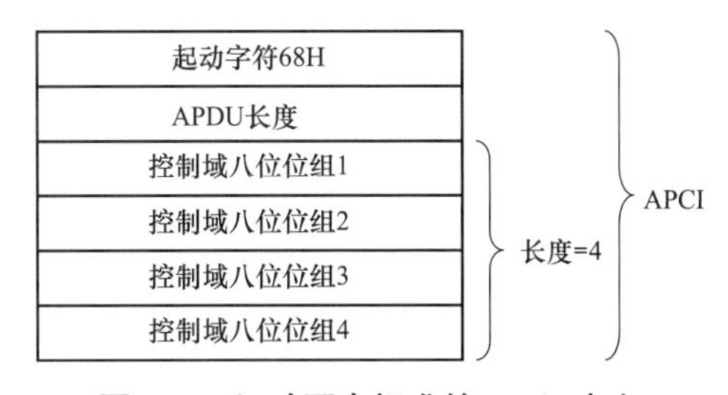

图 2–3　远动配套标准的 APCI 定义

2.3.1　APCI 结构

在 APCI（应用规约控制信息）中，定义了启动字符、APDU 长度和控制域。

启动字符 68H，定义了数据流中的起点。APDU 的长度定义了 APDU 体的长度，它包括 APCI 的四个控制域八位位组和 ASDU。第一个被计数的八位位组是控制域的第一个八位位组，最后一个被计数的八位位组是 ASDU 的最后一个八位位组。ASDU 的最大长度限制在 249 以内，因为 APDU 域的最大长度是 253（APDU 最大值 =255 减去启动和长度八位位组），控制域的长度是 4 个八位位组。

控制域定义了保护报文不至丢失和重复传送的控制信息，报文传输启动 / 停止，以及传输连接的监视等。

2.3.2 三种类型报文格式

控制域中具有编号的信息传输（information transmit format），简称 I 格式报文。

控制域中具有编号的监视功能（numbered supervisory functions），简称 S 格式报文。

控制域中不具有编号的控制功能（information transmit format），简称 U 格式报文。

1. I 帧格式报文定义

I 帧格式报文的标志为：控制域第一个八位位组的第一位比特为 0，控制域第三个八位位组的第一位比特为 0。I 帧格式的 APDU 常常包含一个 ASDU，且报文必须有发送序号计数和给对方的 I 格式报文信息确认的接收序号计数。从变电站上送到主站的信息报文中，涉及到传送遥信、遥测、遥控、遥调信息时只能使用 I 帧格式报文。I 帧格式的控制信息如图 2-4 所示。

	发送序列号 N（S）	LSB	0
MSB	发送序列号 N（S）		
	接收序列号 N（R）	LSB	0
MSB	接收序列号 N（R）		

图 2-4　信息传输格式类型（I 格式）的控制域

2. S 帧格式报文定义

S 帧格式报文的标志为：控制域第一个八位位组的第一位比特为 1，并且第二位比特为 0，控制域第三个八位位组的第一位比特为 0。S 帧格式的 APDU 只包括 APCI，且只能用来确认对方的发送报文序号，S 帧格式报文不能用来传送信息。S 帧格式的控制信息如图 2-5 所示。

	0	0	1
	0		
	接收序列号 N（R）	LSB	0
MSB	接收序列号 N（R）		

图 2-5　编号的监视功能类型（S 格式）的控制域

3. U 帧格式报文定义

U 帧格式报文的标志为：控制域第一个八位位组的第一位比特为 1，并且第二位比特为 1，控制域第三个八位位组的第一位比特为 0。U 帧格式的 APDU 只包括 APCI，在同一时刻，测试（TESTFR）、停止（STOPDT）或开启（STARTDT）中只有一个功能可以被激活。U 帧格式的控制信息如图 2-6 所示。

TESTFR		STOPDT		STARTDT		1	1
确认	生效	确认	生效	确认	生效		
0							
0							0
0							

图 2-6　未编号的控制功能类型的控制域（U 格式）

2.4　电力系统常用的有关参数及实例

2.4.1　监视方向的过程信息（见表 2-1）

表 2-1　监视方向的过程信息

类型标识（10 进制）	类型标识（16 进制）	定义内容	备注
0	00H	未定义	
1	01H	单点信息	带品质描述，不带时标
3	03H	双点信息	带品质描述，不带时标
5	05H	步位置信息	
7	07H	32 bit 串	
9	09H	测量值，归一化值	带品质描述，不带时标
11	0BH	测量值，标度化值	带品质描述，不带时标
13	0DH	测量值，短浮点数	带品质描述，不带时标
15	0FH	累计量	带品质描述，不带时标
20	14H	带状态检出的成组单点信息	只带变位标志
21	15H	不带品质描述的归一化测量值	不带品质描述，不带时标
30	1E	带时标 CP56Time2a 的单点信息	带品质描述，带绝对时标
31	1F	带时标 CP56Time2a 的双点信息	带品质描述，带绝对时标
32	20H	带时标 CP56Time2a 的步位置信息	带品质描述，带绝对时标
33	21H	带时标 CP56Time2a 的 32 比特串	带品质描述，带绝对时标
34	22H	带时标 CP56Time2a 的测量值，归一化值	带品质描述，带绝对时标
35	23H	带时标 CP56Time2a 的测量值，标度化值	带品质描述，带绝对时标
36	24H	带时标 CP56Time2a 的测量值，短浮点数	带品质描述，带绝对时标
37	25H	带时标 CP56Time2a 的累计量	带品质描述，带绝对时标
38	26H	带时标 CP56Time2a 的继电保护装置事件	带品质描述，带绝对时标
39	27H	带时标 CP56Time2a 的继电保护装置成组启动事件	带品质描述，带绝对时标
40	28H	带时标 CP56Time2a 的继电保护装置成组输出电路信息	带品质描述，带绝对时标

2.4.2 控制方向的过程信息（见表 2-2）

表 2-2 控制方向的过程信息

类型标识（10 进制）	类型标识（16 进制）	定义内容	备注
45	2DH	单命令	每个报文只能包含一个遥控信息体
46	2EH	双命令	每个报文只能包含一个遥控信息体
47	2FH	步调节命令	每个报文只能包含一个档位信息体
48	30H	设点命令，归一化值	每个报文只能包含一个设定值
49	31H	设点命令，标度化值	每个报文只能包含一个设定值
50	32H	设点命令，短浮点数	每个报文只能包含一个设定值
51	33H	32 bit 串	
58	3AH	带时标 CP56Time2a 的单命令	每个报文只能包含一个遥控信息体，带绝对时标
59	3BH	带时标 CP56Time2a 的双命令	每个报文只能包含一个遥控信息体，带绝对时标
60	3CH	带时标 CP56Time2a 的步调节命令	每个报文只能包含一个遥控信息体，带绝对时标
61	3DH	带时标 CP56Time2a 的设点命令，归一化值	每个报文只能包含一个设定值，带绝对时标
62	3EH	带时标 CP56Time2a 的设点命令，标度化值	每个报文只能包含一个设定值，带绝对时标
63	3FH	带时标 CP56Time2a 的设点命令，短浮点数	每个报文只能包含一个设定值，带绝对时标
64	40H	带时标 CP56Time2a 的 32 比特串	带绝对时标

2.4.3 监视方向的系统信息、控制方向的系统信息、控制反向的参数及文件传输（见表 2-3）

表 2-3 监视方向、控制方向、控制反向的参数及文件传输

类型标识（10 进制）	类型标识（16 进制）	定义内容	备注
70	46H	初始化结束	报告站端初始化完成
100	64H	总召唤命令	带不同的限定词可以用于组召唤
101	65H	电能脉冲召唤命令	带不同的限定词可以用于组召唤
102	66H	读命令	读单个信息对象值
103	67H	时钟同步命令	需要通过测量通道延时加以校正
105	68H	复位进程命令	使用前需要双方确认
107	6AH	带时标 CP56Time2a 的测试命令	

续表

类型标识（10 进制）	类型标识（16 进制）	定义内容	备注
110	6EH	测量值参数，归一化值	
111	6FH	测量值参数，标度化值	
112	70H	测量值参数，短浮点数	
113	71H	参数激活	
120	78H	文件已准备好	
121	79H	节已准备好	
122	7AH	召唤目录，选择文件，召唤文件，召唤节	
123	7BH	最后的节，最后的段	
124	7CH	确认文件，确认节	
125	7DH	段	
126	7EH	目录	
127	7FH	日志查询 – 请求存档文件	

2.4.4 常用的传送原因（见表 2-4）

表 2-4　　常用的传送原因

传送原因（10 进制）	传送原因（16 进制）	定义内容	备注
1	01H	周期，循环	上行
2	02H	背景扫描	上行
3	03H	突发（自发）	上行
4	04H	初始化	上行
5	05H	请求或被请求	上行、下行
6	06H	激活	下行
7	07H	激活确认	上行
8	08H	停止激活	下行
9	09H	停止激活确认	上行
10	0AH	激活终止	上行
11	0BH	远方命令引起的返送信息	上行
12	0CH	当地命令引起的返送讯息	上行
20	14H	响应站召唤	上行
21	15H	响应第 1 组召唤	上行

续表

传送原因 （10 进制）	传送原因 （16 进制）	定义内容	备注
22	16H	响应第 2 组召唤	上行
…	…	…	上行
28	1CH	响应第 8 组召唤	上行
29	1DH	响应第 9 组召唤	上行
…	…	…	上行
34	22H	响应第 14 组召唤	上行
35	23H	响应第 15 组召唤	上行
36	24H	响应第 16 组召唤	上行
37	25H	响应累计量站召唤	上行
38	26H	响应第 1 组累计量召唤	上行
39	27H	响应第 2 组累计量召唤	上行
40	28H	响应第 3 组累计量召唤	上行
41	29H	响应第 4 组累计量召唤	上行
44	2CH	未知的类型标识	上行
45	2DH	未知的传送原因	上行
46	2EH	未知的应用服务数据单元（ASDU）公共地址	上行
47	2FH	未知的信息对象地址	上行

2.5 报文实例

2.5.1 启动数据传输（U 帧）

报文举例

68 04 07 00 00 00

启动字符：68。

APDU 长度：04。

应用规约数据单元长度为 4 个字节。

控制域：07 00 00 00。

启动数据传输如图 2-7 所示。

控制域第 1 字节第 3 位为 1，为启动数据传输。

<table>
<tr><td colspan="2">TESTER</td><td colspan="2">STOPDT</td><td colspan="2">STARTDT</td><td rowspan="2">1</td><td rowspan="2">1</td></tr>
<tr><td>0</td><td>0</td><td>0</td><td>0</td><td>0</td><td>1</td></tr>
<tr><td colspan="8">0</td></tr>
<tr><td colspan="7">0</td><td>0</td></tr>
<tr><td colspan="8">0</td></tr>
</table>

图 2-7 启动数据传输

2.5.2　确认数据传输（U 帧）

报文举例

68 04 0B 00 00 00

启动字符：68。

APDU 长度：04。

控制域：0B 00 00 00。

确认数据传输如图 2-8 所示。

<table>
<tr><td colspan="2">TESTER</td><td colspan="2">STOPDT</td><td colspan="2">STARTDT</td><td rowspan="2">1</td><td rowspan="2">1</td></tr>
<tr><td>0</td><td>0</td><td>0</td><td>0</td><td>1</td><td>0</td></tr>
<tr><td colspan="8">0</td></tr>
<tr><td colspan="7">0</td><td>0</td></tr>
<tr><td colspan="8">0</td></tr>
</table>

图 2-8　确认数据传输

控制域第 1 字节第 4 位为 1，为启动数据传输确认。

2.5.3　停止数据传输（U 帧）

报文举例

68 04 13 00 00 00

启动字符：68。

APDU 长度：04。

控制域：13 00 00 00。

停止数据传输如图 2-9 所示。

<table>
<tr><td colspan="2">TESTER</td><td colspan="2">STOPDT</td><td colspan="2">STARTDT</td><td rowspan="2">1</td><td rowspan="2">1</td></tr>
<tr><td>0</td><td>0</td><td>0</td><td>1</td><td>0</td><td>0</td></tr>
<tr><td colspan="8">0</td></tr>
<tr><td colspan="7">0</td><td>0</td></tr>
<tr><td colspan="8">0</td></tr>
</table>

图 2-9　停止数据传输

控制域第 1 字节第 5 位为 1，为停止数据传输。

2.5.4　确认停止数据传输（U 帧）

报文举例

68 04 23 00 00 00

启动字符：68。

APDU 长度：04。

控制域：23 00 00 00。

确认停止数据传输如图 2-10 所示。

<table>
<tr><td colspan="2">TESTER</td><td colspan="2">STOPDT</td><td colspan="2">STARTDT</td><td rowspan="2">1</td><td rowspan="2">1</td></tr>
<tr><td>0</td><td>0</td><td>1</td><td>0</td><td>0</td><td>0</td></tr>
<tr><td colspan="8">0</td></tr>
<tr><td colspan="7">0</td><td>0</td></tr>
<tr><td colspan="8">0</td></tr>
</table>

图 2-10　确认停止数据传输

控制域第 1 字节第 6 位为 1，为停止数据传输确认。

2.5.5　测试数据传输（U 帧）

报文举例

68 04 43 00 00 00

启动字符：68。

APDU 长度：04。

应用规约数据单元长度为 4 个字节。

控制域：43 00 00 00。

测试数据传输如图 2-11 所示。

<table>
<tr><td colspan="2">TESTER</td><td colspan="2">STOPDT</td><td colspan="2">STARTDT</td><td rowspan="2">1</td><td rowspan="2">1</td></tr>
<tr><td>0</td><td>1</td><td>0</td><td>0</td><td>0</td><td>0</td></tr>
<tr><td colspan="8">0</td></tr>
<tr><td colspan="7">0</td><td>0</td></tr>
<tr><td colspan="8">0</td></tr>
</table>

图 2-11　测试数据传输

控制域第 1 字节第 7 位为 1，为测试数据传输。

2.5.6 测试数据传输确认（U 帧）

报文举例

68 04 83 00 00 00

启动字符：68。

APDU 长度：04。

控制域：83 00 00 00。

确认测试数据传输如图 2-12 所示。

TESTER		STOPDT		STARTDT		1	1
1	0	0	0	0	0		
0							
0							0
0							

图 2-12 确认测试数据传输

控制域第 1 字节第 8 位为 1，为测试数据传输确认。

2.5.7 总召唤（I 帧）

1. 启动总召唤（I 帧）

报文举例

68 0E 00 00 00 00 64 01 06 00 01 00 00 00 00 14

解释：传送原因 06H；总召唤限定词：14H，为整个站的总召唤。

2. 确认总召唤（I 帧）

总召唤确认（发送帧的镜像，除传送原因不同）。

报文举例

68 0E 00 00 00 00 64 01 07 00 01 00 00 00 00 14

解释：传送原因 07H；总召唤限定词：14H，为整个站的总召唤。

3. 结束总召唤帧（I 帧）

结束总召唤（发送帧的镜像，除传送原因不同）。

报文举例

68 0E 08 00 02 00 64 01 0A 00 01 00 00 00 00 14（区分是总召唤还是分组召唤，02 年修改后的规约中没有分组召唤）

解释：传送原因 0A；总召唤限定词：14H，为整个站的总召唤。

2.5.8 变位遥信（I 帧）

1. 单点遥信变化（I 帧）

报文举例

68 1A 02 00 02 00 01 04 14 00 01 00 01 00 00 01 06 00 00 01 0A 00 00 01 0B 00 00 00

单点遥信变化帧如图 2-13 所示。

解释：类型标识：01H；单点遥信变位，可变限定词：04H：4 个信息字，传送原因：14 00H：整个站的总召唤，公共地址：01 00H：通常为 RTU 地址，信息体地址：01 00 00H：第 1 个遥信：单点信息 SIQ：IV：0，NT：0，SB：0，BL：0，SPI：1，合位，信息体地址：06 00 00H：第 6 个遥信：单点信息 SIQ：IV：0，NT：0，SB：0，BL：0，SPI：1，合位，信息体地址：0A 00 00H：第 10 个遥信：单点信息 SIQ：IV：0，NT：0，SB：0，BL：0，SPI：1，合位，信息体地址：0B 00 00H：第 11 个遥信：单点信息 SIQ：IV：0，

NT：0，SB：0，BL：0，SPI：0，分位。

2. 双点遥信变化（I 帧）

报文举例

68 1E 04 00 02 00 03 05 14 00 01 00 01 00 00 02 06 00 00 02 0A 00 00 01 0B 00 00 02 0C 00 00 01

双点遥信变化帧如图 2-14 所示。

解释：类型标识：03H；双点遥信变位，可变限定词：05H：5 个信息字，传送原因：14 00H：整个站的总召唤，公共地址：01 00H：通常为 RTU 地址，信息体地址：01 00 00H：第 1 个遥信：双点信息 DIQ：IV：0，NT：0，SB：0，BL：0，DPI：2，合位，信息体地址：06 00 00H：第 6 个遥信：双点信息 DIQ：IV：0，NT：0，SB：0，BL：0，DPI：2，合位，信息体地址：0A 00 00H：第 10 个遥信：双点信息 DIQ：IV：0，NT：0，SB：0，BL：0，DPI：1，分位，信息体地址：0B 00 00H：第 11 个遥信：双点信息 DIQ：IV：0，NT：0，SB：0，BL：0，DPI：2，合位。信息体地址：0C 00 00H：第 12 个遥信：双点信息

M_SP_NA_1 SPONT

启动字符 68H							
APDU 长度 1AH							
发送序号 02							
发送序号 00							
接收序号 02							
接收序号 00							
类型标识 01							
可变结构限定词 04							
传送原因（2 字节）14 00 H							
应用服务数据单元公共地址（2 字节）01 00H							
信息体地址（3 字节）01 00 00H							
0	0	0	0	0	0	0	1
信息体地址（3 字节）06 00 00H							
0	0	0	0	0	0	0	1
信息体地址（3 字节）0A 00 00H							
0	0	0	0	0	0	0	1
信息体地址（3 字节）0B 00 00H							
0	0	0	0	0	0	0	0

图 2-13　单点遥信变化帧

M_DP_NA_1 SPONT

启动字符 68H							
APDU 长度 1EH							
发送序号 04							
发送序号 00							
接收序号 02							
接收序号 00							
类型标识 03							
可变结构限定词 05							
传送原因（2 字节）14 00 H							
应用服务数据单元公共地址（2 字节）01 00H							
信息体地址（3 字节）01 00 00H							
0	0	0	0	0	0	1	0
信息体地址（3 字节）06 00 00H							
0	0	0	0	0	0	1	0
信息体地址（3 字节）0A 00 00H							
0	0	0	0	0	0	0	1
信息体地址（3 字节）0B 00 00H							
0	0	0	0	0	0	1	0
信息体地址（3 字节）0C00 00H							
0	0	0	0	0	0	0	1

图 2-14　双点遥信变化帧

DIQ：IV：0，NT：0，SB：0，BL：0，DPI：1，合位。

2.5.9 变化遥测（I 帧）

归一化值（I 帧）

报文举例

68 13 06 00 02 00 09 82 14 00 01 00 01 07 00 A1 10 00 89 15 00

归一化值如图 2-15 所示。

解释：类型标识：09H；归一化值，可变限定词：82H：2 个信息字，传送原因：14 00H：整个站的总召唤，公共地址：01 00H：通常为 RTU 地址，信息体地址：01 07 00H：第 1793 个遥测：A1 10H：4257，02 07 00H：第 1794 个遥测：89 15H：5513。

<table>
<tr><td colspan="4">启动字符</td><td colspan="4">68H</td></tr>
<tr><td colspan="4">APDU 长度</td><td colspan="4">13H</td></tr>
<tr><td colspan="4">发送序号 N（S）</td><td colspan="4">06H</td></tr>
<tr><td colspan="4">发送序号 N（S）</td><td colspan="4">00H</td></tr>
<tr><td colspan="4">接收序号 N（R）</td><td colspan="4">02H</td></tr>
<tr><td colspan="4">接收序号 N（R）</td><td colspan="4">00</td></tr>
<tr><td colspan="4">类型标识</td><td colspan="4">09H</td></tr>
<tr><td colspan="4">可变结构限定词
（信息体数目）</td><td colspan="4">82H</td></tr>
<tr><td colspan="4">传送原因（2 字节）</td><td colspan="4">14 00H</td></tr>
<tr><td colspan="4">应用服务数据单元公
共地址（2 字节）</td><td colspan="4">01 00H</td></tr>
<tr><td colspan="4">H 信息体地址
（3 字节）</td><td colspan="4">01 07 00H</td></tr>
<tr><td colspan="8">A1H</td></tr>
<tr><td colspan="8">10H</td></tr>
<tr><td>0</td><td>0</td><td>0</td><td>0</td><td>0</td><td>0</td><td>0</td><td>0</td></tr>
<tr><td colspan="8">89H</td></tr>
<tr><td colspan="8">15H</td></tr>
<tr><td>0</td><td>0</td><td>0</td><td>0</td><td>0</td><td>0</td><td>0</td><td>0</td></tr>
</table>

图 2-15 归一化值

浮点值（I 帧）

报文举例

682A0A515207 0D 04 03000100 274000 6766A24200 2840009A99A14200

294000B39DAF3F00 2A4000BF9F1A3F00

解释：类型标识：0DH；短浮点值，可变限定词：04H：4 个信息字，传送原因：03 00H：突发，公共地址：01 00H：通常为 RTU 地址，信息体地址：27 40 00H：第 39 个遥测：67 66 A2 42H 值 81.2，信息体地址：28 40 00 第 40 个遥测 9A 99 A1 42 00 值：80.800，29 40 00 第 41 个遥测 B39DAF3F00 值：1.372，2A 40 00 第 42 个遥测 BF 9F 1A 3F 00 值：0.60。

2.5.10 时钟（I 帧）

报文举例（通过设置 RTU 参数表中的“对间间隔”，单位是分钟，一般是 20 分钟）

68 14 02 00 0A 00 67 01 06 00 01 00 00 00 00 01 02 03 04 81 09 05

解释：类型标识：67H；设置时钟，可变限定词：01：1 个信息字，传送原因：06 00H：激活，公共地址：01 00H：通常为 RTU 地址，信息体地址：00 00 00H：01 02: 513 毫秒，03: 3 分，04: 4 时，81: 1 日，09: 9 月，05：05 年。

2.5.11 SOE（I 帧）

单点 SOE

报文举例

68 15 1A 00 06 00 1E 01 3 00 01 00 08 00 00 00 AD 39 1C 10 7A 0B 05

解释：类型标识：1EH；单点 SOE，可变限定词：01: 1 个信息字，传送原因：03 00H：

突发，公共地址：01 00H：通常为 RTU 地址，信息体地址：08 00 00H：第 8 点遥信，SPI：00：分位，AD 39: 毫秒，1C: 28 分，10: 16 时，7A：30 日，0B ：11 月，05：1995 年。

双点 SOE

报文举例

68 15 1A 00 06 00 1F 01 3 00 01 00 08 00 00 020 AD 39 1C 10 7A 0B 05

解释：类型标识：1FH；双点 SOE，可变限定词：01: 1 个信息字，传送原因：03 00H：突发，公共地址：01 00H：通常为 RTU 地址，信息体地址：08 00 00H：第 8 点遥信，DPI：02：合位，AD 39：毫秒，1C: 28 分，10: 16 时，7A：30 日，0B ：11 月，05：1995 年。

2.5.12 遥控（I 帧）

单点遥控（I 帧）

报文举例（遥控选择激活）

68 0E 20 00 06 00 2D 01 06 00 01 00 05 60 00 81

遥控选择命令的激活确认帧如图 2-16 所示。

解释：类型标识：2DH：单点遥控，可变限定词：01H：1 个信息字，传送原因：06 00H：遥控激活，公共地址：01 00H：通常为 RTU 地址，信息体地址：05 60 00H：第 5 个遥控，遥控命令：82H, S/E：1：遥控选择，DCS：1：遥控合。

报文举例（遥控选择确认）

68 0E 20 00 06 00 2D 01 07 00 01 00 05 60 00 81

返回遥控选择的镜像，只是传送原因变化为 07。

启动字符				68H			
APDU 长度				0EH			
发送序号 N（S）				20H			
发送序号 N（S）				00H			
接收序号 N（R）				06H			
接收序号 N（R）				00			
类型标识				2DH			
可变结构限定词				01H			
传送原因				06 00H			
应用服务数据单元公共地址				01 00H			
信息体地址				05 60 00H			
1	0	0	0	0	0	01	1

图 2-16　遥控选择命令的激活确认帧

报文举例（遥控执行激活）

68 0E 20 00 06 00 2D 01 06 00 01 00 05 60 00 01

遥控命令：01H, S/E：0：遥控执行，DCS：1：遥控合

报文举例（遥控执行激活确认）

68 0E 20 00 06 00 2D 01 07 00 01 00 05 60 00 01

返回遥控选择的镜像，只是传送原因变化为 07。

报文举例（遥控撤销激活）

68 0E 20 00 06 00 2D 01 08 00 01 00 05 60 00 01

传送原因：08 00H：遥控撤销激活，遥控命令：01H, S/E：0：遥控执行，DCS：1：遥

控合

报文举例（遥控撤销激活遥控执行激活确认）

68 0E 20 00 06 00 2D 01 09 00 01 00 05 60 00 01

返回遥控选择的镜像，只是传送原因变化为 09。

报文举例（遥控结束）

68 0E 20 00 06 00 2D 01 0A 00 01 00 05 60 00 01

返回遥控选择的镜像，只是传送原因变化为 0a。

双点遥控（I 帧）

报文举例

68 0E 20 00 06 00 2E 01 06 00 01 00 05 60 00 82

遥控选择命令的激活确认帧如图 2-17 所示。

解释：类型标识：2EH；双点遥控，可变限定词：01H：1 个信息字，传送原因：06 00H：遥控激活，公共地址：01 00H：通常为 RTU 地址，信息体地址：05 60 00H：第 5 个遥控，遥控命令：82H, S/E：1：遥控选择，DCS：2：遥控合。

启动字符				68H			
APDU 长度				0EH			
发送序号 N（S）				20H			
发送序号 N（S）				00H			
接收序号 N（R）				06H			
接收序号 N（R）				00			
类型标识				2EH			
可变结构限定词				01H			
传送原因				06 00H			
应用服务数据单元公共地址				01 00H			
信息体地址				05 60 00H			
1	0	0	0	0	0	1	0

图 2-17 遥控选择命令的激活确认帧

报文举例（遥控选择确认）

68 0E 20 00 06 00 2E 01 07 00 01 00 05 60 00 82

返回遥控选择的镜像，只是传送原因变化为 07。

报文举例（遥控执行激活）

68 0E 20 00 06 00 2E 01 06 00 01 00 05 60 00 02

遥控命令：82H，S/E：0：遥控执行，DCS：12：遥控合。

报文举例（遥控执行激活确认）

68 0E 20 00 06 00 2E 01 07 00 01 00 05 60 00 02

返回遥控选择的镜像，只是传送原因变化为 07。

报文举例（遥控结束）

68 0E 20 00 06 00 2E 01 0A 00 01 00 05 60 00 02

返回遥控选择的镜像，只是传送原因变化为 07。

第 3 章　短帧报文

3.1　报文结构

主站与从站之间通过 TCP 连接交换的是 IEC 60870–5–104 应用层协议数据单元（APDU），每个 APDU 都是由唯一的应用规约控制信息（APCI）以及一个可能的应用服务数据单元（ASDU）组成，如图 3–1 所示。其中 ASDU 主要用来传输数据信息，在有些报文中可以没有 ASDU 仅仅传输 APCI 信息。

传输接口（用户到 TCP）是一个面向流的接口，它没有为 IEC 60870–5–101 中的 ASDU 定义任何启动或者停止机制。为了检出 ASDU 的启动和结束，每个 APCI 包括下列的定界元素：一个启动字符，ASDU 的规定长度，以及控制域。可以传送一个完整的 APDU（或者，出于控制目的，仅仅是传送 APCI 域）（见图 3–2）。

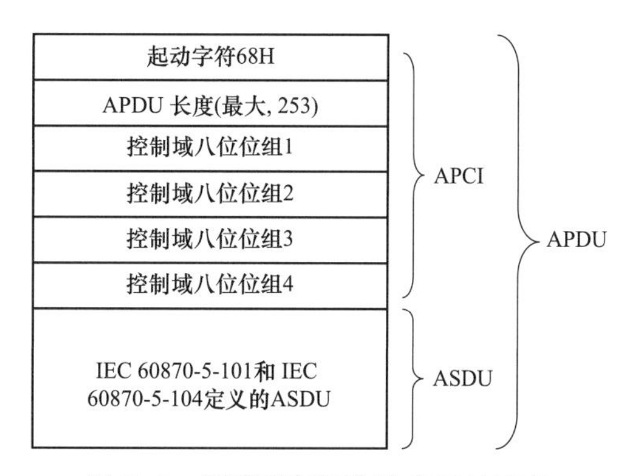

图 3–1　远动配套标准的 APDU 定义

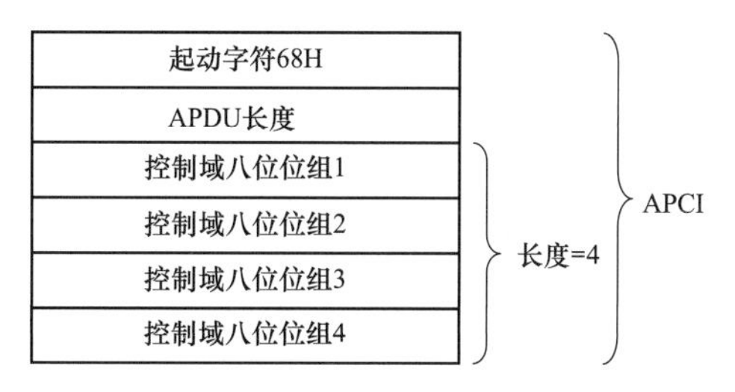

图 3–2　远动配套标准的 APCI 定义

3.2 报文分类

根据报文中控制域字段的数值不同，可以将报文分为 I 帧、S 帧和 U 帧三种格式，其中 U 帧和 S 帧由于不包含带有数据信息的 ASDU 部分，报文总长度通常为 6 个字节，被称为短帧报文，本章主要描述这一类报文。

控制域中具有编号的信息传输，简称 I 帧格式报文；

控制域中具有编号的监视功能，简称 S 帧格式报文；

控制域中不具有编号的控制功能，简称 U 帧格式报文。

3.3 短帧报文结构

3.3.1 S 帧格式报文

S 帧格式报文的标志为：控制域第一个八位位组的第一位比特 =1 并且第二位比特 =0 定义了 S 格式. S 格式的 APDU 只包括 APCI. S 格式的控制信息如图 3-3 所示。

比特	8	7	6	5	4	3	2	1	
	0						0	1	八位位组 1
	0								八位位组 2
	接收序列号 N（R） LSB							0	八位位组 3
	MSB 发送序列号 N（R）								八位位组 4

图 3-3 编号的监视功能类型（S 格式）的控制域

S 帧报文主要用于确认接收到的报文，变化的字段为接收序号字段，用来对接收到的报文数量进行统计。

实例 1

RECV AT 2019-12-24 10: 16: 59.878

68 FA 5C 67 84 00 0D 1E 03 00 01 00 58 40 00 80 61 02 44 00 59 40 00 00 1E 48 42 00 5A 40 00 80 61 02 44 00 5B 40 00 00 1E 48 42 00 77 40 00 00 2A 64 43 00 76 40 00 80 CC C1 43 00 4E 41 00 01 83 C7 43 00 4F 41 00 01 1E C3 43 00 74 40 00 6B 4D 16 43 00 75 40 00 17 AD 10 42 00 7F 40 00 00 2A 64 43 00 52 41 00 00 26 CA 42 00 53 41 00 00 26 CA 42 00 7C 40 00 2E 1B 17 42 00 7D 40 00 29 9F 5A C1 00 20 40 00 00 DC 1B 43 00 02 41 00 00 50 11 43 00 03 41 00 00 74 0B 43 00 1E 40 00 9B 4A C5 42 00 1F 40 00 38 EF AC C2 00 9D 40 00 01 DE 0A 44 00 9E 40 00 00 3E 14 44 00 9F 40 00 00 24 10 44 00 9B 40 00 82 B1 5B C3 00 9C 40 00 ED A0 78 C2 00 42 40 00 80 4F A8 44 00 1F 41 00 41 17 A8 44 00 20 41 00 00 1D A6 44 00 40 40 00 58 04 04 C4 00 41 40 00 63 B2 6A C2 00

68 报文头 FA 长度 5C67 发送序号 8400 接收序号。

SEND AT 2019-12-24 10: 16: 59.878

68 04 01 00 5E 67

68 报文头 04 长度 0100 发送序号 5E67 接收序号。

上面的是一组收发的报文，其中厂站在发送变化遥测数据后，报文中包含了发送序号 5C67，由于是高位在后，低位在前，所以实际的序号应该是 675CH，主站接收后，对接收序号 +2 处理，变成 675EH，再翻转高低位，以 5E 67 发送。

实例 2

RECV AT 2019-12-24 10: 16: 59.891

68 FA 5E 67 84 00 0D 1E 03 00 01 00 52 40 00 41 17 A8 44 00 32 41 00 01 FE A6 44 00 33 41 00 C1 E4 A5 44 00 50 40 00 76 9D 03 C4 00 8B 40 00 00 2A 64 43 00 8A 40 00 01 0F 52 43 00 58 41 00 00 55 57 43 00 59 41 00 01 D1 53 43 00 88 40 00 2D FC A7 42 00 98 40 00 00 A0 D7 42 00 99 40 00 01 40 03 43 00 9A 40 00 01 B0 E5 42 00 96 40 00 A6 2C 09 42 00 8E 40 00 00 C0 A8 43 00 8F 40 00 00 E4 A2 43 00 90 40 00 01 68 A6 43 00 2F 40 00 00 80 3B 43 00 11 41 00 01 3C 25 43 00 12 41 00 01 A8 13 43 00 87 40 00 01 4B 64 43 00 86 40 00 01 D1 53 43 00 56 41 00 00 F8 59 43 00 57 41 00 00 93 55 43 00 84 40 00 B4 97 A9 42 00 3D 40 00 01 96 96 43 00 3A 40 00 01 84 19 44 00 1A 41 00 01 39 19 44 00 1B 41 00 01 C2 17 44 00 38 40 00 11 87 03 44 00 39 40 00 24 10 28 43 00

68 报文头 FA 长度　5E67 发送序号　8400 接收序号　3 突发 30 信息个数　0100 公共地址 0D 短浮点遥测值。

RECV AT 2019-12-24 10: 16: 59.904

68 C2 60 67 84 00 0D 17 03 00 01 00 4F 40 00 01 A8 DE 43 00 2F 41 00 01 72 E7 43 00 30 41 00 01 06 F9 43 00 31 41 00 80 70 96 43 00 7B 40 00 01 6C 64 43 00 7A 40 00 81 12 C7 43 00 50 41 00 80 96 CA 43 00 51 41 00 01 A2 C6 43 00 78 40 00 59 EB 19 43 00 79 40 00 23 E4 13 42 00 6E 40 00 01 75 73 43 00 4A 41 00 01 3F 7C 43 00 4B 41 00 00 B3 71 43 00 6C 40 00 75 46 BB 42 00 6D 40 00 BE AF BD 41 00 63 40 00 01 E8 63 43 00 62 40 00 01 D8 3D 43 00 44 41 00 00 30 40 43 00 45 41 00 01 90 49 43 00 61 40 00 A6 2C 89 41 00 03 40 00 00 94 A7 43 00 E7 40 00 00 34 9E 43 00 E8 40 00 00 AA 82 43 00

68 报文头　C2 长度　6067 发送序号　8400 接收序号　3 突发　23 信息个数　0100 公共地址 0D 短浮点遥测值。

RECV AT 2019-12-24 10: 16: 59.916

68 FA 62 67 84 00 0D 1E 03 00 01 00 72 40 00 00 7D 7A 43 00 4C 41 00 00 20 7D 43 00 4D 41 00 00 56 74 43 00 70 40 00 BE AF BD 42 00 71 40 00 D5 1D C4 41 00 59 40 00 00 28 48 42 00 77 40 00 00 09 64 43 00 76 40 00 80 8E C3 43 00 4E 41 00 81 B5 C9 43 00 4F 41 00 81 50 C5 43 00 74 40 00 F1 E8 17 43 00 DD 40 00 01 52 00 43 00 DF 40 00 01 1C 09 43 00 91 40 00 CA E6 40 C2 00 7E 40 00 01 6C CF 42 00 52 41 00 01 A2 C6 42 00 53 41 00 00 64 C8 42 00 7C 40 00 A8 7F 15 42 00 7D 40 00 40 0D 61 C1 00 0B 40 00 00 A0 D7 43 00 42 40 00 41 F8 A8 44 00 1F 41 00 00 C0 A8 44 00 20 41 00 C1 C5 A6 44 00 40 40 00 39 6B 04 C4 00 44 40 00 28 86 66 C2 00 20 40 00

01 84 19 43 00 02 41 00 01 F8 0E 43 00 03 41 00 01 1C 09 43 00 1E 40 00 86 6B C0 42 00 9D 40 00 01 0A 0C 44 00

68 报文头 FA 长度 6267 发送序号 8400 接收序号 3 突发 30 信息个数 0100 公共地址 0D 短浮点遥测值。

RECV AT 2019-12-24 10: 16: 59.930

68 FA 64 67 84 00 0D 1E 03 00 01 00 9E 40 00 00 6A 15 44 00 9F 40 00 01 BA 10 44 00 9B 40 00 DB C3 5C C3 00 2F 40 00 01 AC 3C 43 00 12 41 00 01 D4 14 43 00 52 40 00 00 C0 A8 44 00 32 41 00 80 6E A7 44 00 33 41 00 80 8D A6 44 00 50 40 00 58 04 04 C4 00 98 40 00 01 F0 D2 42 00 99 40 00 00 E8 00 43 00 9A 40 00 01 00 E1 42 00 96 40 00 41 E3 04 42 00 97 40 00 58 7B E7 C1 00 87 40 00 00 2A 64 43 00 86 40 00 00 F0 52 43 00 57 41 00 01 B2 54 43 00 84 40 00 F0 C9 A8 42 00 3B 40 00 01 4B 96 43 00 3A 40 00 00 65 1A 44 00 1A 41 00 00 CF 19 44 00 1B 41 00 00 58 18 44 00 38 40 00 F4 22 04 44 00 39 40 00 E9 47 29 43 00 7B 40 00 01 4B 64 43 00 7A 40 00 81 D4 C8 43 00 50 41 00 80 58 CC 43 00 51 41 00 00 64 C8 43 00 78 40 00 FE 1F 1B 43 00 79 40 00 A8 7F 15 42 00

68 报文头 FA 长度 6467 发送序号 8400 接收序号 3 突发 30 信息个数 0100 公共地址 0D 短浮点遥测值。

RECV AT 2019-12-24 10: 16: 59.964

68 62 66 67 84 00 0D 0B 03 00 01 00 6E 40 00 01 37 75 43 00 4A 41 00 01 01 7E 43 00 4B 41 00 01 75 73 43 00 6C 40 00 FB E1 BC 42 00 6D 40 00 B2 78 BA 41 00 4F 40 00 01 D4 DF 43 00 2F 41 00 00 08 E8 43 00 30 41 00 00 9C F9 43 00 2E 40 00 01 8C A0 43 00 0E 41 00 01 9E 9D 43 00 0F 41 00 01 CC 8D 43 00

68 报文头 62 长度 6667 发送序号 8400 接收序号 3 突发 11 信息个数 0100 公共地址 0D 短浮点遥测值。

RECV AT 2019-12-24 10: 16: 59.999

68 4A 68 67 84 00 0D 08 03 00 01 00 72 40 00 01 3F 7C 43 00 4C 41 00 01 C3 7F 43 00 4D 41 00 00 18 76 43 00 70 40 00 06 19 C0 42 00 71 40 00 C9 E6 C0 41 00 41 41 00 01 4B 96 43 00 5A 40 00 FF 40 02 44 00 5B 40 00 00 28 48 42 00

68 报文头 4A 长度 6867 发送序号 8400 接收序号 3 突发 8 信息个数 0100 公共地址 0D 短浮点遥测值。

RECV AT 2019-12-24 10: 17: 00.180

68 FA 6A 67 84 00 0D 1E 03 00 01 00 4A 40 00 01 B0 1A 44 00 2D 41 00 01 84 19 44 00 2E 41 00 00 EE 18 44 00 48 40 00 F4 22 04 44 00 49 40 00 E9 47 29 43 00 26 40 00 01 00 61 42 00 08 41 00 01 70 78 42 00 09 41 00 01 60 EA 42 00 76 40 00 81 D4 C8 43 00 4E 41 00 00 8B CE 43 00 4F 41 00 00 26 CA 43 00 74 40 00 DF 86 1B 43 00 75 40 00 23 E4 13 42 00 93 40 00 01 20 B2 43 00 94 40 00 00 10 A4 43 00 95 40 00 01 44 AC 43 00 25 40 00 01 FC 37 43 00 05 41 00 01 88 42

43 00 06 41 00 01 B8 6C 43 00 E3 40 00 01 B7 04 43 00 E4 40 00 01 46 E6 42 00 E5 40 00 00 E2 FE 42 00 E1 40 00 D5 1D 44 42 00 E2 40 00 58 7B 67 C0 00 42 40 00 81 11 AA 44 00 1F 41 00 81 11 AA 44 00 20 41 00 C0 A6 A7 44 00 40 40 00 FC 38 05 C4 00 03 40 00 00 82 AA 43 00 E7 40 00 00 B8 A1 43 00

68 报文头 FA 长度 6A67 发送序号 8400 接收序号 3 突发 30 信息个数 0100 公共地址 0D 短浮点遥测值。

RECV AT 2019-12-24 10: 17: 00.390

68 FA 6C 67 84 00 0D 1E 03 00 01 00 E8 40 00 00 98 85 43 00 40 41 00 80 70 96 43 00 59 40 00 00 1E 48 42 00 6A 40 00 01 7A A3 42 00 48 41 00 00 72 9C 42 00 49 41 00 00 2C 97 42 00 68 40 00 93 8E F7 41 00 9D 40 00 01 F8 0E 44 00 9E 40 00 01 C2 17 44 00 9F 40 00 00 12 13 44 00 9B 40 00 41 0D 61 C3 00 52 40 00 00 A1 A9 44 00 32 41 00 C0 87 A8 44 00 33 41 00 80 6E A7 44 00 50 40 00 1B D2 04 C4 00 98 40 00 01 90 C9 42 00 99 40 00 01 20 FD 42 00 9A 40 00 01 F0 D2 42 00 96 40 00 ED A0 F8 41 00 3B 40 00 80 25 96 43 00 3D 40 00 80 70 96 43 00 3A 40 00 01 FB 1A 44 00 1A 41 00 01 FB 1A 44 00 1B 41 00 01 39 19 44 00 38 40 00 D6 BE 04 44 00 4F 40 00 01 00 E1 43 00 2F 41 00 00 34 E9 43 00 30 41 00 01 C8 FA 43 00 31 41 00 01 4B 96 43 00 7A 40 00 81 1A CE 43 00

68 报文头 FA 长度 6C67 发送序号 8400 接收序号 3 突发 30 信息个数 0100 公共地址 0D 短浮点遥测值。

SEND AT 2019-12-24 10: 17: 00.390

68 04 01 00 6E 67

68 报文头 04 长度 0100 发送序号 6E67 接收序号。

当主站接收到多个数据报文后，并不会逐一进行回复 S 帧报文确认，只会对最后一个收到的报文中的发送序号进行 +2 处置后发送。

如果厂站接收到主站回复的 S 帧报文后，解析出来的接受序号与发出的发送序号偏差不等于 2 时，就会认为报文出现了丢失事件，可能会进行链路确认、重新发送等处置。

3.3.2 U 帧报文

U 帧格式报文的标志为：控制域第一个八位位组的第一位比特 =1 并且第二位比特 =1 定义了 U 格式. U 格式的 APDU 只包括 APCI. U 格式的控制信息如图 3-4 所示。在同一时刻，TESTFR，STOPDT 或 STARTDT 中只有一个功能可以被激活。

比特 8	7	6	5	4	3	2	1	
TESTFR		STOPDT		STARTDT		1	1	八位位组 t
确认	生效	确认	生效	确认	生效			八位位组 2
0								
0							0	八位位组 3
0								八位位组 4

图 3-4 未编号的控制功能类型的控制域（U 格式）

3.4 报文使用场合

在 STOPDT 状态下，控制站通过向被控站发送 STARTDT 激活 U 帧（指令）来激活 TCP 连接上的用户数据传输，并由被控站用 STARTDT 确认 U 帧响应这个命令之后，转入 STARTDT 状态。控制站在发送 STARTDT 激活 U 帧（指令）的同时，需要设置一个触发时间为 t1 的确认超时定时器。如果在该定时器超时之前未能获得来自被控站的 STARTDT 确认 U 帧，这条 TCP 连接将被控制站关闭。因此，在完成站初始化之后，STARTDT 激活 U 帧和 STARTDT 确认 U 帧必须总是在初始化结束、总召唤请求与响应、遥测越死区突发等用户数据之前传送。任何被控站只有在接收到 STARTDT 激活 U 帧并发回 STARTDT 确认 U 帧之后才能发送用户数据。 在 TCP 连接重新建立之后，如果用户进程有这样的需要，未经确认的报文可以在 STARTDT 过程完成之后被再次传送。

启动和停止数据的帧格式如图 3-5 所示。

确认	激活 / 生效	确认	激活 / 生效	确认	激活 / 生效	1	1
0							
0							0
0							

图 3-5 启动和停止数据的帧格式

3.4.1 启动数据传输（U 帧）

报文举例

68 04 07 00 00 00

启动字符：68。

APDU 长度：04。

应用规约数据单元长度为 4 个字节。

控制域：07 00 00 00。

启动数据传输如图 3-6 所示。

控制域第 1 字节第 3 位为 1，为启动数据传输。

TESTER		STOPDT		STARTDT		1	1
0	0	0	0	0	1		
0							
0							0
0							

图 3-6 启动数据传输

3.4.2 确认数据传输（U 帧）

报文举例

68 04 0B 00 00 00

启动字符：68。

APDU 长度：04。

控制域：0B 00 00 00。

确认数据传输如图 3-7 所示。

控制域第 1 字节第 4 位为 1，为启动数据传输确认。

TESTER		STOPDT		STARTDT		1	1
0	0	0	0	1	0		
0							
0							0
0							

图 3-7 确认数据传输

3.4.3　停止数据传输（U 帧）

与启动传输控制过程类似，在 STARTDT 状态下，控制站通过向被控站发送 STOPDT 激活 U 帧（指令）来停止 TCP 连接上的用户数据传输，并由被控站用 STOPDT 确认 U 帧响应这个命令之后，转入 STOPDT 状态。同样，控制站在发送 STOPDT 激活 U 帧（指令）的同时，也需要设置一个触发时间为 t_1 的确认超时定时器。如果在该定时器超时之前未能获得来自被控站的 STOPDT 确认 U 帧，这条 TCP 连接也将被控制站关闭。

报文举例

68 04 13 00 00 00

启动字符：68。

APDU 长度：04。

控制域：13 00 00 00。

停止数据传输如图 3-8 所示。

<table>
<tr><td colspan="2">TESTER</td><td colspan="2">STOPDT</td><td colspan="2">STARTDT</td><td rowspan="2">1</td><td rowspan="2">1</td></tr>
<tr><td>0</td><td>0</td><td>0</td><td>1</td><td>0</td><td>0</td></tr>
<tr><td colspan="8">0</td></tr>
<tr><td colspan="7">0</td><td>0</td></tr>
<tr><td colspan="8">0</td></tr>
</table>

图 3-8　停止数据传输

控制域第 1 字节第 5 位为 1，为停止数据传输。

3.4.4　确认停止数据传输（U 帧）

报文举例

68 04 23 00 00 00

启动字符：68。

APDU 长度：04。

控制域：23 00 00 00。

确认停止数据传输如图 3-9 所示。

<table>
<tr><td colspan="2">TESTER</td><td colspan="2">STOPDT</td><td colspan="2">STARTDT</td><td rowspan="2">1</td><td rowspan="2">1</td></tr>
<tr><td>0</td><td>0</td><td>1</td><td>0</td><td>0</td><td>0</td></tr>
<tr><td colspan="8">0</td></tr>
<tr><td colspan="7">0</td><td>0</td></tr>
<tr><td colspan="8">0</td></tr>
</table>

图 3-9　确认停止数据传输

控制域第 1 字节第 6 位为 1，为停止数据传输确认。

3.4.5　测试数据传输（U 帧）

测试过程的主要目的是为了防止假在线，在 DL/T 634.5104—2002 中是必需的。这是因为，对于相对空闲的 TCP 连接，一旦发生故障，控制站和被控站不一定总是能够及时发现；如果人为地限时启动测试过程，就可以及时发现故障，并且尽早发现故障并启动恢复尝试。DL/T 634.5104—2002 规定，无论是控制站，还是被控站，均必须判断启动测试过程的条件。一旦条件满足，在规定的时间段内没有数据传输，就必须实际启动测试过程。控制站和被控站对以上条件的监视必须是独立进行的。对于尚未进入 STARTDT 启动传输状态的 TCP 连接，以及所有可能的冗余连接，也必须作启动测试过程条件的监视，并在条件满足时实际启动测试过程。控制站和被控站，均必须设置一个触发时间为 t_3 的限时启动测试超时定时器。每接收一帧，无论是 I 帧、S 帧还是 U 帧，均重新设置其触发时间为 t_3。任何站一旦发现其上述定时器发生超时，就是满足了启动测试过程的条件，需要实际启动测试过程。如果接收到对方发来的测试帧，也将导致重新设置本端的限时启动测试超时定时器的触发时间为 t_3。测试过程通过向对方发送 TESTFR 激活命令来启动，由于该命令期待获得对方的确认，所以参照启动、停止、I 帧等情形，需要设置一个触发时间为 t_1 的等待确认超时定时器。在该定时器发生超时之前，如果及时地接收到 TESTFR 确认，则认为 TCP 连接正常，并重新设置一个触发时间为 t_3 的限时启动测试超时定时器。在该定时器发生超时之前，如果未能接收到 TESTFR 确认，则认为 TCP 连接已经发生故障，需要作主动关闭。

报文举例

68 04 43 00 00 00

启动字符：68。

APDU 长度：04。

应用规约数据单元长度为 4 个字节。

控制域：43 00 00 00。

测试数据传输如图 3-10 所示。

控制域第 1 字节第 7 位为 1，为测试数据传输。

TESTER		STOPDT		STARTDT		1	1
0	1	0	0	0	0		
0							
0							0
0							

图 3-10　测试数据传输

3.4.6　测试数据传输确认（U 帧）

报文举例

68 04 83 00 00 00

启动字符：68。

APDU 长度：04。

控制域：83 00 00 00。

确认测试数据传输如图 3-11 所示。

控制域第 1 字节第 8 位为 1，为测试数据传输确认。

TESTER		STOPDT		STARTDT		1	1
1	0	0	0	0	0		
0							
0							0
0							

图 3-11　确认测试数据传输

3.5　报文实例解析

实例 1：启动 / 确认据传输（U 帧）

报文举例

主站：68 04 07 00 00 00

子站：68 04 0B 00 00 00

报文解析：

主站：启动字符：68H。

APDU 长度：04H（该应用规约数据单元长度 4 个字节，即 07 00 00 00）。

控制域：07000000H。

第一个八位位组：07H（0000 0111，第一个八位位组的第一比特 =1，第二比特 =1）。

第三个八位位组：00H（第三个八位位组第一比特 =0）。

该帧为 U 格式。

控制域第一个八位位组的 STARTDT=01，表示启动数据传输。

子站：启动字符：68H。

长度：04（该应用规约数据单元长度 4 个字节，即 0B 00 00 00）。

控制域：0B000000H。

第一个八位位组：0BH（0000 1011，第一个八位位组的第一比特 =1，第二比特 =1）。

第三个八位位组：00H（第三个八位位组第一比特 =0）。

该帧为 U 格式。

控制域第一个八位位组的 STARTDT=10，表示启动数据传输确认。

实例 2：停止 / 确认据传输（U 帧）

报文举例

主站：68 04 13 00 00 00

子站：68 04 23 00 00 00

报文解析：

主站：启动字符：68H。

APDU 长度：04H（该应用规约数据单元长度 4 个字节，即 13 00 00 00）。

控制域：13000000H。

第一个八位位组：13H（0001 0011，第一个八位位组的第一比特 =1，第二比特 =1）。

第三个八位位组：00H（第三个八位位组第一比特 =0）。

该帧为 U 格式。

控制域第一个八位位组的 STOPDT=01，表示停止数据传输。

子站：启动字符：68H。

长度：04（该应用规约数据单元长度 4 个字节，即 23 00 00 00）。

控制域：23000000H。

第一个八位位组：23H（0010 0011，第一个八位位组的第一比特 =1，第二比特 =1）。

该帧为 U 格式。

控制域第一个八位位组的 STOPDT=10，表示停止数据传输确认。

实例 3：测试 / 确认据传输（U 帧）

报文举例

主站：68 04 43 00 00 00

子站：68 04 83 00 00 00

报文解析：

主站：启动字符：68H。

APDU 长度：04H（该应用规约数据单元长度 4 个字节，即 43 00 00 00）。

控制域：43000000H。

第一个八位位组：43H（0100 0011，第一个八位位组的第一比特 =1，第二比特 =1）。

第三个八位位组：00H（第三个八位位组第一比特 =0）。

该帧为 U 格式。

控制域第一个八位位组的 TESTER=01，表示测试数据传输。

子站：启动字符：68H。

长度：04（该应用规约数据单元长度 4 个字节，即 83 00 00 00）。

控制域：83000000H。

第一个八位位组：83H（1000 0011，第一个八位位组的第一比特 =1，第二比特 =1）。

该帧为 U 格式。

控制域第一个八位位组的 TESTER=10，表示测试数据传输确认。

实例 4：报文确认（S 帧）

报文举例

子站：68 8A AC 67 84 00 0D 10 03 00 01 00 1E 40 00 73 8C BB 42 00 1F 40 00 C2 5E AF C2 00 4F 40 00 01 00 E1 43 00 2F 41 00 00 34 E9 43 00 30 41 00 01 32 FA 43 00 31 41 00 01 4B 96 43 00 73 40 00 01 E8 63 43 00 72 40 00 81 84 82 43 00 4C 41 00 00 F5 82 43 00 4D 41 00 01 01 7E 43 00 71 40 00 EC 8B CA 41 00 9C 40 00 DB 99 80 C2 00 0D 40 00 08 5A 72 C4 00 0E 40 00 A7 D3 69 C1 00 1A 40 00 80 BB 96 43 00 18 40 00 00 C4 86 44 00

启动字符：68H。

长度：8A（该应用规约数据单元长度 138 个字节，即 0D 10 03 00 01 00 1E 40 00 73 8C BB 42 00 1F 40 00 C2 5E AF C2 00 4F 40 00 01 00 E1 43 00 2F 41 00 00 34 E9 43 00 30 41 00 01 32 FA 43 00 31 41 00 01 4B 96 43 00 73 40 00 01 E8 63 43 00 72 40 00 81 84 82 43 00 4C 41 00 00 F5 82 43 00 4D 41 00 01 01 7E 43 00 71 40 00 EC 8B CA 41 00 9C 40 00 DB 99 80 C2 00 0D 40 00 08 5A 72 C4 00 0E 40 00 A7 D3 69 C1 00 1A 40 00 80 BB 96 43 00 18 40 00 00 C4 86 44 00）。

控制域：AC 67 84 00。

第一、二个八位位组：AC 67H，表示发送序号为 67 ACH。

第三、四个八位位组：84 00H，表示接收序号为 00 84H。

报文类型：0DH，短浮点遥测值。

信息个数：16 个。

传送原因：03H，突发。

公共地址：0100H，公共地址为 1。

主站：68 04 01 00 AE 67

启动字符：68H。

APDU 长度：04H（该应用规约数据单元长度 4 个字节，即 01 00 AE 67）。

控制域：01 00 AE 67H。

第一个八位位组：01H（0000 0001，第一个八位位组的第一比特 =1，第二比特 =0）。

第三个八位位组：00H（第三个八位位组第一比特 =0）。

该帧为 S 格式。

第三、四个八位位组：AE 67H，（表示接收序号为 67 AEH，即在上一帧接收报文中的发送序号 67 ACH 中加 2 生成本帧报文的接收序号 67 AEH，反转后发出）。

第4章　总召

总召唤功能是在初始化以后进行，或者是定期进行总召唤，以刷新主站的数据库。总召唤时请求子站传送所有过程的变量实际值。定期进行总召唤的周期是一个系统参数，可以为 15min 或者更长时间。

总召唤的内容包括的子站的遥信、遥测、步位置信息、BCD 码（水位）、子站远动终端状态等信息。其具体过程如下：

主站向子站发送总召唤命令帧，如表 4–1 所示。

子站收到后，如果否定，则子站回送否定确认，传输结束；如果确认，则子站回送总召唤确认帧，如表 4–2 所示。

子站连续地向主站传送数据。这些信息帧可能包括：不带品质描述的遥测帧、单点遥信帧、远动终端状态帧，如表 4–3 所示。

总召唤的信息全部传送完毕后，子站发送总召唤结束帧，总召唤结束，如表 4–4 所示。

表 4–1　　总召唤命令帧

序号	含义	值	
1	启动字符	68 H	
2	APDU 长度	0E H	
3	八位位组	发送序号 N（S）　LSB	0
4	八位位组	MSB　发送序号 N（S）	
5	八位位组	接收序号 N（R）　LSB	0
6	八位位组	MSB　接收序号 N（R）	
7	类型标识（召唤）	64 H	
8	可变结构限定词	01 H	
9~10	传送原因（激活）	06 00 H	
11~12	应用服务数据单元公共地址	** ** H	
13~15	信息体地址	00 00 00 H	
16	信息体元素	14 H	

表 4-2　　总召唤确认 / 否认帧

序号	含义	值	
1	启动字符	68 H	
2	APDU 长度	0E H	
3	八位位组	发送序号 N（S）　LSB	0
4	八位位组	MSB　发送序号 N（S）	
5	八位位组	接收序号 N（R）　LSB	0
6	八位位组	MSB　接收序号 N（R）	
7	类型标识（召唤）	64 H	
8	可变结构限定词	01 H	
9~10	传送原因（肯定确认 / 否定确认）	07/09 00 H	
11~12	应用服务数据单元公共地址	** ** H	
13~15	信息体地址	00 00 00 H	
16	信息体元素	14 H	

表 4-3　　带品质描述的遥测帧 / 遥信

序号	含义	值	
1	启动字符	68 H	
2	APDU 长度	** H	
3	八位位组	发送序号 N（S）　LSB	0
4	八位位组	MSB　发送序号 N（S）	
5	八位位组	接收序号 N（R）　LSB	0
6	八位位组	MSB　接收序号 N（R）	
7	类型标识（YX/YC）	** H	
8	可变结构限定词	** H	
9~10	传送原因（YX/YC）	07/09 00 H	
11~12	应用服务数据单元公共地址	** ** H	
	信息体 1	第一个信息体	
	……	……	
	信息体 *n*	第 *n* 个信息体	

表 4–4　　　　　　　　　　　　　　总召唤结束帧

序号	含义	值	
1	启动字符	68 H	
2	APDU 长度	0E H	
3	八位位组	发送序号 N（S）　LSB	0
4	八位位组	MSB　发送序号 N（S）	
5	八位位组	接收序号 N（R）　LSB	0
6	八位位组	MSB　接收序号 N（R）	
7	类型标识（召唤）	64 H	
8	可变结构限定词	01 H	
9~10	传送原因（激活终止）	0A 00 H	
11~12	应用服务数据单元公共地址	** ** H	
13~15	信息体地址	00 00 00 H	
16	信息体元素	14 H	

实例一

1. 主站下发的启动数据传输：68 04 07 00 00 00

启动数据传输如表 4–5 所示。

表 4–5　　　　启动数据传输

<table>
<tr><td>8</td><td>7</td><td>6</td><td>5</td><td>4</td><td>3</td><td>2</td><td>1</td></tr>
<tr><td colspan="2">TESTER</td><td colspan="2">STOPDT</td><td colspan="2">STARTDT</td><td rowspan="2">1</td><td rowspan="2">1</td></tr>
<tr><td>确认</td><td>生效</td><td>确认</td><td>生效</td><td>0</td><td>1</td></tr>
<tr><td colspan="8">0</td></tr>
<tr><td colspan="7">0</td><td>0</td></tr>
<tr><td colspan="8">0</td></tr>
</table>

报文解析：

启动字符：68 H。

APDU 长度：04 H（4 个字节，即 07 00 00 00）。

控制域八位位组 1：发送序列号：07 H（0000 0111，控制域第一个八位位组的第一个比特为 1，并且第二位比特为 1）。

控制域八位位组 2：发送序列号：00 H（0000 0000）。

控制域八位位组 3：接受序列号：00 H（0000 0000）。

控制域八位位组 4：接受序列号：00 H（0000 0000）。

该帧为 U 格式。

控制域第一个八位位组的第三个比特为 1，为启动数据传输。

2. 主站收到的确认数据传输：68 04 0B 00 00 00

确认数据传输如表 4–6 所示。

报文解析：

启动字符：68 H。

APDU 长度：04 H（4 个字节，即 07 00 00 00）。

表 4-6　　确认数据传输

8	7	6	5	4	3	2	1
TESTER		STOPDT		STARTDT		1	1
确认	生效	确认	生效	1	0		
0							
0							0
0							

控制域八位位组 1：发送序列号：0B H（0000 1011，控制域第一个八位位组的第一个比特为 1，并且第二位比特为 1）。

控制域八位位组 2：发送序列号：00 H（0000 0000）。

控制域八位位组 3：接受序列号：00 H（0000 0000）。

控制域八位位组 4：接受序列号：00 H（0000 0000）。

该帧为 U 格式。

控制域第一个八位位组的第四个比特为 1，为启动数据传输确认。

3. 主站下发的总召相应报文：68 0E 00 00 00 00 64 01 06 00 01 00 00 00 00 14

总召唤命令帧如表 4-7 所示。

表 4-7　　总召唤命令帧

序号	含义		值
1	启动字符		68 H
2	APDU 长度		0E H
3	发送序列号 N（S）　LSB	0	00 H
4	MSB　发送序列号 N（S）		00 H
5	接收序列号 N（R）　LSB	0	00 H
6	MSB　接收序列号 N（R）		00 H
7	类型标识（召唤）		64 H
8	可变结构限定词		01 H
9~10	传送原因		06 00 H
11~12	应用服务数据单元公共地址		01 00 H
13~15	信息体地址		00 00 00 H
16	信息体元素		14 H

报文解析：

启动字符：68 H。

APDU 长度：0E H（14 个字节，即 00 00 00 00 64 01 06 00 01 00 00 00 00 14）。

控制域八位位组 1：发送序列号：00 H（0000 0000，第一个八位位组的第一比特为 0）。

控制域八位位组 2：发送序列号：00 H（0000 0000）。

控制域八位位组 3：接受序列号：00 H（0000 0000，第三个八位位组的第一比特为 0）。

控制域八位位组 4：接受序列号：00 H（0000 0000）。

该帧为I格式。

类型标识：64 H（CON<100>：= 总召唤命令）。

可变结构限定词：01 H（0000 0001，SQ=0 为单个）。

传送原因：06 00 H（Cause<6>：= 激活确认）。

ASDU 公共地址：01 00 H（0001H 转换为十进制为 1，通常为 RTU 地址）。

信息体地址：00 00 00 H。

信息体元素：14，为整个站的总召唤。

4. 主站收到的总召相应报文：68 0E 00 00 02 00 64 01 07 00 01 00 00 00 00 14

总召唤确认帧如表 4–8 所示。

表 4–8　总召唤确认帧

序号	含义		值
1	启动字符		68 H
2	APDU 长度		0E H
3	发送序列号 N（S）　LSB	0	00 H
4	MSB　发送序列号 N（S）		00 H
5	接收序列号 N（R）　LSB	0	02 H
6	MSB　接收序列号 N（R）		00 H
7	类型标识（召唤）		64 H
8	可变结构限定词		01 H
9~10	传送原因		07 00 H
11~12	应用服务数据单元公共地址		01 00 H
13~15	信息体地址		00 00 00 H
16	信息体元素		14 H

报文解析：

启动字符：68 H。

APDU 长度：0E H（14 个字节，即 00 00 02 00 64 01 07 00 01 00 00 00 00 14）。

控制域八位位组 1：发送序列号：00 H（0000 0000，第一个八位位组的第一比特为 0）。

控制域八位位组 2：发送序列号：00 H（0000 0000）。

控制域八位位组 3：接受序列号：02 H（0000 0010，第三个八位位组的第一比特为 0）。

控制域八位位组 4：接受序列号：00 H（0000 0000）。

该帧为I格式。

类型标识：64 H（CON<100>：= 总召唤命令）。

可变结构限定词：01 H（0000 0001，SQ=0 为单个）。

传送原因：07 00 H（Cause<7>：= 激活确认）。

ASDU 公共地址：01 00 H（0001H 转换为十进制为 1，通常为 RTU 地址）。

信息体地址：00 00 00 H。

信息体元素：14，为整个站的总召唤。

5. 主站收到的全遥信报文：68 1A 04 00 02 00 03 04 14 00 01 00 01 00 00 01 02 00 00 02 03 00 00 01 04 00 00 02

双点遥信变化帧如表 4-9 所示。

表 4-9　　双点遥信变化帧

序号	含义		值
1	启动字符		68 H
2	APDU 长度		1A H
3	发送序列号 N（S）　LSB	0	04 H
4	MSB　发送序列号 N（S）		00 H
5	接收序列号 N（R）　LSB	0	02 H
6	MSB　接收序列号 N（R）		00 H
7	类型标识		03 H
8	可变结构限定词		04 H
9~10	传送原因		14 00 H
11~12	应用服务数据单元公共地址		01 00 H
13~15	信息体地址		01 00 00 H
16	信息体元素		01 H
17~19	信息体地址		02 00 00 H
20	信息体元素		02 H
21~23	信息体地址		03 00 00 H
24	信息体元素		01 H
25~27	信息体地址		04 00 00 H
28	信息体元素		02 H

报文解析：

启动字符：68 H。

APDU 长度：1A H（26 个字节，即 04 00 02 00 03 04 14 00 01 00 01 00 00 01 02 00 00 02 03 00 00 01 04 00 00 02）。

控制域八位位组 1：发送序列号：04 H（0000 0100，第一个八位位组的第一比特为 0）。

控制域八位位组 2：发送序列号：00 H（0000 0000）。

控制域八位位组 3：接受序列号：02 H（0000 0010，第三个八位位组的第一比特为 0）。

控制域八位位组 4：接受序列号：00 H（0000 0000）。

该帧为 I 格式。

类型标识：03 H（CON<1>：= 双点信息）。

可变结构限定词：04 H（0000 0100，SQ=0 为单个，number=4）。

传送原因：14 00 H（Cause<20>：= 响应站召唤）。

ASDU 公共地址：01 00 H（0001H 转换为十进制为 1，通常为 RTU 地址）。

第 1 个信息体地址：01 00 00 H（第 1 点）。

第 1 个信息体元素：01 H，分位。

第 2 个信息体地址：02 00 00 H（第 2 点）。

第 2 个信息体元素：02 H，合位。

第 3 个信息体地址：03 00 00 H（第 3 点）。

第 3 个信息体元素：01 H，分位。

第 4 个信息体地址：04 00 00 H（第 4 点）。

第 4 个信息体元素：02 H，合位。

6. 主站收到的全遥测报文：68 2A 02 00 02 00 0D 04 14 00 01 00 01 40 00 00 00 78 DB 3F 00 02 40 00 00 D8 90 42 00 03 40 00 00 F4 92 42 00 04 40 00 60 50 9A 3F 00

短浮点数帧结构如表 4–10 所示。

表 4–10　　短浮点数帧结构

序号	含义		值
1	启动字符		68 H
2	APDU 长度		2A H
3	发送序列号 N（S）　LSB	0	02 H
4	MSB　发送序列号 N（S）		00 H
5	接收序列号 N（R）　LSB	0	02 H
6	MSB　接收序列号 N（R）		00 H
7	类型标识		0D H
8	可变结构限定词		04 H
9~10	传送原因		14 00 H
11~12	应用服务数据单元公共地址		01 00 H
13~15	信息体地址		01 40 00 H
16~20	信息体元素		00 00 78 DB 3F H
21~23	信息体地址		02 40 00 H
24~28	信息体元素		00 D8 90 42 00 H
29~31	信息体地址		03 40 H
32~36	信息体元素		00 F4 92 42 00 H
37~39	信息体地址		04 40 00 H
40~44	信息体元素		60 50 9A 3F 00 H

报文解析：

启动字符：68 H。

APDU 长度：2A H（42 个字节，即 02 00 02 00 0D 04 14 00 01 00 01 40 00 00 00 78 DB 3F 00 02 40 00 00 D8 90 42 00 03 40 00 00 F4 92 42 00 04 40 00 60 50 9A 3F 00）。

控制域八位位组 1：发送序列号：02 H（0000 0010，第一个八位位组的第一比特为 0）。

控制域八位位组 2：发送序列号：00 H（0000 0000）。

控制域八位位组 3：接受序列号：02 H（0000 0010，第三个八位位组的第一比特为 0）。

控制域八位位组 4：接受序列号：00 H（0000 0000）。

该帧为 I 格式。

类型标识：0D H（CON<13>：= 测量值，短浮点数）。

可变结构限定词：04 H（0000 0000，SQ=0 为单个，number=4）。

传送原因：14 00 H（Cause<20>：= 响应站召唤）。

ASDU 公共地址：01 00 H（0001H 转换为十进制为 1，通常为 RTU 地址）。

第 1 个信息体地址：01 40 00 H（第 1 点）。

第 1 个信息体元素：00 00 78 DB 3F H，值为 1.715。

第 2 个信息体地址：02 40 00 H（第 2 点）。

第 2 个信息体元素：00 D8 90 42 00 H，值为 72.422。

第 3 个信息体地址：03 40 00 H（第 3 点）。

第 3 个信息体元素：00 F4 92 42 00 H，值为 73.477。

第 4 个信息体地址：04 40 00 H（第 4 点）。

第 4 个信息体元素：60 50 9A 3F 00 H，值为 1.206。

7. 主站收到的总召结束报文：68 0E 06 00 02 00 64 01 0A 00 01 00 00 00 00 14

总召唤结束帧如表 4-11 所示。

表 4-11　　总召唤结束帧

序号	含义		值
1	启动字符		68 H
2	APDU 长度		0E H
3	发送序列号 N（S）　LSB	0	06 H
4	MSB　发送序列号 N（S）		00 H
5	接收序列号 N（R）　LSB	0	02 H
6	MSB　接收序列号 N（R）		00 H
7	类型标识（召唤）		64 H
8	可变结构限定词		01 H
9~10	传送原因		0A 00 H
11~12	应用服务数据单元公共地址		01 00 H

续表

序号	含义	值
13~15	信息体地址	00 00 00 H
16	信息体元素	14 H

报文解析：

启动字符：68 H。

APDU 长度：0E H（14 个字节，即 06 00 02 00 64 01 0A 00 01 00 00 00 00 14）。

控制域八位位组 1：发送序列号：06 H（0000 0110，第一个八位位组的第一比特为 0）。

控制域八位位组 2：发送序列号：00 H（0000 0000）。

控制域八位位组 3：接受序列号：02 H（0000 0001，第三个八位位组的第一比特为 0）。

控制域八位位组 4：接受序列号：00 H（0000 0000）。

该帧为 I 格式。

类型标识：64 H（CON<100>：= 总召唤命令）。

可变结构限定词：01 H（0000 0001，SQ=0 为单个）。

传送原因：0A 00 H（Cause<10>：= 激活终止）。

ASDU 公共地址：01 00 H（0001H 转换为十进制为 1，通常为 RTU 地址）。

信息体地址：00 00 00 H。

信息体元素：14，为整个站的总召唤。

实例二

1. 主站下发的总召相应报文：68 0E B2 71 7A A3 64 01 06 00 01 00 00 00 00 14

总召唤命令帧如表 4-12 所示。

表 4-12　　总召唤命令帧

序号	含义		值
1	启动字符		68 H
2	APDU 长度		0E H
3	发送序列号 N（S）　LSB	0	B2 H
4	MSB　发送序列号 N（S）		71 H
5	接收序列号 N（R）　LSB	0	7A H
6	MSB　接收序列号 N（R）		A3 H
7	类型标识（召唤）		64 H
8	可变结构限定词		01 H
9~10	传送原因		06 00 H
11~12	应用服务数据单元公共地址		01 00 H
13~15	信息体地址		00 00 00 H
16	信息体元素		14 H

报文解析：

启动字符：68 H。

APDU 长度：0E H（14 个字节，即 B2 71 7A A3 64 01 06 00 01 00 00 00 00 14）。

控制域八位位组 1：发送序列号：B2 H（1011 0010，第一个八位位组的第一比特为 0）。

控制域八位位组 2：发送序列号：71 H（0111 0001）。

控制域八位位组 3：接受序列号：7A H（0111 1010，第三个八位位组的第一比特为 0）。

控制域八位位组 4：接受序列号：A3 H（1010 0011）。

该帧为 I 格式。

类型标识：64 H（CON<100>：= 总召唤命令）。

可变结构限定词：01 H（0000 0001，SQ=0 为单个）。

传送原因：06 00 H（Cause<6>：= 激活）。

ASDU 公共地址：01 00 H（0001H 转换为十进制为 1，通常为 RTU 地址）。

信息体地址：00 00 00 H。

信息体元素：14，为整个站的总召唤。

2. 主站收到的总召相应报文：68 0E 7A A3 12 00 64 01 07 00 01 00 00 00 00 14

总召唤确认帧如表 4-13 所示。

表 4-13　　总召唤确认帧

序号	含义		值
1	启动字符		68 H
2	APDU 长度		0E H
3	发送序列号 N（S）　LSB	0	7A H
4	MSB　发送序列号 N（S）		A3 H
5	接收序列号 N（R）　LSB	0	12 H
6	MSB　接收序列号 N（R）		00 H
7	类型标识（召唤）		64 H
8	可变结构限定词		01 H
9~10	传送原因		07 00 H
11~12	应用服务数据单元公共地址		01 00 H
13~15	信息体地址		00 00 00 H
16	信息体元素		14 H

报文解析：

启动字符：68 H。

APDU 长度：0E H（14 个字节，即 7A A3 12 00 64 01 06 00 01 00 00 00 00 14）。

控制域八位位组 1：发送序列号：7A H（0111 1010，第一个八位位组的第一比特为 0）。

控制域八位位组 2：发送序列号：A3 H（1010 0011）。

控制域八位位组 3：接受序列号：12 H（0001 0010，第三个八位位组的第一比特为 0）。

控制域八位位组 4：接受序列号：00 H（0000 0000）。

该帧为 I 格式。

类型标识：64 H（CON<100>：= 总召唤命令）。

可变结构限定词：01 H（0000 0001，SQ=0 为单个）。

传送原因：07 00 H（Cause<7>：= 激活确认）。

ASDU 公共地址：01 00 H（0001H 转换为十进制为 1，通常为 RTU 地址）。

信息体地址：00 00 00 H。

信息体元素：14，为整个站的总召唤。

3. 主站收到的全遥信报文：68 2D 7C A3 12 00 01 A0 14 00 01 00 01 00 00 00 00 01 00 00 00 00 00 00 01 01 00 00 00 01 00 00 00 01 00 00 01 01 00 00 00 01 00 00 01 01 00

单点遥信变化帧如表 4-14 所示。

表 4-14　　单点遥信变化帧

序号	含义		值
1	启动字符		68 H
2	APDU 长度		2D H
3	发送序列号 N（S）　LSB	0	7C H
4	MSB　发送序列号 N（S）		A3 H
5	接收序列号 N（R）　LSB	0	12 H
6	MSB　接收序列号 N（R）		00 H
7	类型标识		01 H
8	可变结构限定词		A0 H
9~10	传送原因		14 00 H
11~12	应用服务数据单元公共地址		01 00 H
13~15	信息体地址		01 00 00 H
16	信息体元素		00 H
17	信息体元素		00 H
18	信息体元素		01 H
19	信息体元素		00 H
20	信息体元素		00 H
21	信息体元素		00 H

续表

序号	含义	值
22	信息体元素	00 H
23~45	信息体元素	……
46	信息体元素	01 H
47	信息体元素	00 H

报文解析：

启动字符：68 H。

APDU 长度：2D H（45 个字节，即 7C A3 12 00 01 A0 14 00 01 00 01 00 00 00 00 01 00 00 00 00 00 00 01 01 00 00 00 01 00 00 00 01 00 00 01 01 00 00 00 01 00 00 01 01 00）。

控制域八位位组 1：发送序列号：7C H（0111 1100，第一个八位位组的第一比特为 0）。

控制域八位位组 2：发送序列号：A3 H（1010 0011）。

控制域八位位组 3：接受序列号：12 H（0001 0010，第三个八位位组的第一比特为 0）。

控制域八位位组 4：接受序列号：00 H（0000 0000）。

该帧为 I 格式。

类型标识：01 H（CON<1>：= 单点信息）。

可变结构限定词：A0 H（1010 0000，SQ=1 为顺序）。

传送原因：14 00 H（Cause<20>：= 响应站召唤）。

ASDU 公共地址：01 00 H（0001H 转换为十进制为 1，通常为 RTU 地址）。

信息体地址：01 00 00 H（第 1 点）。

第 1 个信息体元素：00 H，分位；

第 2 个信息体元素：00 H，分位；

第 3 个信息体元素：01 H，合位；

第 4 个信息体元素：00 H，分位；

第 5 个信息体元素：00 H，分位；

第 6 个信息体元素：00 H，分位；

第 7 个信息体元素：00 H，分位；

……

第 31 个信息体元素：01 H，合位；

第 32 个信息体元素：00 H，分位。

4. 主站收到的全遥测报文：68 5D 94 A3 12 00 0D 90 14 00 01 00 01 40 00 00 B0 C7 42 00 00 10 C2 42 00 00 78 DB 3F 00 00 09 40 3F 00 00 60 1F 43 00 60 50 9A 3F 00 00 9A 24 3F 00 00 40 6C 41 00 00 E7 76 3E 00 00 9A 24 3E 00 00 80 68 42 00 50 98 80 40 00 00 60 79 42 00 00 2B 89 3F 00 00 78 DB 3E 00 00 58 62 3F 00

短浮点数帧结构如表 4–15 所示。

表 4–15　　　　短浮点数帧结构

序号	含义		值
1	启动字符		68 H
2	APDU 长度		5D H
3	发送序列号 N（S）　LSB	0	94 H
4	MSB　发送序列号 N（S）		A3 H
5	接收序列号 N（R）　LSB	0	12 H
6	MSB　接收序列号 N（R）		00 H
7	类型标识		0D H
8	可变结构限定词		90 H
9~10	传送原因		14 00 H
11~12	应用服务数据单元公共地址		01 00 H
13~15	信息体地址		01 40 00 H
16~20	信息体元素		00 B0 C7 42 00 H
21~25	信息体元素		00 10 C2 42 00 H
26~30	信息体元素		00 78 DB 3F 00 H
31~35	信息体元素		00 09 40 3F 00 H
36~40	信息体元素		00 60 1F 43 00 H
41~45	信息体元素		60 50 9A 3F 00 H
46~50	信息体元素		00 9A 24 3F 00 H
51~85	信息体元素		……
86~90	信息体元素		00 78 DB 3E 00 H
91~95	信息体元素		00 58 62 3F 00 H

报文解析：

启动字符：68 H。

APDU 长度：5D H（93 个字节，即 94 A3 12 00 0D 90 14 00 01 00 01 40 00 00 B0 C7 42 00 00 10 C2 42 00 00 78 DB 3F 00 00 09 40 3F 00 00 60 1F 43 00 60 50 9A 3F 00 00 9A 24 3F 00 00 40 6C 41 00 00 E7 76 3E 00 00 9A 24 3E 00 00 80 68 42 00 50 98 80 40 00 00 60 79 42 00 00 2B 89 3F 00 00 78 DB 3E 00 00 58 62 3F 00）。

控制域八位位组 1：发送序列号：94 H（1001 0100，第一个八位位组的第一比特为 0）。

控制域八位位组 2：发送序列号：A3 H（1010 0011）。

控制域八位位组 3：接受序列号：12 H（0001 0010，第三个八位位组的第一比特为 0）。

控制域八位位组 4：接受序列号：00 H（0000 0000）。

该帧为 I 格式。

类型标识：0D H（CON<13>：= 测量值，短浮点数）。

可变结构限定词：90 H（1001 0000，SQ=1 为顺序）。

传送原因：14 00 H（Cause<20>：= 响应站召唤）。

ASDU 公共地址：01 00 H（0001H 转换为十进制为 1，通常为 RTU 地址）。

信息体地址：01 40 00 H（第 1 点）。

第 1 个信息体元素：00 B0 C7 42 00 H，值为 99.844；

第 2 个信息体元素：00 10 C2 42 00 H，值为 97.031；

第 3 个信息体元素：00 78 DB 3F 00 H，值为 1.715；

第 4 个信息体元素：00 09 40 3F 00 H，值为 0.750；

第 5 个信息体元素：00 60 1F 43 00 H，值为 159.375；

第 6 个信息体元素：60 50 9A 3F 00 H，值为 1.206；

第 7 个信息体元素：00 9A 24 3F 00 H，值为 0.643；

……

第 15 个信息体元素：00 78 DB 3E 00 H，值为 0.429；

第 16 个信息体元素：00 58 62 3F 00 H，值为 0.884。

5. 主站收到的总召结束报文：68 0E D4 A3 12 00 64 01 0A 00 01 00 00 00 00 14

总召唤结束帧如表 4-16 所示。

表 4-16　　总召唤结束帧

序号	含义		值
1	启动字符		68 H
2	APDU 长度		0E H
3	发送序列号 N（S）　LSB	0	D4 H
4	MSB　发送序列号 N（S）		A3 H
5	接收序列号 N（R）　LSB	0	12 H
6	MSB　接收序列号 N（R）		00 H
7	类型标识（召唤）		64 H
8	可变结构限定词		01 H
9~10	传送原因		0A 00 H
11~12	应用服务数据单元公共地址		01 00 H
13~15	信息体地址		00 00 00 H
16	信息体元素		14 H

报文解析：

启动字符：68 H。

APDU 长度：0E H（14 个字节，即 D4 A3 12 00 64 01 0A 00 01 00 00 00 00 14）。

控制域八位位组 1：发送序列号：D4 H（1101 0100，第一个八位位组的第一比特为 0）。

控制域八位位组 2：发送序列号：A3 H（1010 0011）。

控制域八位位组 3：接受序列号：12 H（0001 0010，第三个八位位组的第一比特为 0）。

控制域八位位组 4：接受序列号：00 H（0000 0000）。

该帧为 I 格式。

类型标识：64 H（CON<100>：= 总召唤命令）。

可变结构限定词：01 H（0000 0001，SQ=0 为单个）。

传送原因：0A 00 H（Cause<10>：= 激活终止）。

ASDU 公共地址：01 00 H（0001H 转换为十进制为 1，通常为 RTU 地址）。

信息体地址：00 00 00 H。

信息体元素：14，为整个站的总召唤。

实例三

1. 主站下发的总召相应报文：68 0E 1C 92 E8 02 64 01 06 00 01 00 00 00 00 14

总召唤命令帧如表 4–17 所示。

表 4–17　　总召唤命令帧

序号	含义		值
1	启动字符		68 H
2	APDU 长度		0E H
3	发送序列号 N（S）　LSB	0	1C H
4	MSB　发送序列号 N（S）		92 H
5	接收序列号 N（R）　LSB	0	E8 H
6	MSB　接收序列号 N（R）		02 H
7	类型标识（召唤）		64 H
8	可变结构限定词		01 H
9~10	传送原因		06 00 H
11~12	应用服务数据单元公共地址		01 00 H
13~15	信息体地址		00 00 00 H
16	信息体元素		14 H

报文解析：

启动字符：68 H。

APDU 长度：0E H（14 个字节，即 1C 92 E8 02 64 01 06 00 01 00 00 00 00 14）。

控制域八位位组 1：发送序列号：1C H（0001 1100，第一个八位位组的第一比特为 0）。

控制域八位位组 2：发送序列号：92 H（1001 0010）。

控制域八位位组 3：接受序列号：E8 H（1110 1000，第三个八位位组的第一比特为 0）。

控制域八位位组 4：接受序列号：02 H（0000 0010）。

该帧为 I 格式。

类型标识：64 H（CON<100>：= 总召唤命令）。

可变结构限定词：01 H（0000 0001，SQ=0 为单个）。

传送原因：06 00 H（Cause<6>：= 激活）。

ASDU 公共地址：01 00 H（0001H 转换为十进制为 1，通常为 RTU 地址）。

信息体地址：00 00 00 H。

信息体元素：14，为整个站的总召唤。

2. 主站收到的总召相应报文：68 0E E8 02 1E 92 64 01 07 00 01 00 00 00 00 14

总召唤确认帧如表 4–18 所示。

表 4–18　　总召唤确认帧

序号	含义		值
1	启动字符		68 H
2	APDU 长度		0E H
3	发送序列号 N（S）　LSB	0	E8 H
4	MSB　发送序列号 N（S）		02 H
5	接收序列号 N（R）　LSB	0	1E H
6	MSB　接收序列号 N（R）		92 H
7	类型标识（召唤）		64 H
8	可变结构限定词		01 H
9~10	传送原因		07 00 H
11~12	应用服务数据单元公共地址		01 00 H
13~15	信息体地址		00 00 00 H
16	信息体元素		14 H

报文解析：

启动字符：68 H。

APDU 长度：0E H（14 个字节，即 E8 02 1E 92 64 01 07 00 01 00 00 00 00 14）。

控制域八位位组 1：发送序列号：E8 H（1110 1000，第一个八位位组的第一比特为 0）。

控制域八位位组 2：发送序列号：02 H（1010 0011）。

控制域八位位组 3：接受序列号：1E H（0001 0010，第三个八位位组的第一比特为 0）。

控制域八位位组 4：接受序列号：92 H（0000 0000）。

该帧为 I 格式。

类型标识：64 H（CON<100>：= 总召唤命令）。

可变结构限定词：01 H（0000 0001，SQ=0 为单个）。

传送原因：07 00 H（Cause<7>：= 激活确认）。

ASDU 公共地址：01 00 H（0001H 转换为十进制为 1，通常为 RTU 地址）。

信息体地址：00 00 00 H。

信息体元素：14，为整个站的总召唤。

3. 主站收到的全遥信报文：68 2D EA 02 1E 92 01 A0 14 00 01 00 01 00 00 00 00 01 01 00 00 00 00 00 00 00 00 00 00 00 01 01 00 00 00 00 00 00 00 00 00 00 00 00 00 00

单点遥信变化帧如表 4–19 所示。

表 4–19　　单点遥信变化帧

序号	含义		值
1	启动字符		68 H
2	APDU 长度		2D H
3	发送序列号 N（S）　LSB	0	EA H
4	MSB　发送序列号 N（S）		02 H
5	接收序列号 N（R）　LSB	0	1E H
6	MSB　接收序列号 N（R）		92 H
7	类型标识		01 H
8	可变结构限定词		A0 H
9~10	传送原因		14 00 H
11~12	应用服务数据单元公共地址		01 00 H
13~15	信息体地址		01 00 00 H
16	信息体元素		00 H
17	信息体元素		00 H
18	信息体元素		01 H
19	信息体元素		01 H
20	信息体元素		00 H
21	信息体元素		00 H
22	信息体元素		00 H
23~45	信息体元素		……
46	信息体元素		00 H
47	信息体元素		00 H

报文解析：

启动字符：68 H。

APDU 长度：2D H（45 个字节，即 EA 02 1E 92 01 A0 14 00 01 00 01 00 00 00 00 01 01 00 00 00 00 00 00 00 00 00 00 00 01 01 00 00 00 00 00 00 00 00 00 00 00 00 00 00 00）。

控制域八位位组 1：发送序列号：EA H（1110 1010，第一个八位位组的第一比特为 0）。

控制域八位位组 2：发送序列号：02 H（0000 0010）。

控制域八位位组 3：接受序列号：1E H（0001 1110，第三个八位位组的第一比特为 0）。

控制域八位位组 4：接受序列号：92 H（1001 0010）。

该帧为 I 格式。

类型标识：01 H（CON<1>：= 单点信息）。

可变结构限定词：A0 H（1010 0000，SQ=1 为顺序）。

传送原因：14 00 H（Cause<20>：= 响应站召唤）。

ASDU 公共地址：01 00 H（0001H 转换为十进制为 1，通常为 RTU 地址）。

信息体地址：01 00 00 H（第 1 点）。

第 1 个信息体元素：00 H，分位；

第 2 个信息体元素：00 H，分位；

第 3 个信息体元素：01 H，合位；

第 4 个信息体元素：01 H，合位；

第 5 个信息体元素：00 H，分位；

第 6 个信息体元素：00 H，分位；

第 7 个信息体元素：00 H，分位；

……

第 31 个信息体元素：00 H，分位；

第 32 个信息体元素：00 H，分位。

4. 主站收到的全遥测报文：68 3D 2C 03 1E 92 09 90 14 00 01 00 01 40 00 50 09 00 50 09 00 30 09 00 20 0C 00 80 0C 00 90 0C 00 50 0A 00 50 01 00 C0 69 00 08 00 00 00 00 00 00 00 00 00 00 00 00 00 00 60 29 00 10 29 00

归一化值帧结构如表 4-20 所示。

表 4-20 归一化值帧结构

序号	含义		值
1	启动字符		68 H
2	APDU 长度		3D H
3	发送序列号 N（S） LSB	0	2C H

续表

序号	含义	值
4	MSB　　发送序列号 N（S）	03 H
5	接收序列号 N（R）　　LSB　　0	1E H
6	MSB　　接收序列号 N（R）	92 H
7	类型标识	09 H
8	可变结构限定词	90 H
9~10	传送原因	14 00 H
11~12	应用服务数据单元公共地址	01 00 H
13~15	信息体地址	01 40 00 H
16~18	信息体元素	50 09 00 H
19~21	信息体元素	50 09 00 H
22~24	信息体元素	30 09 00 H
25~27	信息体元素	20 0C 00 H
28~30	信息体元素	80 0C 00 H
31~57	信息体元素	……
58~60	信息体元素	60 29 00 H
61~63	信息体元素	10 29 00 H

报文解析：

启动字符：68 H。

APDU 长度：3D H（61 个字节，即 2C 03 1E 92 09 90 14 00 01 00 01 40 00 50 09 00 50 09 00 30 09 00 20 0C 00 80 0C 00 90 0C 00 50 0A 00 50 01 00 C0 69 00 08 00 00 00 00 00 00 00 00 00 00 00 00 00 00 60 29 00 10 29 00）。

控制域八位位组 1：发送序列号：2C H（0010 1100，第一个八位位组的第一比特为 0）。

控制域八位位组 2：发送序列号：03 H（0000 0011）。

控制域八位位组 3：接受序列号：1E H（0001 1110，第三个八位位组的第一比特为 0）。

控制域八位位组 4：接受序列号：92 H（1001 0010）。

该帧为 I 格式。

类型标识：09 H（CON<9>：= 测量值，归一化值）。

可变结构限定词：90 H（1001 0000，SQ=1 为顺序）。

传送原因：14 00 H（Cause<20>：= 响应站召唤）。

ASDU 公共地址：01 00 H（0001H 转换为十进制为 1，通常为 RTU 地址）。

信息体地址：01 40 00 H（第 1 点）。

第 1 个信息体元素：50 09 00 H，值为 2384；

第 2 个信息体元素：50 09 00 H，值为 2384；

第 3 个信息体元素：30 09 00 H，值为 2352；

第 4 个信息体元素：20 0C 00 H，值为 3104；

第 5 个信息体元素：80 0C 00 H，值为 3200；

……

第 15 个信息体元素：60 29 00 H，值为 10592；

第 16 个信息体元素：10 29 00 H，值为 10512。

第5章　遥信

遥信，即状态量，是为了将断路器、隔离开关、中央信号等位置信号上送到监控后台的信息。遥信信息包括：反映电网运行拓扑方式的位置信息，如断路器状态、隔离开关状态；反映一二次设备工作状况的运行信息，如变压器本体冷却器全停，断路器弹簧未储能，公用测控装置异常等；反映电网异常和一、二次设备异常的事故信息、预告信息等。如差动保护出口，切换继电器同时失磁，控制回路断线等，遥信状态是通过遥信报文上传至自动化主站端的。

5.1　遥信的分类

5.1.1　硬遥信和软遥信的划分

硬遥信：测控装置端子排对应的遥信（即有电缆接线的），如断路器、隔离开关信号等。

软遥信：除硬遥信之外的遥信，主要是一些保护事件，如过流I段以及自动化嵌入的应用功能模块产生的运行信息。如五防闭锁提示信息等。

5.1.2　全遥信和变位遥信

（1）全遥信。如果没有遥信状态没有发生变化，测控装置每隔一定周期，定时向监控后台发送本站所有遥信状态信息，这就是全遥信的含义。

（2）变位遥信。当某遥信状态发生改变，测控装置立即向监控后台插入发送变位遥信的信息。后台收到变位遥信报文后，与遥信历史库比较后发现不一致，于是提示该遥信状态发生改变。这就是变位遥信的含义。

5.1.3　单点遥信、双点遥信

（1）单点遥信。就是用一位表示一个遥信量，比如断路器位置，只采用一个常开辅助接点，值为1或0，用1表示合位，0表示分位。

（2）双点遥信。就是用两位表示一个遥信量，需采集动合/动断两个辅助接点位置。当动合点值等于1，且动断点值等于0，即值为10，则认为断路器在合位；当动合点值等于0，且动断点值等于1，即值为01，则认为断路器在分位；当两个位置都为1或都为0，则都认为位置不确定。

5.2 遥信报文基本结构

只有I帧格式才能传送ASDU；I帧格式报文必须有发送序号计数和给对方I格式信息确认的接受序号计数；凡传送遥信、遥测、遥控、遥调都只能使用I格式报文。S帧格式只包括APCI，作用是用于确认对方的报文发送序号，不用于传送信息。I帧和S帧格式都可用于计数。遥信帧结构如表5-1所示。

表 5-1 遥信帧结构

启动字符 68H
APDU 长度（最大，253）
控制域八位位组 1
控制域八位位组 2
控制域八位位组 3
控制域八位位组 4
类型标识 01H/03H
可变结构限定词（信息体数目）
传送原因（2 字节）03/05/14H
应用服务数据单元地址（2 字节）
第一个信息体地址（3 字节）
第一个信息体元素
……
第 *n* 个信息体地址（3 字节）
第 *n* 个信息体元素

5.2.1 启动字符

启动字符68H，定义数据流中的起点。

5.2.2 APDU长度

应用协议数据单元（application protocol data unit，APDU）的长度，定义了应用协议数据单元主体的长度，它由四个控制域八位位组和应用服务数据单元（ASDU）所组成。第一个被计数的八位位组为控制域的第一个八位位组。最后一个被计数的八位位组为应用服务数据单元的最后一个八位位组。应用服务数据单元的最大帧长为249，而控制域的长度是4个八位位组，应用协议数据单元的最大长度为253（$APDU_{MAX}$=255减掉启动和长度八位位组）。

5.2.3 控制域

控制域包括报文丢失和重复传送的控制信息、报文传输的启动和停止、报文传输连接的监视。控制域的这些类型被用于完成计数的信息传输的（I格式）、计数的监视功能（S格式）和不计数控制功能（U格式）。

I格式的应用规约数据单元（APDU）常常包含应用服务数据单元（ASDU）。变电站上送到主站的信息报文中，遥信信息只能使用I格式。I格式报文的标志在于控制域第一组和第三组控制域的第一比特=0，发送序号和接受序号分别只有15位。信息传输格式类型I格式的控制域如表5-2所示。

表 5-2 信息传输格式类型 I 格式的控制域

bit 8 7 6 5 4 3 2 1

发送序列号 LSB	0
MSB 发送序列号	
接收序列号 LSB	0
MSB 接收序列号	

发送序号是由发送端对所发I格式的连续编号，接收序号是接受端正确接收I格式的连续编号。为了防止I格式的报文在传输过程中丢失或重发，I格式报文的控制域定义了发送序号*N*（*S*）和接收序号*N*（*R*），发送方每发送一个I格式报文，其发送序号应加1，接收方每接收到一个与其接收序号相等的I格式报文，其接收序号

也应加1。接收站认可接收的每个APDU或多个APDU，将最后一个正确接收的APDU的发送序号加1作为接收序列号返回。发送站把一个或多个APDU存放在缓冲区里，直到它收到接收序列号，这个接收序列号是对所有发送序列号小于该号的APDU的有效确认，这时就可以删除缓冲区里已正确传送过的APDU。如果只在一个方向进行较长的数据传输，就得在另一个方向发送S帧格式认可这些APDU。S帧格式只有接收序号变化。这种方法应该在两个方向上应用。在创建一个TCP连接后，发送和接收序列号都被设置成0。

I格式APDU的未受干扰过程如图1-9所示。

S格式APDU认可编号I格式APDU的未受干扰过程如图1-10所示。

需要注意的是，每次重新建立TCP连接后，主站和子站的接收序号和发送序号都应该清零。因为从双方开始数据传送后，接收方若收到一个I格式的报文，应判断该I格式报文的发送序号是否等于自己的接收序号。若等于则将自己的接收序号加1；若此I格式报文的发送序号大于自己的接收序号，则说明发送方发送的一些报文出现了丢失；若此I格式报文的发送序号小于自己的接收序号，则说明发送方出现了重复发送报文，可用于故障判断处理。

实例分析说明控制域（截取某220kV变电站做传动试验的遥信报文）

发送：68040100A02C

此帧解析——主站控制字为：0100A02CH，控制域第一个八位位组为01H（即00000001B），它的第一位比特为1，第二位比特为0，可判断为S帧格式。S帧格式的作用是用于确认对方的报文发送序号，不用于传送信息。接收序号2C50H。

接收：6815A02C4A00 1E 01 03000100 3005000027B1190D060114

此帧解析——从站控制字：A02C4A00H，控制域第一个八位位组为A0H（即10100000B），它的第一位比特为0；控制域第三个八位位组为4AH（即01001010B），它的第一位比特为0，可判断为I帧格式。发送序号2C50H，接收序号25H。从站发送序号等于主站接收序号，将自己的接收序号的计数位加1（此帧为SOE信号：2020年1月6日13时25分45秒351毫秒第1328点分）。

接收：680EA22C4A00 01 01 03000100 CD070000

此帧解析——从站控制字：A22C4A00H，因为是I帧格式，发送序号的计数位加1，变为2C51H，接收序号不变（此帧为单点遥信信号：第1997点分）。

接收：680EA42C4A00 01 01 03000100 E5040000

此帧解析——从站控制字：A42C4A00H，因为是I帧格式，发送序号的计数位继续加1，变为2C52H，接收序号不变（此帧为单点遥信信号：第1253点分）。

接收：6815A62C4A00 1E 01 03000100 CD07000057B1190D060114

此帧解析——从站控制字：A62C4A00H，因为是I帧格式，发送序号的计数位继续加1，变为2C53H，接收序号不变（此帧为SOE信号：2020年1月6日13时25分45秒399毫秒第1997点分）。

接收：6815A82C4A00 1E 01 03000100 E50400004FB1190D060114

此帧解析——从站控制字：A82C4A00H，因为是I帧格式，发送序号的计数位继续加1，变为2C54H，接收序号不变（此帧为SOE信号：2020年1月6日13时25分45秒391毫秒第1253点分）。

接收：680EAA2C4A00 01 01 03000100 2F040000

此帧解析——从站控制字：AA2C4A00H，因为是I帧格式，发送序号的计数位继续加1，变为2C55HH，接收序号不变（此帧为单点遥信信号：第1071点分）。

接收：680EAC2C4A00 01 01 03000100 36040000

此帧解析——从站控制字：AC2C4A00H，因为是I帧格式，发送序号的计数位继续加1，变为2C56H，接收序号不变（此帧为单点遥信信号：第1078点分）。

接收：680EAE2C4A00 01 01 03000100 11060000

此帧解析——从站控制字：AE2C4A00H，因为是I帧格式，发送序号的计数位继续加1，变为2C57H，接收序号不变（此帧为单点遥信信号：第1553点分）。

发送：68040100B02C

此帧解析——主站控制字为：0100B02CH，控制域第一个八位位组为01H（即00000001B），它的第一位比特为1，第二位比特为0，可判断为S帧格式。S帧格式的作用是用于确认对方的报文发送序号，不用于传送信息。接收序号2C58H（即上一帧接收信息的发送序号加1）。

接收：680EB02C4A00 01 01 03000100 1C030000

此帧解析——从站控制字：B02C4A00H，因为是I帧格式，发送序号2C58H，接收序号不变（此帧为单点遥信信号：第796点分）。

接收：680EB22C4A00 01 01 03000100 23030000

此帧解析——从站控制字：B22C4A00H，因为是I帧格式，发送序号继续加1，变为2C59H，接收序号不变（此帧为单点遥信信号：第803点分）。

接收：680EB42C4A00 01 01 03000100 1F030000

此帧解析——从站控制字：B42C4A00H，因为是I帧格式，发送序号继续加1，变为2C5AH，接收序号不变（此帧为单点遥信信号：第799点分）。

接收：680EB62C4A00 01 01 03000100 26030000

此帧解析——从站控制字：B62C4A00H，因为是I帧格式，发送序号继续加1，变为2C5BH，接收序号不变（此帧为单点遥信信号：第806点分）。

接收：680EB82C4A00 01 01 03000100 3C070000

此帧解析——从站控制字：B82C4A00H，因为是I帧格式，发送序号继续加1，变为2C5CH，接收序号不变（此帧为单点遥信信号：第1852点分）。

接收：680EBA2C4A00 01 01 03000100 5C060000

此帧解析——从站控制字：BA2C4A00H，因为是I帧格式，发送序号继续加1，变为2C5DH，接收序号不变（此帧为单点遥信信号：第1628点分）。

接收：680EBC2C4A00 01 01 03000100 A8060000

此帧解析——从站控制字：BC2C4A00H，因为是I帧格式，发送序号继续加1，变为2C5EH，接收序号不变（此帧为单点遥信信号：第1704点分）。

接收：680EBE2C4A00 01 01 03000100 C6050000

此帧解析——从站控制字：BE2C4A00H，因为是I帧格式，发送序号继续加1，变为2C5FH，接收序号不变（此帧为单点遥信信号：第1478点分）。

发送：68040100C02C

此帧解析——主站控制字为：0100C02CH，控制域第一个八位位组为01H（即00000001B），它的第一位比特为1，第二位比特为0，可判断为S帧格式。S帧格式的作用是用于确认对方的报文发送序号，不用于传送信息。接收序号2C60H。

接收：680EC02C4A00 01 01 03000100 F2060000

此帧解析——从站控制字：C02C4A00H，因为是I帧格式，发送序号继续加1，变为2C60H，接收序号不变（此帧为单点遥信信号：第1778点分）。

接收：680EC22C4A00 01 01 03000100 86070000

此帧解析——从站控制字：C22C4A00H，因为是I帧格式，发送序号继续加1，变为2C61H，接收序号不变（此帧为单点遥信信号：第1926点分）。

接收：680EC42C4A00 01 01 03000100 7B050000

此帧解析——从站控制字：C42C4A00H，因为是I帧格式，发送序号继续加1，变为2C62H，接收序号不变（此帧为单点遥信信号：第1403点分）。

接收：680EC62C4A00 01 01 03000100 C8070000

此帧解析——从站控制字：C62C4A00H，因为是I帧格式，发送序号继续加1，变为2C63H，接收序号不变（此帧为单点遥信信号：第1992点分）。

接收：6815C82C4A00 1E 01 03000100 2F04000022B1190D060114

此帧解析——从站控制字：C82C4A00H，因为是I帧格式，发送序号继续加1，变为2C64H，接收序号不变（此帧为SOE信号：2020年1月6日13时25分45秒346毫秒第1071点分）。

接收：6815CA2C4A00 1E 01 03000100 3604000053B1190D060114

此帧解析——从站控制字：CA2C4A00H，因为是I帧格式，发送序号继续加1，变为2C65H，接收序号不变（此帧为SOE信号：2020年1月6日13时25分45秒395毫秒第1078点分）。

接收：6815CC2C4A00 1E 01 03000100 1106000057B1190D06011

此帧解析——从站控制字：CC2C4A00H，因为是I帧格式，发送序号继续加1，变为2C66H，接收序号不变（此帧为SOE信号：2020年1月6日13时25分45秒399毫秒第1553点分）。

接收：6815CE2C4A00 1E 01 03000100 1C0300002BB1190D060114

此帧解析——从站控制字：CE2C4A00H，因为是I帧格式，发送序号继续加1，变为2C67H，接收序号不变（此帧为SOE信号：2020年1月6日13时25分45秒355毫秒第796点分）。

发送：68040100D02C

此帧解析——主站控制字为：0100D02CH，控制域第一个八位位组为01H（即00000001B），它的第一位比特为1，第二位比特为0，可判断为S帧格式。S帧格式的作用是用于确认对方的报文发送序号，不用于传送信息。接收序号2C68H。

接收：6815D02C4A00 1E 01 03000100 2303000068B1190D060114

此帧解析——从站控制字：D02C4A00H，因为是I帧格式，发送序号继续加1，变为2C69H，接收序号不变（此帧为SOE信号：2020年1月6日13时25分45秒416毫秒第803点分）。

接收：6815D22C4A00 1E 01 03000100 1F0300001FB1190D060114

此帧解析——从站控制字：D22C4A00H，因为是I帧格式，发送序号继续加1，变为001011001101001B，接收序号不变（此帧为SOE信号：2020年1月6日13时25分45秒343毫秒第799点分）。

接收：6815D42C4A00 1E 01 03000100 2603000057B1190D060114

此帧解析——从站控制字：D42C4A00H，因为是I帧格式，发送序号继续加1，变为2C6AH，接收序号不变（此帧为SOE信号：2020年1月6日13时25分45秒399毫秒第806点分）。

接收：6815D62C4A00 1E 01 03000100 3C07000048B1190D060114

此帧解析——从站控制字：D62C4A00H，因为是I帧格式，发送序号继续加1，变为2C6BH，接收序号不变（此帧为SOE信号：2020年1月6日13时25分45秒384毫秒第1852点分）。

接收：6815D82C4A00 1E 01 03000100 5C0600004CB1190D060114

此帧解析——从站控制字：D82C4A00H，因为是I帧格式，发送序号继续加1，变为2C6CH，接收序号不变（此帧为SOE信号：2020年1月6日13时25分45秒388毫秒第1628点分）。

接收：6815DA2C4A00 1E 01 03000100 A80600006AB1190D060114

此帧解析——从站控制字：DA2C4A00H，因为是I帧格式，发送序号继续加1，变为2C6DH，接收序号不变（此帧为SOE信号：2020年1月6日13时25分45秒418毫秒第1704点分）。

接收：6815DC2C4A00 1E 01 03000100 C605000071B1190D060114

此帧解析——从站控制字：DC2C4A00H，因为是I帧格式，发送序号继续加1，变为2C6EH，接收序号不变（此帧为SOE信号：2020年1月6日13时25分45秒425毫秒第1478点分）。

接收：6815DE2C4A00 1E 01 03000100 F20600005FB1190D060114

此帧解析——从站控制字：DE2C4A00H，因为是I帧格式，发送序号继续加1，变为2C6FH，接收序号不变（此帧为SOE信号：2020年1月6日13时25分45秒407毫秒第1778点分）。

发送：68040100E02C

此帧解析——主站控制字为：0100E02CH，控制域第一个八位位组为01H（即00000001B），它的第一位比特为1，第二位比特为0，可判断为S帧格式。S帧格式的作用是用于确认对方的报文发送序号，不用于传送信息。接收序号27C0H。

接收：6815E02C4A00 1E 01 03000100 8607000025B1190D060114

此帧解析——从站控制字：E02C4A00H，因为是I帧格式，发送序号继续加1，变为27C1H，接收序号不变（此帧为SOE信号：2020年1月6日13时25分45秒349毫秒第1925点分）。

接收：6815E22C4A00 1E 01 03000100 7B05000032B1190D060114

此帧解析——从站控制字：E22C4A00H，因为是I帧格式，发送序号继续加1，变为2FC2H，接收序号不变（此帧为SOE信号：2020年1月6日13时25分45秒362毫秒第1402点分）。

接收：6815E42C4A00 1E 01 03000100 C80700005EB1190D060114

此帧解析——从站控制字：E42C4A00H，因为是I帧格式，发送序号继续加1，变为27C3H，接收序号不变（此帧为SOE信号：2020年1月6日13时25分45秒406毫秒第1991点分）。

5.2.4 报文类型标识

遥信类型标识为应用服务数据单元的第一个八位位组，如表5-3所示。

表5-3 报文类型标识

类型标识（报文类型）	描述	标识符
01H /01	单点信息（遥信）	M_SP_NA_1
03H /03	双点信息（遥信）	M_DP_NA_1

5.2.5 可变结构限定词

在应用服务数据单元中，其数据单元标识符的第二个字节定义为可变结构限定词，如表5-4所示。

表5-4 可变结构限定词

bit	8	7	6	5	4	3	2	1
	SQ							

SQ=0，表示由信息对象地址寻址的单个信息元素或综合信息元素，应用服务数据单元可以由一个或多个同类的信息对象组成。

SQ=1，表示同类的信息元素序列（即同一种格式的测量值），由信息对象地址来寻址，信息对象地址是顺序信息元素的第一个信息元素地址，后续信息元素的地址是从这个地址起顺次加1，在顺序信息元素的情况下每个应用服务数据单元仅安排一种信息对象。

bit 1 ~ 7表示信息对象的数目。

5.2.6 传送原因

在应用服务数据单元中，其数据单元的第三、四个字节定义传送原因：

<3>：= 突发

<5>：= 被请求

<20>：= 响应站召唤

5.2.7 应用服务数据单元地址

在应用服务数据单元中，其数据单元的第五、第六个字节定义为应用服务数据单元地址。应用服务数据单元地址通常为变电站的 RTU 地址，由 2 个八位位组定义，低字节在前，高字节在后。应用服务数据单元地址定义如表 5-5 所示。

表 5-5　应用服务数据单元公共地址

bit 8	7	6	5	4	3	2	1	
2^7							2^0	应用服务数据单元公共地址低八位位组
2^{15}							2^8	应用服务数据单元公共地址高八位位组

5.2.8 信息体地址分配

1. 地址范围

在应用服务数据单元中，其数据单元的第 7~ 第 9 个字节定义为信息体地址。

遥信信息对象地址范围为 1H—4000H（2002 版）。

2. 遥信信息体地址解析

遥信信息体地址通常由三个 8 位位组组成，低位在前，高位在后。遥信信息体地址如表 5-6 所示。

表 5-6　息体地址

bit 8	7	6	5	4	3	2	1	
2^7							2^0	信息对象地址低八位位组
2^{15}							2^8	
2^{23}							2^{16}	信息对象地址高八位位组

5.2.9 信息元素

遥信信息体元素通常由一个八位位组组成（1 字节），如表 5-7 所示。

表 5-7　遥信信息体元素

bit8	bit7	bit6	bit5	bit4 ~ bit2	bit1
IV	NT	SB	BL	RES	SPI

1. 带品质描述的单点信息 SIQ 解析

SIQ：= CP8 {SPI、RES、BL、SB、NT、IV}

SPI：= bit1〈0 ~ 1〉

〈0〉：= OFF 开

〈1〉：= ON 合

RES：= bit4 ~ 2 保留位，全部设为 0〈0〉

BL：= bit5〈0 ~ 1〉

〈0〉：= 未被封锁

〈1〉：= 被封锁

SB：= bit6〈0 ~ 1〉

〈0〉：= 未被取代

〈1〉：= 被取代

NT：= bit7〈0 ~ 1〉

〈0〉：= 当前值

〈1〉：= 非当前值

IV：= bit8〈0 ~ 1〉

〈0〉：= 状态有效

〈1〉：= 状态无效

BL：= 封锁 / 未被封锁

信息体的值被闭锁后，为了传输需要，传输被封锁前的值，封锁和解锁可以囱当地联锁机构或当地其他原因来启动。

SB：= 取代 / 未被取代

信息体的值被值班员的输入值或由一个自动装置的输入所取代。

NT：= 当前值 / 非当前值

若最近的刷新成功则值就称为当前值。若在一个指定的时间间隔内刷新不成功或者值不可用就称为非当前值。

IV：= 有效 / 无效

若值被正确采集就是有效，在采集功能确认信息源的反常状态（丧失或非工作刷新）则值就是无效，信息体值在这些条件下没有被定义。标上无效用以提醒使用者，此值不正确而不能被使用。

2. 带品质描述的双点信息 SIQ 解析（见表 5–8）

SIQ：= CP8 {SPI、RES、BL、SB、NT、IV}

表 5–8　　带品质描述的单点信息结构

bit8	bit7	bit6	bit5	bit4 ~ 3	bit2 ~ 1
IV	NT	SB	BL	RES	SPI

SPI：= 双点遥信信息状态，bit2 ~ 1〈0 ~ 3〉;

〈0〉: = 中间状态或不确定；

〈1〉: = OFF 开；

〈2〉: = ON 合；

〈3〉: = 中间状态或不确定。

RES ：= bit4 ~ 3 保留位，全部设为 0〈0〉

BL ：= bit5〈0 ~ 1〉

〈0〉: = 未被封锁

〈1〉: = 被封锁

SB：= bit6〈0 ~ 1〉

〈0〉: = 未被取代

〈1〉: = 被取代

NT ：= bit7〈0 ~ 1〉

〈0〉: = 当前值

〈1〉: = 非当前值

IV ：= bit8〈0 ~ 1〉

〈0〉: = 状态有效

〈1〉: = 状态无效

BL ：= 封锁 / 未被封锁

信息体的值被闭锁后，为了传输需要，传输被封锁前的值，封锁和解锁可以囱当地联锁机构或当地其他原因来启动。

SB ：= 取代 / 未被取代

信息体的值被值班员的输入值或由一个自动装置的输入所取代。

NT ：= 当前值 / 非当前值

若最近的刷新成功则值就称为当前值。若在一个指定的时间间隔内刷新不成功或者值不可用就称为非当前值。

IV ：= 有效 / 无效

若值被正确采集就是有效，在采集功能确认信息源的反常状态（丧失或非工作刷新）则值就是无效，信息体值在这些条件下没有被定义。标上无效用以提醒使用者，此值不正确而不能被使用。

实例 1：单点遥信变化（合位）

报文举例

子站：68 0E F8 AD 12 05 01 01 03 00 01 00 A6 01 00 01

单点遥信变化帧如表 5-9 所示。

报文解析：

启动字符：68H。

APDU 长度：0EH（14 个字节，即 F8 AD 12 05 01 01 03 00 01 00 A6 01 00 01）。

控制域八位位组 1：发送序列号：F8H（1111 1000，第一个八位位组的第一比特为 0）。

控制域八位位组 2：发送序列号：ADH（1010 1101）。

控制域八位位组 3：接收序列号：12H（0001 0010，第三个八位位组的第一比特为 0）。

控制域八位位组 4：接收序列号：05H（0000 0101）。

表 5-9　单点遥信变化帧

启动字符	68H
APDU 长度	0EH
发送序列号	F8H
发送序列号	ADH
接收序列号	12H
接收序列号	05H
类型标识	01H
可变结构限定词	01H
传送原因（2 字节）	03 00 H
应用服务数据单元公共地址（2 字节）	01 00H
信息体地址（3 字节）	A6 01 00H
信息体元素（1 字节）	010H

该帧为 I 格式。

类型标识：01H（CON<1>：= 单点信息）。

可变结构限定词：01H（0000 0001，SQ=0 遥测地址逐个列出，NUMBER=1 1 个遥信量）。

传送原因：0300H（Cause<3>：= 突发）。

ASDU 公共地址：0100H（0001H 转换为十进制为 1，通常为 RTU 地址）。

信息对象地址：A6 01 00（第 422 点）。

信息体数据：01，转化成二进制 0000 0001。IV：0（有效）NT：0（当前值）SB：0（未被取代）BL：0（未被封锁）SPI：1（ON 合位）。

实例 2：单点遥信变化（分位）

报文举例

子站：68 0E 74 FF 6E 01 01 01 03 00 01 00 56 02 00 00

单点遥信变化帧如表 5-10 所示。

表 5-10　单点遥信变化帧

启动字符	68H
APDU 长度	0EH
发送序列号	74H
发送序列号	FFH
接收序列号	6EH
接收序列号	01H
类型标识	01H
可变结构限定词	01H
传送原因（2 字节）	03 00 H
应用服务数据单元公共地址（2 字节）	01 00H
信息体地址（3 字节）	56 02 00H
信息体元素（1 字节）	00H

报文解析：

启动字符：68H。

APDU 长度：0EH（14 个字节，即 74 FF 6E 01 01 01 03 00 01 00 56 02 00 00）。

控制域八位位组 1：发送序列号：

74H（0111 0100，第一个八位位组的第一比特为 0）。

控制域八位位组 2：发送序列号：FFH（1111 1111）。

控制域八位位组 3：接收序列号：6EH（0110 1110，第三个八位位组的第一比特为 0）。

控制域八位位组 4：接收序列号：01H（0000 0001）。

该帧为 I 格式。

类型标识：01H（CON<1>：= 单点信息）。

可变结构限定词：01H（0000 0001，SQ=0 遥测地址逐个列出，NUMBER=1 1 个遥信量）。

传送原因：0300H（Cause<3>：= 突发）。

ASDU 公共地址：0100H（0001H 转换为十进制为 1，通常为 RTU 地址）。

信息对象地址：56 02 00（第 598 点）。

信息体数据：00，转化成二进制 0000 0000。IV：0（有效）NT：0（当前值）SB：0（未被取代）BL：0（未被封锁）SPI：0（OFF 分位）。

实例 3：双点遥信变化（合位）

表 5-11　　双点遥信变化帧

启动字符	68H
APDU 长度	0EH
发送序列号	04H
发送序列号	00H
接收序列号	02H
接收序列号	00H
类型标识	03H
可变结构限定词	01H
传送原因（2 字节）	03 00 H
应用服务数据单元公共地址（2 字节）	01 00H
信息体地址（3 字节）	01 00 00H
信息体元素（1 字节）	02H

报文举例

子 站：68 0E 04 00 02 00 03 01 03 00 01 00 01 00 00 02

双点遥信变化帧如表 5-11 所示。

报文解析：

启动字符：68H。

APDU 长度：0EH（14 个字节，即 04 00 02 00 03 01 03 00 01 00 01 00 00 02）。

控制域八位位组 1：发送序列号：04H（0000 0100，第一个八位位组的第一比特为 0）。

控制域八位位组 2：发送序列号：00H（0000 0000）。

控制域八位位组 3：接收序列号：02H（0000 0010，第三个八位位组的第一比特为 0）。

控制域八位位组 4：接收序列号：05H（0000 0000）。

该帧为 I 格式。

类型标识：03H（CON<3>：= 双点信息）。

可变结构限定词：01H（0000 0001，SQ=0 遥测地址逐个列出，NUMBER=1 1 个遥信量）。

传送原因：0300H（Cause<3>：= 突发）。

ASDU 公共地址：0100H（0011H 转换为十进制为 1，通常为 RTU 地址）。

信息对象地址：01 00 00（第 1 点）。

信息体数据：02，转化成二进制 0000 0010。IV：0（有效）NT：0（当前值）SB：0（未被取代）BL：0（未被封锁）SPI：10（ON 合位）。

实例 4：双点遥信变化（分位）

报文举例（一）

子站：68 0E 74 FF 6E 01 03 01 03 00 01 00 56 02 00 01

双点遥信变化帧如表 5–12 所示。

表 5–12　　双点遥信变化帧

启动字符	68H
APDU 长度	0EH
发送序列号	74H
发送序列号	FFH
接收序列号	6EH
接收序列号	01H
类型标识	03H
可变结构限定词	01H
传送原因（2 字节）	03 00 H
应用服务数据单元公共地址（2 字节）	01 00H
信息体地址（3 字节）	56 02 00H
信息体元素（1 字节）	01H

报文解析：

启动字符：68H。

APDU 长度：0EH（14 个字节，即 74 FF 6E 01 03 01 03 00 01 00 56 02 00 01）。

控制域八位位组 1：发送序列号：74H（0111 0100，第一个八位位组的第一比特为 0）。

控制域八位位组 2：发送序列号：FFH（1111 1111）。

控制域八位位组 3：接收序列号：6EH（0110 1110，第三个八位位组的第一比特为 0）。

控制域八位位组 4：接收序列号：01H（0000 0001）。

该帧为 I 格式。

类型标识：03H（CON<3>：= 双点信息）。

可变结构限定词：01H（0000 0001，SQ=0 遥信地址逐个列出，NUMBER=1　1 个遥信量）。

传送原因：0300H（Cause<3>：= 突发）。

ASDU 公共地址：0100H（0001H 转换为十进制为 1，通常为 RTU 地址）。

信息对象地址：56 02 00（第 598 点）。

信息体数据：01，转化成二进制 0000 0001。IV：0（有效）NT：0（当前值）SB：0（未被取代）BL：0（未被封锁）SPI：01（OFF 分位）。

报文举例（二）

子站：68 16 F8 05 DA 00 03 03 03 00 01 00 72 00 00 01 75 00 00 02 78 00 00 01

双点遥信变化帧如表 5–13 所示。

报文解析：

启动字符：68H。

APDU 长度：16H（22 个字节，即 F8 05 DA 00 03 03 03 00 01 00 72 00 00 01 75 00 00 02 78 00 00 01）。

表 5-13　　双点遥信变化帧

启动字符	68H
APDU 长度	16H
发送序列号	F8H
发送序列号	05H
接收序列号	DAH
接收序列号	00H
类型标识	03H
可变结构限定词	03H
传送原因（2 字节）	03 00 H
应用服务数据单元公共地址（2 字节）	01 00H
信息体地址（3 字节）	72 00 00H
信息体元素（1 字节）	01H
信息体地址（3 字节）	75 00 00H
信息体元素（1 字节）	02H
信息体地址（3 字节）	78 00 00H
信息体元素（1 字节）	01H

控制域八位位组 1：发送序列号：F8H（1111 1000，第一个八位位组的第一比特为 0）。

控制域八位位组 2：发送序列号：05H（0000 0101）。

控制域八位位组 3：接收序列号：DAH（1101 1010，第三个八位位组的第一比特为 0）。

控制域八位位组 4：接收序列号：00H（0000 0000）。

该帧为 I 格式。

类型标识：03H（CON<3>：= 双点信息）。

可变结构限定词：03H（0000 0011，SQ=0 遥信地址逐个列出，NUMBER=3 3 个遥信量）。

传送原因：0300H（Cause<3>：= 突发）。

ASDU 公共地址：0100H（0001H 转换为十进制为 1，通常为 RTU 地址）。

信息对象地址：56 02 00（第 598 点）。

信息体数据：01，转化成二进制 0000 0001。IV：0（有效）NT：0（当前值）SB：0（未被取代）BL：0（未被封锁）SPI：01（OFF 分位）。

实例 5：多个单点遥信变化

报文举例（一）

子站：68 16 02 00 02 00 01 03 14 00 01 00 01 00 00 00 06 00 00 01 07 00 00 00

多个单点遥信变化帧如表 5-14 所示。

报文解析：

启动字符：68H。

APDU 长度：16H（22 个字节，即 02 00 02 00 01 03 14 00 01 00 01 00 00 00 06 00 00 01 07 00 00 00）。

控制域八位位组 1：发送序列号：02H（0000 0010，第一个八位位组的第一比特为 0）。

控制域八位位组 2：发送序列号：00H（0000 0000）。

控制域八位位组 3：接收序列号：02H（0000 0010，第三个八位位组的第一比特为 0）。

控制域八位位组 4：接收序列号：00H（0000 0000）。

该帧为 I 格式。

表 5-14 单点遥信变化帧

启动字符	68H
APDU 长度	15H
发送序列号	02H
发送序列号	00H
接收序列号	02H
接收序列号	00H
类型标识	01H
可变结构限定词	03H
传送原因（2 字节）	14 00 H
应用服务数据单元公共地址（2 字节）	01 00H
信息体地址（3 字节）	01 00 00H
信息体元素（1 字节）	00H
信息体地址（3 字节）	06 00 00H
信息体元素（1 字节）	01H
信息体地址（3 字节）	07 00 00H
信息体元素（1 字节）	01H

类型标识：01H（CON<1>：= 单点信息）。

可变结构限定词：03H（0000 0001，SQ=0 遥信地址逐个列出，NUMBER=3 3 个遥信量）。

传送原因：1400H（Cause<20>：= 响应站召唤）。

ASDU 公共地址：0100H（0001H 转换为十进制为 1，通常为 RTU 地址）。

第 1 个信息对象地址：01 00 00（第 1 点）。

第 1 个信息体数据：00，转化成二进制 0000 0000。IV：0（有 效）NT：0（当前值）SB：0（未被取代）BL：0（未被封锁）SPI：0（OFF 分位）。

第 2 个信息对象地址：06 00 00（第 6 点）。

第 2 个信息体数据：01，转化成二进制 0000 0001。IV：0（有效）NT：0（当前值）SB：0（未被取代）BL：0（未被封锁）SPI：1（ON 合位）。

第 3 个信息对象地址：07 00 00（第 7 点）。

第 3 个信息体数据：01，转化成二进制 0000 0001。IV：0（有效）NT：0（当前值）SB：0（未被取代）BL：0（未被封锁）SPI：1（ON 合位）。

报文举例（二）

子站：68 16 32 00 02 00 01 03 03 00 01 00 02 00 00 00 03 00 00 01 04 00 00 00

单点遥信变化帧如表 5-15 所示。

报文解析：

启动字符：68H。

APDU 长度：16H（22 个字节，即 32 00 02 00 01 03 03 00 01 00 02 00 00 00 03 00 00 01 04 00 00 00）。

控制域八位位组 1：发送序列号：32H（0011 0010，第一个八位位组的第一比特为 0）。

控制域八位位组 2：发送序列号：00H（0000 0000）。

控制域八位位组 3：接收序列号：02H（0000 0010，第三个八位位组的第一比特为 0）。

控制域八位位组 4：接收序列号：00H（0000 0000）。

该帧为 I 格式。

表 5-15　　单点遥信变化帧

启动字符	68H
APDU 长度	16H
发送序列号	32H
发送序列号	00H
接收序列号	02H
接收序列号	00H
类型标识	01H
可变结构限定词	03H
传送原因（2 字节）	03 00H
应用服务数据单元公共地址（2 字节）	01 00H
信息体地址（3 字节）	02 00 00H
信息体元素（1 字节）	00H
信息体地址（3 字节）	03 00 00H
信息体元素（1 字节）	00H
信息体地址（3 字节）	04 00 00H
信息体元素（1 字节）	00H

类型标识：01H（CON<1>：= 单点信息）。

可变结构限定词：03H（0000 0001，SQ=0 遥信地址逐个列出，NUMBER=3 3 个遥信量）。

传送原因：0300H（Cause<3>：= 突变）。

ASDU 公共地址：0100H（0001H 转换为十进制为 1，通常为 RTU 地址）。

第 1 个信息对象地址：02 00 00（第 2 点）。

第 1 个信息体数据：00，转化成二进制 0000 0000。IV：0（有效）NT：0（当前值）SB：0（未被取代）BL：0（未被封锁）SPI：0（OFF 分位）。

第 2 个信息对象地址：03 00 00（第 3 点）。

第 2 个信息体数据：01，转化成二进制 0000 0001。IV：0（有效）NT：0（当前值）SB：0（未被取代）BL：0（未被封锁）SPI：1（ON 合位）。

第 3 个信息对象地址：04 00 00（第 4 点）。

第 3 个信息体数据：00，转化成二进制 0000 0000。IV：0（有效）NT：0（当前值）SB：0（未被取代）BL：0（未被封锁）SPI：0（OFF 分位）。

报文举例（三）

子站：68 1E 02 00 02 00 01 05 14 00 01 00 0A 00 00 00 0C 00 00 00 0E 00 00 00 10 00 00 00 64 00 00 01

单点遥信变化帧如表 5-16 所示。

报文解析：

启动字符：68H。

APDU 长度：1EH（30 个字节，即 02 00 02 00 01 05 14 00 01 00 0A 00 00 00 0C 00 00 00 0E 00 00 00 10 00 00 00 64 00 00 01）。

控制域八位位组 1：发送序列号：02H（0000 0010，第一个八位位组的第一比特为 0）。

控制域八位位组 2：发送序列号：00H（0000 0000）。

控制域八位位组 3：接收序列号：02H（0000 0010，第三个八位位组的第一比特为 0）。

控制域八位位组 4：接收序列号：00H（0000 0000）。

该帧为I格式。

类型标识：01H（CON<1>：= 单点信息）。

可变结构限定词：05H（0000 0101，SQ=0 遥信地址逐个列出，NUMBER=5 5个遥信量）。

传送原因：1400H（Cause<20>：= 响应站召唤）。

ASDU 公共地址：0100H（0001H 转换为十进制为1，通常为RTU地址）。

第1个信息对象地址：0A 00 00（第10点）。

第1个信息体数据：00，转化成二进制0000 0000。IV：0（有效）NT：0（当前值）SB：0（未被取代）BL：0（未被封锁）SPI：0（OFF 分位）。

第2个信息对象地址：0C 00 00（第12点）。

第2个信息体数据：00，转化成二进制0000 0000。IV：0（有效）NT：0（当前值）SB：0（未被取代）BL：0（未被封锁）SPI：0（OFF 分位）。

表5-16 单点遥信变化帧

启动字符	68H
APDU 长度	1EH
发送序列号	02H
发送序列号	00H
接收序列号	02H
接收序列号	00H
类型标识	01H
可变结构限定词	05H
传送原因（2字节）	14 00 H
应用服务数据单元公共地址（2字节）	01 00H
信息体地址（3字节）	0A 00 00H
信息体元素（1字节）	00H
信息体地址（3字节）	0C 00 00H
信息体元素（1字节）	00H
信息体地址（3字节）	0E 00 00H
信息体元素（1字节）	00H
信息体地址（3字节）	01 00 00H
信息体元素（1字节）	00H
信息体地址（3字节）	64 00 00H
信息体元素（1字节）	01H

第3个信息对象地址：0E 00 00（第14点）。

第3个信息体数据：00，转化成二进制0000 0000。IV：0（有效）NT：0（当前值）SB：0（未被取代）BL：0（未被封锁）SPI：0（OFF 分位）。

第4个信息对象地址：10 00 00（第16点）。

第4个信息体数据：00，转化成二进制0000 0000。IV：0（有效）NT：0（当前值）SB：0（未被取代）BL：0（未被封锁）SPI：0（OFF 分位）。

第5个信息对象地址：64 00 00（第100点）。

第5个信息体数据：01，转化成二进制0000 0001。IV：0（有效）NT：0（当前值）SB：0（未被取代）BL：0（未被封锁）SPI：1（ON 合位）。

报文举例（四）

子站：68 2E 14 00 04 00 01 09 03 00 01 00 07 00 00 00 09 00 00 00 0D 00 00 01 0F 00 00 00 11 00 00 00 17 00 00 01 1B 00 00 01 1D 00 00 00 21 00 00 01

单点遥信变化帧如表5-17所示。

报文解析：

启动字符：68H。

APDU 长度：2EH（46 个字节，即 14 00 04 00 01 0C 03 00 01 00 07 00 00 00 09 00 00 00 0D 00 00 01 0F 00 00 00 11 00 00 00 17 00 00 01 1B 00 00 01 1D 00 00 00 21 00 00 01）。

控制域八位位组 1：发送序列号：14H（0001 0100，第一个八位位组的第一比特为 0）。

表 5-17　　　单点遥信变化帧

启动字符	68H
APDU 长度	2EH
发送序列号	14H
发送序列号	00H
接收序列号	04H
接收序列号	00H
类型标识	01H
可变结构限定词	09H
传送原因（2 字节）	03 00H
应用服务数据单元公共地址（2 字节）	01 00H
信息体地址（3 字节）	07 00 00H
信息体元素（1 字节）	00H
信息体地址（3 字节）	09 00 00H
信息体元素（1 字节）	00H
信息体地址（3 字节）	0D 00 00H
信息体元素（1 字节）	01H
信息体地址（3 字节）	0F 00 00H
信息体元素（1 字节）	00H
信息体地址（3 字节）	11 00 00H
信息体元素（1 字节）	01H
信息体地址（3 字节）	17 00 00H
信息体元素（1 字节）	01H
信息体地址（3 字节）	1B 00 00H
信息体元素（1 字节）	01H
信息体地址（3 字节）	1D 00 00H
信息体元素（1 字节）	00H
信息体地址（3 字节）	21 00 00H
信息体元素（1 字节）	01H

控制域八位位组 2：发送序列号：00H（0000 0000）。

控制域八位位组 3：接收序列号：04H（0000 0100，第三个八位位组的第一比特为 0）。

控制域八位位组 4：接收序列号：00H（0000 0000）。

该帧为 I 格式。

类型标识：01H（CON<1>：= 单点信息）。

可变结构限定词：09H（0000 1100，SQ=0 遥信地址逐个列出，NUMBER=9 9 个遥信量）。

传送原因：0300H（Cause<03>：= 突变）。

ASDU 公共地址：0100H（0001H 转换为十进制为 1，通常为 RTU 地址）。

第 1 个信息对象地址：07 00 00（第 7 点）。

第 1 个信息体数据：00，转化成二进制 0000 0000。IV：0（有效）NT：0（当前值）SB：0（未被取代）BL：0（未被封锁）SPI：0（OFF 分位）。

第 2 个信息对象地址：09 00 00（第 9 点）。

第 2 个信息体数据：00，转化成二进制 0000 0000。IV：0（有效）NT：0（当前值）SB：0（未被取代）BL：0（未被封锁）SPI：0（OFF 分位）。

第 3 个信息对象地址：0D 00 00（第

13点)。

第3个信息体数据：01，转化成二进制0000 0001。IV：0（有效）NT：0（当前值）SB：0（未被取代）BL：0（未被封锁）SPI：1（ON合位）。

第4个信息对象地址：0F 00 00（第15点）。

第4个信息体数据：00，转化成二进制0000 0000。IV：0（有效）NT：0（当前值）SB：0（未被取代）BL：0（未被封锁）SPI：0（OFF分位）。

第5个信息对象地址：11 00 00（第17点）。

第5个信息体数据：01，转化成二进制0000 0001。IV：0（有效）NT：0（当前值）SB：0（未被取代）BL：0（未被封锁）SPI：0（OFF分位）。

第6个信息对象地址：17 00 00（第23点）。

第6个信息体数据：01，转化成二进制0000 0001。IV：0（有效）NT：0（当前值）SB：0（未被取代）BL：0（未被封锁）SPI：1（ON合位）。

第7个信息对象地址：1B 00 00（第27点）。

第7个信息体数据：01，转化成二进制0000 0000。IV：0（有效）NT：0（当前值）SB：0（未被取代）BL：0（未被封锁）SPI：1（ON合位）。

第8个信息对象地址：1D 00 00（第29点）。

第8个信息体数据：00，转化成二进制0000 0001。IV：0（有效）NT：0（当前值）SB：0（未被取代）BL：0（未被封锁）SPI：0（OFF分位）。

第9个信息对象地址：21 00 00（第33点）。

第9个信息体数据：01，转化成二进制0000 0001。IV：0（有效）NT：0（当前值）SB：0（未被取代）BL：0（未被封锁）SPI：1（ON合位）。

报文举例（五）

子站：68 38 08 00 02 00 01 AB 14 00 01 00 01 00 00 00 00 01 00 00 00 01 00 01 00 01 00 00 00 01 00 01 00 01 00 00 00 00 00 00 00 00 00 01 00 01 00 00 00 00 00 01 00 00 00 01 00 00

单点遥信变化帧如表5-18所示。

报文解析：

启动字符：68H。

APDU长度：38H（56个字节，即08 00 02 00 01 AB 14 00 01 00 01 00 00 00 00 01 00 00 00 01 00 01 00 01 00 00 00 01 00 01 00 01 00 00 00 00 00 00 00 00 00 01 00 01 00 00 00 00 00 01 00 00 00 01 00 00）。

控制域八位位组1：发送序列号：08H（0001 0100，第一个八位位组的第一比特为0）。

控制域八位位组2：发送序列号：00H（0000 0000）。

控制域八位位组3：接收序列号：02H（0000 0100，第三个八位位组的第一比特为0）。

控制域八位位组4：接收序列号：00H（0000 0000）。

该帧为I格式。

表 5-18　　单点遥信变化帧

启动字符	68H
APDU 长度	38H
发送序列号	08H
发送序列号	00H
接收序列号	02H
接收序列号	00H
类型标识	01H
可变结构限定词	ABH
传送原因（2 字节）	14 00H
应用服务数据单元公共地址（2 字节）	01 00H
信息体地址（3 字节）	01 00 00H
信息体元素（1 字节）	00H
信息体元素（1 字节）	00H
信息体元素（1 字节）	00H
信息体元素（1 字节）	00H
信息体元素（1 字节）	00H
信息体元素（1 字节）	00H
信息体元素（1 字节）	00H
……	
信息体元素（1 字节）	01H

类型标识：01H（CON<1>：= 单点信息）。

可变结构限定词：ABH（1010 1011，SQ=1 只给出第一个信息体地址，后续元素的地址是从这个地址起顺序加 1，NUMBER=43 43 个遥信量）。

传送原因：1400H（Cause<20>：= 总召）。

ASDU 公共地址：0100H（0001H 转换为十进制为 1，通常为 RTU 地址）。

第 1 个信息对象地址：01 00 00（第 1 点）。

第 1 个信息体数据：00，转化成二进制 0000 0000。IV：0（有效）NT：0（当前值）SB：0（未被取代）BL：0（未被封锁）SPI：0（OFF 分位）。

第 2 个信息体数据：00，转化成二进制 0000 0000。IV：0（有效）NT：0（当前值）SB：0（未被取代）BL：0（未被封锁）SPI：0（OFF 分位）。

第 3 个信息体数据：01，转化成二进制 0000 0001。IV：0（有效）NT：0（当前值）SB：0（未被取代）BL：0（未被封锁）SPI：1（ON 合位）。

第 4 个信息体数据：00，转化成二进制 0000 0000。IV：0（有效）NT：0（当前值）SB：0（未被取代）BL：0（未被封锁）SPI：0（OFF 分位）。

第 5 个信息体数据：00，转化成二进制 0000 0000。IV：0（有效）NT：0（当前值）SB：0（未被取代）BL：0（未被封锁）SPI：0（OFF 分位）。

第 6 个信息体数据：00，转化成二进制 0000 0000。IV：0（有效）NT：0（当前值）SB：0（未被取代）BL：0（未被封锁）SPI：0（OFF 分位）。

第 7 个信息体数据：01，转化成二进制 0000 0001。IV：0（有效）NT：0（当前值）SB：0（未被取代）BL：0（未被封锁）SPI：1（ON 合位）。

……

第 43 个信息体数据：00，转化成二进制 0000 0000。IV：0（有效）NT：0（当前值）SB：0（未被取代）BL：0（未被封锁）SPI：0（OFF 分位）。

实例 6：多个双点遥信变化

报文举例（一）

子 站：68 10 02 00 02 00 03 83 14 00 01 00 01 01 00 02 02 01

双点遥信变化帧如表 5–19 所示。

表 5–19 双点遥信变化帧

启动字符	68H
APDU 长度	10H
发送序列号	02H
发送序列号	00H
接收序列号	02H
接收序列号	00H
类型标识	03H
可变结构限定词	83H
传送原因（2 字节）	14 00H
应用服务数据单元公共地址（2 字节）	01 00H
信息体地址（3 字节）	01 01 00H
信息体元素（1 字节）	02H
信息体元素（1 字节）	02H
信息体元素（1 字节）	01H

报文解析：

启动字符：68H。

APDU 长度：10H（16 个字节，即 02 00 02 00 03 13 14 00 01 00 01 01 00 02 02 01）。

控制域八位位组 1：发送序列号：02H（0000 0010，第一个八位位组的第一比特为 0）。

控制域八位位组 2：发送序列号：00H（0000 0000）。

控制域八位位组 3：接收序列号：02H（0000 0010，第三个八位位组的第一比特为 0）。

控制域八位位组 4：接收序列号：00H（0000 0000）。

该帧为 I 格式。

类型标识：03H（CON<3>：= 双点信息）。

可变结构限定词：83H（1000 0011，SQ=1 只给出第一个信息体地址，后续元素的地址是从这个地址起顺序加 1，NUMBER=3 3 个遥信量）。

传送原因：1400H（Cause<20>：= 响应站召唤）。

ASDU 公共地址：0100H（0001H 转换为十进制为 1，通常为 RTU 地址）。

第 1 个信息对象地址：01 01 00（第 257 点）。

第 1 个信息体数据：02，转化成二进制 0000 0010。IV：0（有效）NT：0（当前值）SB：0（未被取代）BL：0（未被封锁）SPI：10（ON 合位）。

第 2 个信息对象地址：02 01 00（第 258 点）。

第 2 个信息体数据：02，转化成二进制 0000 0010。IV：0（有效）NT：0（当前值）SB：0（未被取代）BL：0（未被封锁）SPI：10（ON 合位）。

第 3 个信息对象地址：03 01 00（第 259 点）。

第 3 个信息体数据：01，转化成二进制 0000 0001。IV：0（有效）NT：0（当前值）SB：0（未被取代）BL：0（未被封锁）SPI：01（OFF 分位）。

报文举例（二）

子站：68 1E 04 00 02 00 03 05 14 00 01 00 01 00 00 02 06 00 00 02 0A 00 00 01 0B 00 00 02 0C 00 00 01

双点遥信变化帧如表 5-20 所示。

表 5-20　双点遥信变化帧

启动字符	68H
APDU 长度	1EH
发送序列号	04H
发送序列号	00H
接收序列号	02H
接收序列号	00H
类型标识	03H
可变结构限定词	05H
传送原因（2 字节）	14 00H
应用服务数据单元公共地址（2 字节）	01 00H
信息体地址（3 字节）	01 00 00H
信息体元素（1 字节）	02H
信息体地址（3 字节）	06 00 00H
信息体元素（1 字节）	02H
信息体地址（3 字节）	0A 00 00H
信息体元素（1 字节）	01H
信息体地址（3 字节）	0B 00 00H
信息体元素（1 字节）	02H
信息体地址（3 字节）	0C 00 00H
信息体元素（1 字节）	01H

报文解析：

启动字符：68H。

APDU 长度：1EH（30 个字节，即 04 00 02 00 03 05 14 00 01 00 01 00 00 02 06 00 00 02 0A 00 00 01 0B 00 00 02 0C 00 00 01）。

控制域八位位组 1：发送序列号：04H（0000 0100，第一个八位位组的第一比特为 0）。

控制域八位位组 2：发送序列号：00H（0000 0000）。

控制域八位位组 3：接收序列号：02H（0000 0010，第三个八位位组的第一比特为 0）。

控制域八位位组 4：接收序列号：00H（0000 0000）。

该帧为 I 格式。

类型标识：03H（CON<3>：= 双点信息）。

可变结构限定词：05H（0000 0101，SQ=0 只给出第一个信息体地址，后续元素的地址是从这个地址起顺序加 1，NUMBER=5 5 个遥信量）。

传送原因：1400H（Cause<20>：= 响应站召唤）。

ASDU 公共地址：0100H（0001H 转换为十进制为 1，通常为 RTU 地址）。

第 1 个信息对象地址：01 01 00（第 257 点）。

第 1 个信息体数据：02，转化成二进制 0000 0010。IV：0（有效）NT：0（当前值）SB：0（未被取代）BL：0（未被封锁）SPI：10（ON 合位）。

第 2 个信息对象地址：02 01 00（第 258 点）。

第 2 个信息体数据：02，转化成二进制 0000 0010。IV：0（有效）NT：0（当前值）SB：0（未被取代）BL：0（未被封锁）SPI：10（ON 合位）。

第 3 个信息对象地址：03 01 00（第 259 点）。

第 3 个信息体数据：01，转化成二进制 0000 0001。IV：0（有效）NT：0（当前值）SB：

0（未被取代）BL：0（未被封锁）SPI：01（OFF 分位）。

报文举例（三）

子站：68 1E 04 00 02 00 03 05 14 00 01 00 01 00 00 02 06 00 00 02 0A 00 00 01 0B 00 00 02 0C 00 00 01

双点遥信变化帧如表 5-21 所示。

表 5-21　双点遥信变化帧

启动字符	68H
APDU 长度	10H
发送序列号	02H
发送序列号	00H
接收序列号	02H
接收序列号	00H
类型标识	03H
可变结构限定词	83H
传送原因（2 字节）	14 00 H
应用服务数据单元公共地址（2 字节）	01 00H
信息体地址（3 字节）	01 01 00H
信息体元素（1 字节）	02H
信息体地址（3 字节）	01 01 00H
信息体元素（1 字节）	02H
信息体地址（3 字节）	01 01 00H
信息体元素（1 字节）	02H
信息体地址（3 字节）	01 01 00H
信息体元素（1 字节）	02H
信息体地址（3 字节）	01 01 00H
信息体元素（1 字节）	02H

报文举例（四）

子站：68 16 F8 05 DA 00 03 03 03 00 01 00 72 00 00 01 75 00 00 00 78 00 00 01

单点遥信变化帧如表 5-22 所示。

报文解析：

启动字符：68H。

APDU 长度：16H（22 个字节，即 F8 05 DA 00 01 03 03 00 01 00 72 00 00 01 75 00 00 10 78 00 00 01）。

控制域八位位组 1：发送序列号：F8H（1111 1000，第一个八位位组的第一比特为 0）。

控制域八位位组 2：发送序列号：05H（0000 0101）。

控制域八位位组 3：接收序列号：DAH（1101 1010，第三个八位位组的第一比特为 0）。

控制域八位位组 4：接收序列号：00H（0000 0000）。

该帧为 I 格式。

类型标识：03H（CON<3>：= 双点信息）。

可变结构限定词：03H（0000 0003，SQ=0 遥信地址逐个列出，NUMBER=3 3 个遥信量）。

传送原因：0300H（Cause<3>：= 突变）。

ASDU 公共地址：0100H（0001H 转换为十进制为 1，通常为 RTU 地址）。

第 1 个信息对象地址：72 00 00（第 114 点）。

第 1 个信息体数据：01，转化成二进制 0000 0000。IV：0（有效）NT：0（当前值）SB：0（未被取代）BL：0（未被封锁）SPI：01（ON 分位）。

第 2 个信息对象地址：75 00 00（第 117 点）。

第 2 个信息体数据：10，转化成二进制 0000 0001。IV：0（有效）NT：0（当前值）SB：0（未被取代）BL：0（未被封锁）SPI：10（ON 合位）。

第 3 个信息对象地址：78 00 00（第 4 点）。

表 5-22　　单点遥信变化帧

启动字符	68H
APDU 长度	16H
发送序列号	F8H
发送序列号	05H
接收序列号	DAH
接收序列号	00H
类型标识	03H
可变结构限定词	03H
传送原因（2 字节）	03 00 H
应用服务数据单元公共地址（2 字节）	01 00H
信息体地址（3 字节）	72 00 00H
信息体元素（1 字节）	01H
信息体地址（3 字节）	75 00 00H
信息体元素（1 字节）	10H
信息体地址（3 字节）	78 00 00H
信息体元素（1 字节）	01H

第 3 个信息体数据：01，转化成二进制 0000 0000。IV：0（有效）NT：0（当前值）SB：0（未被取代）BL：0（未被封锁）SPI：01（OFF 分位）。

实例 7：带变位检出的成组单点信息

备注：带变位检出的成组单点信息虽然传输信息所占字节较少，但因为没有品质描述，且网络传输对字节的节约已经没有太大意义，所以 IEC-104 一般不用类型标识 14H（即带变位检出的成组单点信息）。

报文举例

子站：68 17 3C 00 12 00 14 82 14 00 01 00 2B 00 00 31 20 01 00 00 04 83 00 20 00

带变位检出的成组单点信息如表 5-23 所示。

表 5-23　　带变位检出的成组单点信息

启动字符	68H
APDU 长度	17H
发送序列号	3CH
发送序列号	00H
接收序列号	12H
接收序列号	00H
类型标识	14H
可变结构限定词	82H
传送原因（2 字节）	14 00 H
应用服务数据单元公共地址（2 字节）	01 00H
信息体地址（3 字节）	2B 00 00H
成组单点信息（4 字节）	31 20 01 00H
保留字节（1 字节）	00H
成组单点信息（4 字节）	04 83 00 20H
保留字节（1 字节）	00H

报文解析：

启动字符：68H。

APDU 长度：17H（23 个字节，即 3C 00 12 00 14 82 14 00 01 00 2B 00 00 31 20 01 00 00 04 83 00 20 00）。

控制域八位位组 1：发送序列号：3CH（0011 1100，第一个八位位组的第一比特为 0）。

控制域八位位组 2：发送序列号：00H（0000 0000）。

控制域八位位组 3：接收序列号：12H（0001 0010，第三个八位位组的第一比特为 0）。

控制域八位位组 4：接收序列号：00H（0000 0000）。

该帧为 I 格式。

类型标识：14H（CON<20>：= 带

变位检出成组变位信息）。

可变结构限定词：82H（1000 0010，SQ=1 地址连续的两组遥信，只包含第一组遥信地址，这个地址表示第一组 16 个遥信点中 Bit 0 所在遥信点的地址。其他遥信点地址依次加 1，NUMBER=2 32 个遥信量）。

传送原因：1400H（Cause<20>：= 响应站召唤）。

ASDU 公共地址：0100H（0001H 转换为十进制为 1，通常为 RTU 地址）。

第 1 个信息对象地址：2B 00 00（第 43 点）。

第 1 组单点信息状态位 ST（位 0：开，1：合）：31 20（0011 0001 0010 0000）。

第 1 组单点信息变位检出 CD：01 00（0000 0001 0000 0000）。

遥信第 6、13、14 路发生变位，即点号为 48、55、56 遥信发生变位。

保留字节 00，一般默认值为 0。

第 2 组单点信息状态位 ST（位 0：开，1：合）：04 83（0000 0100 1000 0011）。

第 2 组单点信息变位检出 CD：00 20（0000 0000 0010 0000）。

遥信第 1、2、6、8、11 路发生变位，即点号为 59、60、64、69 遥信发生变位。

保留字节 00，一般默认值为 0。

第 6 章　遥测

6.1　变化遥测帧结构

104 规约遥测帧结构由启动字符、长度、控制域以及应用服务数据单元组成，如表 6–1 所示。

表 6–1　　遥测帧结构

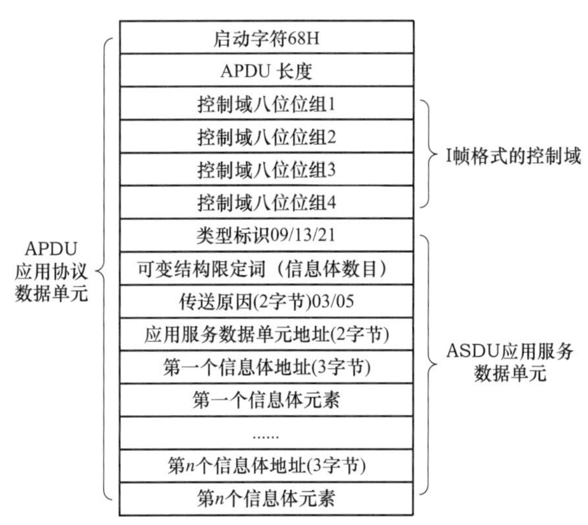

6.1.1　启动字符

启动字符 68H，定义数据流中的起点。

6.1.2　APDU 长度

应用协议数据单元（application protocol data unit, APDU）的长度，定义了应用协议数据单元主体的长度，它由四个控制域八位位组和应用服务数据单元（ASDU）所组成。第一个被计数的八位位组为控制域的第一个八位位组。最后一个被计数的八位位组为应用服务数据单元的最后一个八位位组。应用服务数据单元的最大帧长为 249，而控制域的长度是 4 个八位位组，应用协议数据单元的最大长度为 253（$APDU_{MAX}$=255 减掉启动和长度八位位组）。

6.1.3 控制域

控制域包括报文丢失和重复传送的控制信息、报文传输的启动和停止、报文传输连接的监视。控制域的这些类型被用于完成计数的信息传输的（I 格式）、计数的监视功能（S 格式）和不计数控制功能（U 格式）。

I 格式的应用规约数据单元（APDU）常常包含应用服务数据单元（ASDU）。变电站上送到主站的信息报文中，遥测信息只能使用 I 格式。I 格式控制域的第一个八位位组的第 1 位比特 =0 定义了 I 格式，I 帧格式的控制信息表如 6-2 所示。

表 6-2　　信息传输格式类型（I 格式）的控制域

bit 8 7 6 5 4 3 2 1

发送序列号 LSB	0
MSB 发送序列号	
接收序列号 LSB	0
MSB 接收序列号	

6.1.4 报文类型标识

遥测类型标识为应用服务数据单元的第一个八位位组。104 规约中遥测值的类型通常有带品质描述的归一化值、带品质描述的短浮点数、不带品质描述的归一化值、带时标的归一化值、带时标的标度化值、带时标的短浮点数。遥测报文类型标识如表 6-3 所示。

表 6-3　　遥测报文类型标识

类型标识（报文类型）	描述
09H/09	带品质描述的归一化值
0AH/10	带时标的规一化值
0DH/13	带品质描述的短浮点数
0EH/14	带时标的浮点数
15H/21	不带品质描述的规一化值

归一化值、标度化值需在主站乘以相应的系数，主站端将变电站的上送的码值乘以相应的系数才是该遥测量的实际值；其中归一化值按照满码值计算系数、标度化值按倍数计算系数、短浮点数不需要乘以系数。

6.1.5 可变结构限定词

在应用服务数据单元中，其数据单元的第二个字节定义为可变结构限定词，可变结构限定词定义如表 6-4 所示。

表 6-4　　可变结构限定词定义

bit 8	7	6	5	4	3	2	1
SQ							

SQ = 0，表示由信息对象地址寻址的单个信息元素或综合信息元素，应用服务数据单元可以由一个或多个同类的信息对象组成。

SQ = 1，表示同类的信息元素序列（即同一种格式的测量值），由信息对象地址来寻址，信息对象地址是顺序信息元素的第一个信息元素地址，后续信息元素的地址是从这个地址起顺次加 1，在顺序信息元素的情况下每个应用服务数据单元仅安排一种信息对象。

bit 1~7 表示信息对象的数目。

6.1.6　传送原因

在应用服务数据单元中，其数据单元的第三个字节定义传送原因

<3>：= 突发

<5>：= 被请求

6.1.7　应用服务数据单元地址

在应用服务数据单元中，其数据单元的第四、第五个字节定义为应用服务数据单元地址。应用服务数据单元地址通常为变电站的 RTU 地址，由 2 个八位位组定义，低字节在前，高字节在后。应用服务数据单元地址定义如表 6–5 所示。

表 6–5　　应用服务数据单元公共地址

bit　8　7　6　5　4　3　2　1

2^7						2^0	应用服务数据单元公共地址低八位位组
2^{15}					2^8		应用服务数据单元公共地址高八位位组

6.1.8　信息体地址分配

1. 地址范围

在应用服务数据单元中，其数据单元的第 6~ 第 8 个字节定义为信息体地址。

遥测信息对象地址范围为 4001H—5000H（2002 版）。

2. 遥测信息体地址解析

遥测信息体地址通常由三个 8 位位组组成，低位在前，高位在后。遥测信息体地址如表 6–6 所示。

表 6–6　　遥测信息体地址

bit 8	7	6	5	4	3	2	1	
2^7							2^0	信息对象地址低八位位组
2^{15}							2^8	
2^{23}							2^{16}	信息对象地址高八位位组

例如：

截取一段 104 报文如下：

68 1A 36 00 02 00 0D 02 03 00 01 00 01 40 00 22 5D 87 41 00 A4 40 00 22 5D 87 41 00。

该段报文中信息体地址为 01 40 00，按照从从高到低排列应为 00 40 01H，由于遥测信息体地址从 4001H 开始，该地址为厂站遥测信息的第 1 点。

6.1.9　信息体数据

遥测的信息体数据根据遥测类型不同，占用的字节数也不同，信息体数据包含字节数如

表 6-7 所示。

表 6-7　　信息体数据包含字节数

类型标识（报文类型）	描述	占用的字节数
09H/09	带品质描述的归一化值	3 个字节
0AH/10	带时标的规一化值	6 个字节
0DH/13	带品质描述的短浮点数	5 个字节
0EH/14	带时标的浮点数	8 个字节
15H/21	不带品质描述的规一化值	2 个字节

在日常实际工作中归一化值（09H）、短浮点数（0DH）应用较多，接下来重点讲解归一化值（09H）、短浮点数（0DH）数据表示方法。

归一化值（09H）由 3 个八位位组组成，包含 16 位二进制数据位和 8 位品质描述位。

短浮点数（0DH）由 5 个八位位组组成，包含 32 位二进制数据位和 8 位品质描述位。

1. 归一化值（09H）表示方法

归一化值 16 位二进制数据位如表 6-8 所示。

表 6-8　　归一化值 16 位二进制数值

D15	D14	D13	D12	D11	D10	D9	D8	D7	D6	D5	D4	D3	D2	D1	D0
符号位	数据位														

D15：= 符号位

0：= 正数，1：= 负数

D14~D0：=15 位数据位，范围 0~32767。

正数 = 实际值

负数 =0– 实际值绝对值

2. 短浮点数（0DH）表示方法

短浮点数 32 位二进制数据位如表 6-9 所示。

表 6-9　　短浮点数 32 位二进制数据位

D31	D30	D29	D28	D27	D26	D25	D24	D23	D22	D21	…	D3	D2	D1	D0
符号位	指数值							小数值							

D31：= 符号位

0：= 正数，1：= 负数

D30~D24：指数值

D23~D0：小数值

归一化值（09H）、短浮点数（0DH）的计算方法将在接下来实例解析中重点讲解。

3. 品质描述

遥测品质描述词向控制站提供关于信息对象的额外的品质信息，品质描述通常是由一个八位位组组成，如表 6–10 所示。

表 6–10　带品质描述的遥测信息

	IV	NT	SB	BL	RES	RES	RES	OV
bit	D7	D6	D5	D4	D3	D2	D1	D0

每一位的含义如下：

OV：= 溢出标志位

表示遥测值是否发生超出了预先定义值的范围。

<0>：= 未溢出

<1>：= 溢出

RES：=RESERVE 保留、预留

BL：= 闭锁标志位

<0>：= 未被闭锁

<1>：= 被闭锁

SB：= 被取代 / 未被取代，

信息对象的值由值班员（调度员）输入或者由当地自动原因所提供。

<0>：= 未被取代

<1>：= 被取代

NT：= 当前值 / 非当前值

若最近的刷新成功则值就称为当前值，若一个指定的时间间隔内刷新不成功或者其值不可用，值就称为非当前值。

<0>：= 当前值

<1>：= 非当前值

IV：= 有效 / 无效

若值被正确采集就是有效。在采集功能确认信息源的反常状态（装置不能工作或非工作刷新）则值就是无效，在这些条件下没有定义信息对象的值。标上无效用以提醒使用者，此值不正确而不能使用。

<0>：= 有效

<1>：= 无效

6.2 实例解析

实例 1：带品质描述的短浮点数

报文举例

子站：68 22 DA F5 EE 04 0D 03 03 00 01 00 0E 40 00 EE 3F 3F 42 00 0D 40 00 B7 5F 25 3F 00 0F 40 00 5B ED 13 C1 00

子站报文解析如表 6-11 所示。

表 6-11　　实例 1 子站报文解析

启动字符	68H
APDU 长度	22H
发送序列号 LSB	DAH
MSB 发送序列号	F5H
接收序列号 LSB	EEH
MSB 接收序列号	04H
类型标识	0DH/13
可变结构限定词（信息体数目）	03H
传送原因（2 字节）	03 00H
应用服务数据单元地址（2 字节）	01 00H
第一个信息体地址（3 字节）	0E 40 00H
第一个信息体元素	EE 3F 3F 42 00H
第二个信息体地址（3 字节）	0D 40 00H
第二个信息体元素	B7 5F 25 3F 00H
第三个信息体地址（3 字节）	0F 40 00H
第三个信息体元素	5B ED 13 C1 00H

启动字符：68H。

APDU 长度：22H（34 个字节，即 DA F5 EE 04 0D 03 03 00 01 00 0E 40 00 EE 3F 3F 42 00 0D 40 00 B7 5F 25 3F 00 0F 40 00 5B ED 13 C1 00）。

控制域八位位组 1：发送序列号：DAH（1101 1010，第一个八位位组的第一比特为 0）。

控制域八位位组 2：发送序列号：F5H（1111 0101）。

控制域八位位组 3：接受序列号：EEH（1110 1110，第三个八位位组的第一比特为 0）。

控制域八位位组 4：接受序列号：04H（0000 0100）。

该帧为 I 格式。

类型标识：0DH（CON<13>：= 量测值，短浮点数）。

可变结构限定词：03H（00000011, SQ=0 遥测地址逐个列出，NUMBER=3 3 个遥测量）。

传送原因：0300H（Cause<3>：= 突发）。

ASDU 公共地址：0100H，通常为 RTU 地址，低位在前、高位在后，按照字节由高到低排列为 0001H，转换为十进制为 1。

第一个信息体地址：0E 40 00，按字节从高到低排列为 00400EH。由于遥测的起始地址为 4001H，则该遥测点转换为十进制为第 14 点。

第一个信息体数据：EE 3F 3F 42 00（其中 EE 3F 3F 42 为测量值，00 为品质描述词）。

遥测值 EE 3F 3F 42 按照从高到低字节排列为 42 3F 3F EE。

解成二进制 0100（4）0010（2）0011（3）1111（F）0011（3）1111（F）1110（E）1110（E）。

第一位为符号位，0 为正数、1 为负数。

该信息第一位为 0，该遥测为正数。

去掉首位符号位：100 0010 0011 1111 0011 1111 1110 1110。

从左向右取后面八位：100 00100=132；132−127=5。

上述结果若为正数，该遥测由整数和小数部分组成。由于计算结果为 5 整数部分数值取上述码值接着的后五位，01111 并在首位前加 1,101111（二进制）= 47（十进制）。

小数部分为剩余位：11 0011 1111 1110 1110。小数部分依次乘以 1/2, 1/4, 1/8, 1/16,⋯，即 1/2 × 1+ 1/4 × 1+1/8 × 0+1/16 × 0+1/32 × 1+1/64 × 1+1/128 × 1+1/256 × 1+1/512 × 1+1/1024 × 1 +1/2048 × 1+⋯，计算结果约为 0.812。

品质描述词 00，表示当前遥测值未溢出、未被闭锁、未被取代、是当前值、且有效。

第一个信息体数据为第 14 点，遥测值为整数和小数部分之和 47.812。

第二个信息体地址：0D4000H，按字节从高到低排列为 00400DH。由于遥测的起始地址为 4001H，则该遥测点转换为十进制为第 13 点。

第二个信息体数据：B7 5F 25 3F 00（其中 B7 5F 25 3F 为遥测值，00 为品质描述词）。

遥测值 B7 5F 25 3F 按照从高到低字节排列为 3F 25 5F B7。

解成二进制 0011（3）1111（F）0010（2）0101（5）0101（5）1111（F）1011（B）0111（7）。

第一位为符号位，0 为正数、1 为负数。

该信息第一位为 0，该遥测为正数。

去掉首位符号位：011 1111 0010 0101 0101 1111 1011 0111。

在从左向右取后面八位：01111110=126；126−127=−1。

上诉结果为负数，则说明遥测部分只有小数。

“126−127=−1”说明小数部分需在剩余位首位前加 1。

小数部分：010 0101 0101 1111 1011 0111+1=1010010101011111110110111

小数部分依次乘 1/2, 1/4, 1/8, 1/16,⋯= 1/2 × 1+ 1/4 × 0+1/8 × 1+1/16 × 0+1/32 × 0+1/64 × 1+ 1/128 × 0+1/256 × 1+1/512 × 0+1/1024 × 1+1/2048 × 0+⋯，计算结果约为 0.6455。

品质描述词 00，表示当前遥测值未溢出、未被闭锁、未被取代、是当前值、且有效。

第二个信息体数据为第 13 点，遥测值为整数和小数部分之和 0.6455。

第三个信息体地址：0F4000H，按字节从高到低排列为 00400FH。由于遥测的起始地址为 4001H，则该遥测点转换为十进制为第 15 点。

第三个信息体数据：5B ED 13 C1 00（其中 5B ED 13 C1 为遥测值，00 为品质描述词）。

遥测值 5B ED 13 C1 按照从高到低字节排列为：C1 13 ED 5B。

解成二进制 1100（C）0001（1）0001（1）0011（3）1110（E）1101（D）0101（5）1011（B）。

第一位为符号位，0 为正数、1 为负数。

该信息第一位为 1，该遥测为负数。

去掉首位符号位：100 0001 0001 0011 1110 1101 0101 1011。

在从左向右取后面八位：10000010=130；130−127=3。

上述结果为正数，该遥测由整数和小数部分组成。由于计算结果为 3，整数部分数值取上述码值接着的后三位 001；并在首位前加 1，即 1001（二进制）=9（十进制）。

小数部分为去掉整数部分的剩余位：0011 1110 1101 0101 1011。

小数部分依次乘以 1/2, 1/4, 1/8, 1/16, …= 1/2 × 0+ 1/4 × 0+1/8 × 1+1/16 × 1+1/32 × 1+1/64 × 1+1/128 × 1+1/256 × 0+1/512 × 1+1/1024 × 1+1/2048 × 0+…，计算结果约为 0.245。

品质描述词 00，表示当前遥测值未溢出、未被闭锁、未被取代、是当前值、且有效。

第三个信息体数据为第 15 点，遥测值为整数和小数部分之和：-9.245。

该段报文共包含 3 个以短浮点数上送的信息体数据，分别为第 14 点，遥测值 47.812；第 13 点，遥测值 0.6455；第 15 点，遥测值为 -9.245。

实例 2：带品质描述的短浮点数

报文举例

子站：68 3A 08 F8 D8 00 0D 06 03 00 58 00 0E 40 00 88 40 84 41 00 0F 40 00 5B D8 82 41 00 11 40 00 1C 26 DA 3F 00 12 40 00 CE FA 14 3F 00 13 40 00 AC 62 D5 42 00 16 40 00 61 E5 70 3F 00

子站报文解析如表 6-12 所示。

表 6-12　　实例 2 子站报文解析

启动字符	68H
APDU 长度	3AH
发送序列号 LSB	08H
MSB 发送序列号	F8H
接收序列号 LSB	D8H
MSB 接收序列号	00H
类型标识	0DH/13
可变结构限定词（信息体数目）	06H
传送原因（2 字节）	03 00H
应用服务数据单元地址（2 字节）	58 00H
信息体地址（3 字节）	0E 40 00H
信息体元素	88 40 84 41 00H
信息体地址（3 字节）	0F 40 00H
信息体元素	5B D8 82 41 00H
信息体地址（3 字节）	11 40 00H
信息体元素	1C 26 DA 3F 00H
信息体地址（3 字节）	12 40 00H
信息体元素	CE FA 14 3F 00H
信息体地址（3 字节）	13 40 00H
信息体元素	AC 62 D5 42 00
信息体地址（3 字节）	16 40 00H
信息体元素	61 E5 70 3F

启动字符：68H。

APDU 长度：3AH（58 个字节，即 08 F8 D8 00 0D 06 03 00 58 00 0E 40 00 88 40 84 41 00 0F 40 00 5B D8 82 41 00 11 40 00 1C 26 DA 3F 00 12 40 00 CE FA 14 3F 00 13 40 00 AC 62 D5 42 00 16 40 00 61 E5 70 3F 00）。

控制域八位位组 1：发送序列号：08H（0000 1000，第一个八位位组的第一比特为 0）。

控制域八位位组 2：发送序列号：F8H（1111 1000）。

控制域八位位组 3：接受序列号：D8H（1101 1000，第三个八位位组的第一比特为 0）。

控制域八位位组 4：接受序列号：00H（0000 0000）。

该帧为 I 格式。

类型标识：0DH（CON<13>：= 量测值，短浮点数）。

可变结构限定词：06H（00000110,

SQ=0 遥测地址逐个列出，NUMBER=6 6个遥测量）。

传送原因：0300H（Cause<3>：= 突发）。

ASDU 公共地址：5800H，通常为 RTU 地址，低位在前、高位在后，按照字节由高到低排列为 0058H，转换为十进制为 88。

第一个信息体地址：0E4000H，按字节从高到低排列为 00400EH，由于遥测的起始地址为 4001H，则该遥测点转换为十进制为第 14 点。

第一个信息体数据：88 40 84 41 00（其中 88 40 84 41 为测量值，00 为品质描述词）。

遥测值 88 40 84 41 按照从高到低字节排列为 41 84 40 88。

解成二进制 0100（4）0001（1）1000（8）0100（4）0100（4）0000（0）1000（8）1000（8）。

第一位为符号位，0 为正数、1 为负数。

该信息第一位为 0，说明该遥测为正数。

去掉符号位的剩余位：100 0001 1000 0100 0100 0000 1000 1000。

从左向右取后面八位：100 00011=131；131−127=4。

上述结果 4 为正数，说明该遥测由整数和小数部分组成。

由于计算结果为 4，则整数部分数值取上述码值接着的后四位 0000，并在 0000 首位前加 1,10000（二进制）= 16（十进制）。

整数部分计算结果为 16。

小数部分为剩余位：100 0100 0000 1000 1000。

将小数部分依次乘以 1/2, 1/4, 1/8, 1/16，…，即 1/2 × 1+ 1/4 × 0+1/8 × 0+1/16 × 0+1/32 × 1+1/64 × 0+1/128 × 0+1/256 × 0+1/512 × 0+1/1024 × 0+1/2048 × 0+…，小数部分计算结果约为 0.53125。

品质描述词 00，表示当前遥测值未溢出、未被闭锁、未被取代、是当前值、且有效。

第一个信息对象为第 14 点，遥测值为整数和小数部分和之 16.53125。

0F 40 00 5B D8 82 41 00。

第二个信息体地址：0F4000H，按字节从高到低排列为 00400FH，由于遥测的起始地址为 4001H，则该遥测点转换为十进制为第 15 点。

第二个信息体数据：5B D8 82 41 00（其中 5B D8 82 41 为测量值，00 为品质描述词）。

遥测值 5B D8 82 41 按照从高到低字节排列为 41 82 D8 5B。

解成二进制 0100（4）0001（1）1000（8）0010（2）1101（D）1000（8）0101（5）1011（B）。

第一位为符号位，0 为正数、1 为负数。

该信息第一位为 0，该遥测为正数。

去掉首位符号位：100 0001 1000 0010 1101 1000 0101 1011。

从左向右取后面八位：100 00011=131；131−127=4。

上述结果若为正数，该遥测由整数和小数部分组成。

由于计算结果为 4 整数部分数值取上述码值接着的后四位，0000 并在首位前加 1，10000

（二进制）= 16（十进制）。

小数部分为剩余位：010 1101 1000 0101 1011。

小数部分依次乘以 1/2, 1/4, 1/8, 1/16，…，即 1/2 × 0+ 1/4 × 1+1/8 × 0+1/16 × 1+1/32 × 1+1/64 × 0+1/128 × 1+1/256 × 1+1/512 × 0+1/1024 × 0+1/2048 × 0+…，计算结果约为 0.53125。

品质描述词 00，表示当前遥测值未溢出、未被闭锁、未被取代、是当前值、且有效。

第二个信息体数据为第 15 点，遥测值为整数和小数部分之和 16.356。

11 40 00 1C 26 DA 3F 00。

第三个信息体地址：114000H，按字节从高到低排列为 004011H，由于遥测的起始地址为 4001H，则该遥测点转换为十进制为第 17 点。

第三个信息体数据：1C 26 DA 3F 00（其中 1C 26 DA 3F 为测量值，00 为品质描述词）。

遥测值 1C 26 DA 3F 按照从高到低字节排列为 3F DA 26 1C。

解成二进制 0011（3）1111（F）1101（D）1010（A）0010（2）0110（6）0001（1）1100（C）。

第一位为符号位，0 为正数、1 为负数。

该信息第一位为 0，该遥测为正数。

去掉首位符号位：011 1111 1101 1010 0010 0110 0001 1100。

从左向右取后面八位：011 11111=127；127−127=0。

上述结果若为正数，该遥测由整数和小数部分组成，由于计算结果为 0 整数部分数值为 1,1（二进制）= 1（十进制）。

小数部分为剩余位：101 1010 0010 0110 0001 1100。

小数部分依次乘以 1/2, 1/4, 1/8, 1/16,…，即 1/2 × 1+ 1/4 × 0+1/8 × 1+1/16 × 1+1/32 × 0+1/64 × 1+1/128 × 0+1/256 × 0+1/512 × 0+1/1024 × 1+1/2048 × 0+…，计算结果约为 0.704102。

品质描述词 00，表示当前遥测值未溢出、未被闭锁、未被取代、是当前值、且有效。

第三个信息体数据为第 17 点，遥测值为整数和小数部分之和 1+0.70412=1.704102。

遥测值 12 40 00 CE FA 14 3F 00<17：0.582>。

第四个信息体地址：124000H，按字节从高到低排列为 004012H，由于遥测的起始地址为 4001H，则该遥测点转换为十进制为第 18 点。

第四个信息体数据：CE FA 14 3F 00（其中 CE FA 14 3F 为测量值，00 为品质描述词）。

CE FA 14 3F 按照从高到低字节排列为 3F 14 FA CE。

解成二进制 0011（3）1111（F）0001（1）0100（4）1111（F）1010（A）1100（C）1110（E）。

第一位为符号位，0 为正数、1 为负数。

该信息第一位为 0，该遥测为正数。

去掉首位符号位：011 1111 0001 0100 1111 1010 1100 1110。

从左向右取后面八位：011 11110=126；126−127=−1。

上述结果若为负数，该遥测由小数部分组成。

上诉结果为负数，则说明全部是小数，−1 需在小数位首位前加 1。

小数位剩余位：00101001111101011001110+1=100101001111101011001110。

小数部分依次乘 1/2, 1/4, 1/8, 1/16, …= 1/2 × 1+ 1/4 × 0+1/8 × 0+1/16 × 1+1/32 × 0+1/64 × 1+ 1/128 × 0+1/256 × 0+1/512 × 1+1/1024 × 1+1/2048 × 1+…，计算结果约为 0.581543。

品质描述词 00，表示当前遥测值未溢出、未被闭锁、未被取代、是当前值、且有效。

第四个信息体数据为第 18 点，遥测值为整数和小数部分之和 0.581543。

13 40 00 AC 62 D5 42 00。

第五个信息体地址：13 40 00H，按字节从高到低排列为 004013H，由于遥测的起始地址为 4001H，则该遥测点转换为十进制为第 19 点。

第五个信息体数据：AC 62 D5 42 00（其中 AC 62 D5 42 为测量值，00 为品质描述词）。

遥测值 AC 62 D5 42 按照从高到低字节排列为 42 D5 62 AC。

解成二进制 0100（4）0010（2）1101（D）0101（5）0110（6）0010（2）1010（A）1100（C）。

第一位为符号位，0 为正数、1 为负数。

该信息第一位为 0，该遥测为正数。

去掉首位符号位：100 0010 1101 0101 0110 0010 1010 1100。

从左向右取后面八位：100 00101=133；133−127=6。

上述结果若为正数，该遥测由整数和小数部分组成。

由于计算结果为 6 整数部分数值取上述码值接着的后六位 101 010，并在 101 010 首位前加 1,1101 010（二进制）= 106（十进制）。

小数部分为剩余位：1 0110 0010 1010 1100。

小数部分依次乘 1/2，1/4，1/8，1/16，…= 1/2 × 1+ 1/4 × 0+1/8 × 1+1/16 × 1+1/32 × 0+1/64 × 0+1/128 × 0+1/256 × 1+1/512 × 0+1/1024 × 1+1/2048 × 0+…，计算结果约为 0.693。

品质描述词 00，表示当前遥测值未溢出、未被闭锁、未被取代、是当前值、且有效。

第五个信息体数据为第 19 点，遥测值为整数和小数部分之和 106.693。

16 40 00 61 E5 70 3F 00。

第六个信息体地址：164000H，按字节从高到低排列为 004016H，由于遥测的起始地址为 4001H，则该遥测点转换为十进制为第 22 点。

第六个信息体数据：61 E5 70 3F（其中 61 E5 70 3F 为测量值，00 为品质描述词）。

遥测值 61 E5 70 3F 按照从高到低字节排列为 3F 70 E5 61。

解成二进制 0011（3）1111（F）0111（7）0000（0）1111（E）1010（5）0110（6）0001（1）。

第一位为符号位，0 为正数、1 为负数。

该信息第一位为 0，该遥测为正数。

去掉首位符号位：011 1111 0111 0000 1111 1010 0110 0001。

从左向右取后面八位：011 11110=126；126−127=−1。

上述结果若为负数，该遥测由小数部分组成。

上诉结果为负数，则说明全部是小数，−1 需在小数位首位前加 1。

小数位剩余位：11100001111101001100001+1=11110000111110100110000 1。

小数部分依次乘 1/2，1/4，1/8，1/16，⋯= 1/2 × 1+ 1/4 × 1+1/8 × 1+1/16 × 1+1/32 × 0+1/64 × 0+1/128 × 0+1/256 × 0+1/512 × 1+1/1024 × 1+1/2048 × 1+⋯，计算结果约为 0.940918。

品质描述词 00，表示当前遥测值未溢出、未被闭锁、未被取代、是当前值、且有效。

第六个信息体数据为第 22 点，遥测值为整数和小数部分之和 0.940918。

该段报文共包含 6 个以短浮点数上送的信息体数据，分别为第 14 点，遥测值为 16.53125；第 15 点，遥测值为 16.356；第 17 点，遥测值为 1.704102；第 18 点，遥测值为 0.581543；第 19 点，遥测值为 106.693；第 22 点，遥测值为 0.940918。

实例 3：无品质描述的归一化值

报文举例

子站：68 0F D0 6E B4 06 15 01 03 00 18 00 35 40 00 57 01

子站报文解析如表 6-13 所示。

表 6-13　　实例 3 子站报文解析

启动字符	68H
APDU 长度	0FH
发送序列号 LSB	D0H
MSB 发送序列号	6EH
接收序列号 LSB	B4H
MSB 接收序列号	06H
类型标识	15H
可变结构限定词（信息体数目）	01H
传送原因（2 字节）	03 00H
应用服务数据单元地址（2 字节）	18 00H
信息体地址（3 字节）	35 40 00H
信息体元素	57 01H

报文解析：

启动字符：68H。

APDU 长度：0FH（15 个字节，即 D0 6E B4 06 15 01 03 00 18 00 35 40 00 57 01）。

控制域八位位组 1：发送序列号：D0H（1101 0000，第一个八位位组的第一比特为 0）。

控制域八位位组 2：发送序列号：6EH（0110 1110）。

控制域八位位组 3：接受序列号：B4H（1011 0100，第三个八位位组的第一比特为 0）。

控制域八位位组 4：接受序列号：06H（0000 0110）。

该帧为 I 格式。

类型标识：15H（CON<21>：= 量测值，不带品质描述词的归一化值）。

可变结构限定词：01H（00000001, SQ=0 遥测地址逐个列出，NUMBER=1 1 个遥测量）。

传送原因：0300H（Cause<3>：= 突发）。

ASDU 公共地址：1800H，通常为 RTU 地址，低位在前、高位在后，按照字节由高到低排列为 0018H，转换为十进制为 24。

信息体地址：354000H，按字节从高到低排列为 004035H，由于遥测的起始地址为 4001H，则该遥测点转换为十进制为第 53 点。

信息体数据：57 01（其中 57 01 为测量值）。

57 01 按照从高到低字节排列为 01 57。

解成二进制 0000（0）0001（1）0101（5）0111（7）。

最高位为符号位，0 表示正数，1 表示负数，该二进制数值最高位为 0 表示该遥测量为正数，其余二进制位转换为十进制 =343。

该报文表示子站以归一化值上送遥测量，该量测值为第 53 点值为 343。

实例 4：无品质描述的归一化值（测量值为负值）

报文举例

子站：68 23 06 DB 36 0F 15 05 03 00 12 00 2C 40 00 18 00 2D 40 00 18 00 4D 40 00 15 00 4F 40 00 FD FF 50 40 00 ED 07

子站报文解析如表 6-14 所示。

表 6-14　　实例 4 子站报文解析

启动字符	68H
APDU 长度	23H
发送序列号 LSB	06H
MSB 发送序列号	DBH
接收序列号 LSB	36H
MSB 接收序列号	0FH
类型标识	15H
可变结构限定词（信息体数目）	05H
传送原因（2 字节）	03 00H
应用服务数据单元地址（2 字节）	12 00H
信息体地址（3 字节）	2C 40 00H
信息体元素	18 00H
信息体地址（3 字节）	2D 40 00H
信息体元素	18 00H
信息体地址（3 字节）	4D 40 00H
信息体元素	15 00H
信息体地址（3 字节）	4F 40 00H
信息体元素	FD FFH
信息体地址（3 字节）	50 40 00H
信息体元素	ED 07H

报文解析：

启动字符：68H。

APDU 长度：23H（35 个字节，即 06 DB 36 0F 15 05 03 00 12 00 2C 40 00 18 00 2D 40 00 18 00 4D 40 00 15 00 4F 40 00 FD FF 50 40 00 ED 07）。

控制域八位位组 1：发送序列号：06H（0000 0110，第一个八位位组的第一比特为 0）。

控制域八位位组 2：发送序列号：DBH（1101 1011）。

控制域八位位组 3：接受序列号：36H（1011 0100，第三个八位位组的第一比特为 0）。

控制域八位位组 4：接受序列号：0FH（0000 1111）。

该帧为 I 格式。

类型标识：15H（CON<21>：= 量测值，不带品质描述词的归一化值）。

可变结构限定词：05H（00000005, SQ=0 遥测地址逐个列出，NUMBER=5 5 个遥测量）。

传送原因：0300H（Cause<3>：= 突发）。

ASDU 公共地址：1200H，通常为 RTU 地址，低位在前、高位在后，按照字节由高到低排列为 0012H，转换为十进制为 18。

第一个信息体地址：2C 40 00，按字节从高到低排列为 00402CH。由于遥测的起始地址为 4001H，则该遥测点转换为十进制为第 44 点。

第一个信息体数据：18 00（其中 18 00 为测量值）。

18 00 按从高到低字节排列为 00 18，换算成二进制 0000（0）0000（0）0001（1）1000（8）最高位为符号位，0 表示正数，1 为负数，该遥测值最高位为 0 为正数，去掉符号位的剩余位为数据位，000 0000 0001 1000 转换为十进制 =24。

第一个信息体为第 44 点，遥测值为 24。

第二个信息体地址：2D 40 00，按字节从高到低排列为 00402DH，由于遥测的起始地址为 4001H，则该遥测点转换为十进制为第 45 点。

第二个信息体数据：18 00（其中 18 00 为测量值）。

18 00 按从高到低字节排列为 00 18，换算成二进制 0000（0）0000（0）0001（1）1000（8）最高位为符号位，0 表示正数，1 为负数，该遥测值最高位为 0 为正数，去掉符号位的剩余位为数据位，000 0000 0001 1000 转换为十进制 =24。

第二个信息体为第 45 点，遥测值也为 24。

第三个信息对象地址：4D 40 00，按字节从高到低排列为 00404DH，由于遥测的起始地址为 4001H，则该遥测点转换为十进制为第 77 点。

第三个信息体数据：15 00（其中 15 00 为测量值）。

15 00 按从高到低字节排列为 00 15，换算成二进制 0000（0）0000（0）0001（1）0101（5）最高位为符号位，0 为正数，1 为负数，该遥测值最高位为 0 表示遥测量为正数，去掉符号位的剩余位为数据位，000 0000 0001 0101 转换为十进制 =21。

第三个信息体为第 77 点，遥测值为 21。

第四个信息体地址：4F 40 00，按字节从高到低排列为 00404FH。由于遥测的起始地址为 4001H，则该遥测点转换为十进制为第 79 点。

第四个信息体数据：FD FF（其中 FD FF 为测量值）。

FD FF 按照从高到低字节排列为 FF FD。

解成二进制 1111（F）1111（F）1111（F）1101（D）。

最高位为符号位，0 为正数，1 为负数，该遥测值最高位为 1 说明遥测值为负数。

数据位为去掉符号位的剩余位 111 1111 1111 1101，因符号位为负值，该值补码转换为十进制 =3。该遥测值为 –3。

第四个信息体为第 79 点，遥测值为 –3。

第五个信息对象地址：50 40 00，按字节从高到低排列为 004050H。由于遥测的起始地址为 4001H，则该遥测点转换为十进制为第 80 点。

第五个信息体数据：ED 07（其中 ED 07 为测量值）。

ED 07 按从高到低字节排列为 07 ED，换算成二进制 0000（0）0111（7）1110（E）1101（D）最高位为符号位，0 为正数，1 为负数，该遥测值最高位为 0 表示正数，数据位为去掉符号位的剩余位，000 0111 1110 1101 为转换为十进制 =2029。

第五个信息体为第 80 点，遥测值为 2029。

该段报文共包含 5 个以归一化值上送的信息体数据，分别为第 44 点，遥测值为 24；第 45 位，遥测值为 24；第 77 位，遥测值为 21；第 79 点，遥测值为 –3；第 80 位，遥测值为 2029。

实例 5：带品质描述的归一化值

报文举例

子站：68 22 80 ED A4 02 09 04 03 00 0C 00 01 40 00 40 00 00 16 40 00 18 0E 00 18 40 00 40 0E 00 19 40 00 10 0D 00

子站报文解析如表 6–15 所示。

表 6–15　　实例 5 子站报文解析

启动字符	68H
APDU 长度	22H
发送序列号 LSB	80H
MSB 发送序列号	EDH
接收序列号 LSB	A4H
MSB 接收序列号	02H
类型标识	09H
可变结构限定词（信息体数目）	04H
传送原因（2 字节）	03 00H
应用服务数据单元地址（2 字节）	0C 00H
信息体地址（3 字节）	01 40 00H
信息体元素	40 00 00H
信息体地址（3 字节）	16 40 00H
信息体元素	18 0E 00
信息体地址（3 字节）	18 40 00
信息体元素	40 0E 00
信息体地址（3 字节）	19 40 00
信息体元素	10 0D 00

报文解析：

启动字符：68H。

APDU 长度：22H（34 个字节，即 80 ED A4 02 09 04 03 00 0C 00 01 40 00 40 00 00 16 40 00 18 0E 00 18 40 00 40 0E 00 19 40 00 10 0D 00）。

控制域八位位组 1：发送序列号：80H（1000 0000，第一个八位位组的第一比特为 0）。

控制域八位位组 2：发送序列号：EDH（1110 1101）。

控制域八位位组 3：接受序列号：A4H（1010 0100，第三个八位位组的第一比特为 0）。

控制域八位位组 4：接受序列号：02H（0000 0010）。

该帧为 I 格式。

类型标识：09H（CON<9>：= 量测值，归一化值）。

可变结构限定词：04H（00000001, SQ=0 遥测地址逐个列出，NUMBER=4 4 个遥测量）。

传送原因：0300H（Cause<3>：= 突发）。

ASDU 公共地址：0C 00，通常为 RTU 地址，低位在前、高位在后，按照字节由高到低排列为 000CH，转换为十进制为 12。

第一个信息体地址：01 40 00，按字节从高到低排列为 004001H，由于遥测的起始地址为 4001H，则该遥测点转换为十进制为第 1 点。

第一个信息体数据：40 00 00，其中 40 00 为测量值，00 为品质描述词。

遥测值 40 00H 按高到低字节排列为 00 40，00 40 转换为二进制为 0000 0000 0100 0000，

最高位为符号位，0 为正数，1 为负数，该遥测值最高位为 0 表示遥测量为正数，数据位为去掉符号位的剩余位 000 0000 0100 0000，转换为十进制为 64。

品质描述词 00，表示当前遥测值未溢出、未被闭锁、未被取代、是当前值、且有效。

第一个信息体数据为第 1 点，遥测值为 64。

第二个信息对象地址：16 40 00，按字节从高到低排列为 004016H。由于遥测的起始地址为 4001H，则该遥测点转换为十进制为第 22 点。

第二个信息体数据：18 0E 00，其中 18 0E 为测量值，00 为品质描述词。

遥测值 18 0EH 按高到低字节排列 0E 18，0E 18 转换为二进制为 0000 1110 0001 1000。最高位为符号位，0 为正数，1 为负数，该遥测值最高位为 0 表示遥测量为正数。

数据位为去掉符号位的剩余位 000 1110 0001 1000，转换为十进制为 3608。

第二个信息体数据为第 22 点，遥测值为 3608。

品质描述词 00，表示当前遥测值未溢出、未被闭锁、未被取代、是当前值、且有效。

第三个信息体地址：18 40 00，按字节从高到低排列为 004018H，由于遥测的起始地址为 4001H，则该遥测点转换为十进制为第 24 点。

第三个信息体数据：40 0E 00。其中 40 0E 为测量值，00 为品质描述词。

遥测值 40 0E 按高到低字节排列为 0E 40，0E 40 转换为二进制为 0000 1110 0100 0000。

最高位为符号位，0 为正数，1 为负数，该遥测值最高位为 0 表示遥测量为正数。

数据位为去掉符号位的剩余位 000 1110 0100 0000，转换为十进制为 3648。

品质描述词 00，表示当前遥测值未溢出、未被闭锁、未被取代、是当前值、且有效。

第三个信息体数据为第 24 点，遥测值为 3648。

第四个信息对象地址：19 40 00，按字节从高到低排列为 004019H。由于遥测的起始地址为 4001H，则该遥测点转换为十进制为第 25 点。

第四个信息体数据：10 0D 00，其中 10 0D 为测量值，00 为品质描述词。

遥测值 10 0D 按高到低字节排列为 0D 10，0D 10 转换为二进制为 0000 1101 0001 0000。

最高位为符号位，0 为正数，1 为负数，该遥测值最高位为 0 表示遥测量为正数。

数据位为去掉符号位的剩余位 000 1101 0001 0000，转换为十进制为 3344。

品质描述词 00，表示当前遥测值未溢出、未被闭锁、未被取代、是当前值、且有效。

第四个信息体数据为第 25 点，遥测值为 3344。

该段报文共包含 4 个以归一化值上送的信息体数据，分别为第 1 点，遥测值为 64；开始第 22 点，遥测值为 3608；第 24 点，遥测值为 3648；第 25 点，遥测值为 3344。

实例 6：带品质描述的归一化值（测量值为负值）

报文举例

子站：68 28 9E ED D2 01 09 05 03 00 17 00 06 40 00 D8 06 00 07 40 00 51 06 00 08 40 00 A6 06 00 09 40 00 7D F9 00 0A 40 00 A1 FD 00

子站报文解析如表 6-16 所示。

表 6–16 实例 6 子站报文解析

启动字符	68H
APDU 长度	28H
发送序列号 LSB	9EH
MSB 发送序列号	EDH
接收序列号 LSB	D2H
MSB 接收序列号	01H
类型标识	09H
可变结构限定词（信息体数目）	05H
传送原因（2 字节）	03 00H
应用服务数据单元地址（2 字节）	17 00H
信息体地址（3 字节）	06 40 00H
信息体元素	D8 06 00H
信息体地址（3 字节）	07 40 00H
信息体元素	51 06 00H
信息体地址（3 字节）	08 40 00H
信息体元素	A6 06 00H
信息体地址（3 字节）	09 40 00H
信息体元素	7D F9 00H
信息体地址（3 字节）	0A 40 00H
信息体元素	A1 FD 00H

报文解析：

启动字符：68H。

APDU 长度：28H（40 个字节，即 9E ED D2 01 09 05 03 00 17 00 06 40 00 D8 06 00 07 40 00 51 06 00 08 40 00 A6 06 00 09 40 00 7D F9 00 0A 40 00 A1 FD 00）。

控制域八位位组 1：发送序列号：9EH（1001 1110，第一个八位位组的第一比特为 0）。

控制域八位位组 2：发送序列号：EDH（1110 1101）。

控制域八位位组 3：接受序列号：D2H（1101 0010，第三个八位位组的第一比特为 0）。

控制域八位位组 4：接受序列号：01H（0000 0001）。

该帧为 I 格式。

类型标识：09H（CON<9>：= 量测值，归一化值）。

可变结构限定词：05H（00000111，SQ=0 遥测地址逐个列出，NUMBER=5 5 个遥测量）。

传送原因：03 00H（Cause<3>：= 突发）。

ASDU 公共地址：17 00，通常为 RTU 地址，地位在前、高位在后，按照字节由高到低排列为 0017H，转换为十进制为 23。

第一个信息体地址：06 40 00，按字节从高到低排列为 004006H，由于遥测的起始地址为 4001H，则该遥测点转换为十进制为第 6 点。

第一个信息体数据：D8 06 00，其中 D8 06 为测量值，00 为品质描述词。

测量值 D8 06 按照高到低字节排列为 06 D8H，转换为二进制 0000 0110 1101 1000。

符号位为最高位，0 表示正数，1 表示负数，该遥测值最高位为 0，表示测量值为正数。

数据位为去掉符号位的剩余位 000 0110 1101 1000，转换为十进制为 1752。

品质描述词 00，表示当前遥测值未溢出、未被闭锁、未被取代、是当前值、且有效。

第一个信息体数据为第 6 点，测量值为 1752。

第二个信息体地址：07 40 00，按字节从高到低排列为 004007H，由于遥测的起始地址为 4001H，则该遥测点转换为十进制为第 7 点。

第二个信息体数据：51 06 00 其中 51 06 为，00 为品质描述词。

测量值 51 06 按高到低字节排列为 06 51H，转换为二进制 0000 0110 0101 0001。

符号位为最高位，0 表示正数，1 表示负数，该遥测值最高位为 0，表示测量值为正数。

数据位为去掉符号位的剩余位 000 0110 0101 0001，转换为十进制为 1617。

品质描述词 00，表示当前遥测值未溢出、未被闭锁、未被取代、是当前值、且有效。

第二个信息体数据为第 7 点，测量值为 1617。

第三个信息体地址：08 40 00，按字节从高到低排列为 004008H，由于遥测的起始地址为 4001H，则该遥测点转换为十进制为第 8 点。

第三个信息体数据：A6 06 00，其中 A6 06 为测量值，00 为品质描述词。

测量值 A6 06 按高到低字节排列为 06 A6H，转换为二进制 0000 0110 1010 0110。

最高位为符号位，0 为正数，1 为负数，该遥测值最高位为 0 表示遥测量为正数，

数据位为去掉符号位的剩余位 000 0110 1010 0110，转换为十进制为 1702。

品质描述词 00，表示当前遥测值未溢出、未被闭锁、未被取代、是当前值、且有效。

第三个信息体数据为第 8 点，测量值为 1702。

第四个信息体地址：09 40 00，按字节从高到低排列为 004009H。由于遥测的起始地址为 4001H，则该遥测点转换为十进制为第 9 点。

第四个信息体数据：7D F9 00，其中 7D F9 为测量值，00 为品质描述词。

遥测值 7D F9 按高到低字节排列为 F9 7DH，F9 7DH 转换为二进制 1111 1001 0111 1101。

最高位为符号位，0 表示正数，1 表示负数，该遥测值最高位为 1，表示遥测量为负数。

数据位为去掉符号位的剩余位 111 1001 0111 1101，由于符号位为负，测量值用补码表示为 000 0110 1000 0011 转换为十进制 1667，加上符号位，该测量值为 –1667。

第四个信息体数据为第 9 点，测量值为 –1667。

第五个信息体地址：0A 40 00，按字节从高到低排列为 00400AH，由于遥测的起始地址为 4001H，则该遥测点转换为十进制为第 10 点。

第五个信息体数据：A1 FD 00，其中 A1 FD 为测量值，00 为品质描述词。

测量值 A1 FD 按高到低字节排列为 FD A1H，FD A1H 转换为二进制 1111 1101 1010 0001。

最高位为符号位，0 为正数，1 为负数，该遥测值最高位为 1 表示测量值为负数。

数据位为去掉符号位的剩余位 111 1101 1010 0001，由于符号位为负，测量值用补码表示为 000 0010 0101 1111，转换为十进制为 607，加上符号位，该测量值为 –607。

第五个信息体数据为第 10 点，测量值为 –607。

该段报文共包含 5 个以归一化值上送的信息体数据，分别为第 6 点，测量值为 1752；第 7 点，测量值为 1617；第 8 点，测量值为 1702；第 9 点，测量值为 –1667；第 10 点，测量值为 –607。

实例 7：带品质描述的归一化值（品质描述为无效）

报文举例

子站：68 0C ee 51 36 e6 09 83 03 00 01 00 02 40 00 00 40 00 b0 32 00 00 00 80

子站报文解析如表 6–17 所示。

表 6–17　　实例 7 子站报文解析

启动字符	68H
APDU 长度	0CH
发送序列号 LSB	EEH
MSB 发送序列号	51H
接收序列号 LSB	36H
MSB 接收序列号	E6H
类型标识	09H
可变结构限定词（信息体数目）	83H
传送原因（2 字节）	03 00H
应用服务数据单元地址（2 字节）	01 00H
信息体地址（3 字节）	02 40 00H
信息体元素	00 40 00H
信息体元素	b0 32 00H
信息体元素	00 00 80H

报文解析：

启动字符：68H。

APDU 长度：0CH（12 个字节，即 EE 51 36 E6 09 83 14 00 01 00 02 40 00 00 40 00 B0 32 00 00 00 80）。

控制域八位位组 1：发送序列号：EEH（1110 1110，第一个八位位组的第一比特为 0）。

控制域八位位组 2：发送序列号：51H（0101 0001）。

控制域八位位组 3：接受序列号：36H（0011 0110，第三个八位位组的第一比特为 0）。

控制域八位位组 4：接受序列号：E6H（1110 0110）。

该帧为 I 格式。

类型标识：09H（CON<9>：= 量测值，归一化值）。

可变结构限定词：83H（1000 0011, SQ=1 表示同一种格式的测量值，由信息对象地址来寻址，信息对象地址是顺序信息元素的第一个信息元素地址，后续信息元素的地址是从这个地址起顺次加 1，NUMBER=3，3 个遥测量）。

传送原因：03 00H（Cause<3>：= 突发）。

ASDU 公共地址：01 00，通常为 RTU 地址，地位在前、高位在后，按照字节由高到低排列为 0001H，转换为十进制为 1。

第一个信息体地址：02 40 00，按字节从高到低排列为 00 40 02H，由于遥测的起始地址为 4001H，则该遥测点转换为十进制为第 2 点。

第一个信息体数据：00 40 00，其中 00 40 为测量值，00 为品质描述词。

测量值 00 40 按照高到低字节排列为 40 00H，转换为二进制 0100 0000 0000 0000。

符号位为最高位，0 表示正数，1 表示负数，该遥测值最高位为 0，表示测量值为正数。

数据位为去掉符号位的剩余位 100 0000 0000 0000，转换为十进制为 16384。

品质描述词 00，表示当前遥测值未溢出、未被闭锁、未被取代、是当前值、且有效。

第一个信息体数据为第 2 点，测量值为 16384。

第二个信息体地址：第二个信息体地址为上一个信息体地址加 1。点号为第 3 点。

第二个信息体数据：b0 32 00，其中 b0 32 为测量值，00 为品质描述词。

测量值 b0 32 按照高到低字节排列为 32 b0H，转换为二进制 0011 0010 1011 0000。

符号位为最高位，0 表示正数，1 表示负数，该遥测值最高位为 0，表示测量值为正数。

数据位为去掉符号位的剩余位 011 0010 1011 0000，转换为十进制为 12976。

品质描述词 00，表示当前遥测值未溢出、未被闭锁、未被取代、是当前值、且有效。

第二个信息体数据为第 3 点，测量值为 12976。

第三个信息体地址：第三个信息体地址为上一个信息体地址加 1。点号为第 4 点。

第三个信息体数据：00 00 80，其中 00 00 为测量值，80 为品质描述词。

测量值 00 00 按照高到低字节排列为 00 00 H，转换为二进制 0000 0000 0000 0000。

符号位为最高位，0 表示正数，1 表示负数，该遥测值最高位为 0，表示测量值为正数。

数据位为去掉符号位的剩余位 0000 0000 0000 0000，转换为十进制为 12976。

品质描述词 80，转换成二进制 1000 0000，根据品质描述每一位的含义。IV：=1 无效，当前遥测值无效。

实例 8：带品质描述的短浮点数（品质描述为无效）

报文举例

子站：68 1C 90 2B 12 5F 0D 83 14 00 01 00 01 40 00 78 E9 7E 3F 00 00 00 00 00 80 00 00 00 00 80

子站报文解析如表 6-18 所示。

表 6-18 实例 8 子站报文解析

启动字符	68H
APDU 长度	1CH
发送序列号 LSB	90H
MSB 发送序列号	2bH
接收序列号 LSB	12H
MSB 接收序列号	5fH
类型标识	0dH
可变结构限定词（信息体数目）	83H
传送原因（2 字节）	14 00H
应用服务数据单元地址（2 字节）	01 00H
信息体地址（3 字节）	01 40 00H
信息体元素	78 E9 7E 3F 00H
信息体元素	00 00 00 00 80 H
信息体元素	00 00 00 00 80H

启动字符：68H。

APDU 长度：1CH（28 个字节，即 90 2B 12 5F 0D 83 14 00 01 00 01 40 00 78 E9 7E 3F 00 00 00 00 00 80 00 00 00 00 80）。

控制域八位位组 1：发送序列号：90H（1001 0000，第一个八位位组的第一比特为 0）。

控制域八位位组 2：发送序列号：2bH（0010 1011）。

控制域八位位组 3：接受序列号：12H（0001 0010，第三个八位位组的第一比特为 0）。

控制域八位位组 4：接受序列号：5fH（0101 1111）。

该帧为 I 格式。

类型标识：0dH（CON<13>：= 量

测值，短浮点数）。

可变结构限定词：83H（1000 0011, SQ=1 表示同一种格式的测量值，由信息对象地址来寻址，信息对象地址是顺序信息元素的第一个信息元素地址，后续信息元素的地址是从这个地址起顺次加 1，NUMBER=3，3 个遥测量）。

传送原因：14 00H（Cause<20>：= 响应站召唤）。

ASDU 公共地址：01 00，通常为 RTU 地址，地位在前、高位在后，按照字节由高到低排列为 00 01H，转换为十进制为 1。

第一个信息体地址：01 40 00，按字节从高到低排列为 00 40 01H，由于遥测的起始地址为 4001H，则该遥测点转换为十进制为第 1 点。

第一个信息体数据：78 E9 7E 3F 00，其中 78 E9 7E 3F 为测量值，00 为品质描述词。

测量值 78 E9 7E 3F 按照高到低字节排列为 3F 7E E9 78H，转换为二进制 0011（3）1111（F）0111（7）1110（E）1110（E）1001（9）0111（7）1000（8）。

符号位为最高位，0 表示正数，1 表示负数，该遥测值最高位为 0，表示测量值为正数。

数据位为去掉符号位的剩余位 011 1111 0111 1110 1110 1001 0111 1000，从左向右取后面八位：011 1111 0=126；126−127=−1；

上述结果若为负数，该遥测只有小数部分组成，“126−127=−1”说明小数部分需在剩余位首位前加 1。

小数部分：111 1110 1110 1001 0111 1000+1=1111 1110 1110 1001 0111 1000

小数部分依次乘 1/2, 1/4, 1/8, 1/16, …= 1/2 × 1+ 1/4 × 1+1/8 × 1+1/16 × 1+1/32 × 1+1/64 × 1+1/128 × 1+1/256 × 0+1/512 × 1+1/1024 × 1+1/2048 × 1+…，计算结果约为 0.995。

第一个信息体数据为第 1 点，数据值为 0.995。

第二个信息体地址：第二个信息体地址为上一个信息体地址加 1。点号为第 2 点。

第二个信息体数据：00 00 00 00 80，其中 00 00 00 00 为测量值，80 为品质描述词。

测量值 00 00 00 00，转换为二进制 0000 0000 0000 0000。

符号位为最高位，0 表示正数，1 表示负数，该遥测值最高位为 0，表示测量值为正数。

数据位为去掉符号位的剩余位 000 0000 0000 0000，转换为十进制为 0。

品质描述词 80，转换成二进制 1000 0000，根据品质描述每一位的含义。IV：=1 无效，当前遥测值无效。

第二个信息体数据为第 2 点，测量值为 0，无效。

第三个信息体地址：第三个信息体地址为上一个信息体地址加 1。点号为第 3 点。

第三个信息体数据：00 00 00 00 80，其中 00 00 为测量值，80 为品质描述词。

测量值 00 00 00 00，按照高到低字节排列为 00 00 00 00 H，转换为十进制为 0。

品质描述词 80，转换成二进制 1000 0000，根据品质描述每一位的含义。IV：=1 有效，当前遥测值无效。

第三个信息体数据为第 3 点，测量值为 0，无效。

该段报文包含 3 个以短浮点数上送的遥测值，分别为第 1 点，数据值为 0.995；第 2 点，数据值无效，第 3 点，数据值无效。

实例 9：带品质描述的短浮点数（品质描述为非当前值）

报文举例

子站：68 1C 02 6F F8 E5 0D 83 14 00 01 00 11 40 00 00 00 00 00 40 00 00 00 00 40 00 00 00 00 40

子站报文解析如表 6–19 所示。

表 6–19　实例 9 子站报文解析

启动字符	68H
APDU 长度	1CH
发送序列号 LSB	02H
MSB 发送序列号	6fH
接收序列号 LSB	f8H
MSB 接收序列号	e5H
类型标识	0dH
可变结构限定词（信息体数目）	83H
传送原因（2 字节）	14 00H
应用服务数据单元地址（2 字节）	01 00H
信息体地址（3 字节）	11 40 00
信息体元素	00 00 00 00 40
信息体元素	00 00 00 00 40
信息体元素	00 00 00 00 40

启动字符：68H。

APDU 长度：1CH（28 个字节，即 02 6F F8 E5 0D 90 14 00 01 00 11 40 00 00 00 00 00 40 00 00 00 00 40 00 00 00 00 40）。

控制域八位位组 1：发送序列号：02H（0000 0010，第一个八位位组的第一比特为 0）。

控制域八位位组 2：发送序列号：6fH（0110 1111）。

控制域八位位组 3：接受序列号：f8H（1111 1000，第三个八位位组的第一比特为 0）。

控制域八位位组 4：接受序列号：5fH（0101 1111）。

该帧为 I 格式。

类型标识：0dH（CON<13>：= 量测值，短浮点数）。

可变结构限定词：83H（1000 0011, SQ=1 表示同一种格式的测量值，由信息对象地址来寻址，信息对象地址是顺序信息元素的第一个信息元素地址，后续信息元素的地址是从这个地址起顺次加 1，NUMBER=3，3 个遥测量）。

传送原因：14 00（Cause<20>：= 响应站召唤）。

ASDU 公共地址：01 00，通常为 RTU 地址，地位在前、高位在后，按照字节由高到低排列为 00 01H，转换为十进制为 1。

第一个信息体地址：11 40 00，按字节从高到低排列为 00 40 11H，由于遥测的起始地址为 4001H，则该遥测点转换为十进制为第 17 点。

第一个信息体数据：00 00 00 00 40，其中 00 00 00 00 为测量值，40 为品质描述词。

测量值 00 00 00 00，转换为十进制为 0。

品质描述词 40，转换成二进制 0100 0000，根据品质描述每一位的含义。NT：=1，表示当前遥测值在指定的时间间隔内刷新不成功或者其值不可用，值就称为非当前值。

第二个信息体地址为前一个遥测地址加 1，第二个遥测点为第 18 点。

第二个信息体数据：00 00 00 00 40，其中 00 00 00 00 为测量值，40 为品质描述词。

测量值 00 00 00 00，转换为十进制为 0。

品质描述词 40，转换成二进制 0100 0000，根据品质描述每一位的含义。NT：=1，表示当前遥测值在指定的时间间隔内刷新不成功或者其值不可用，值就称为非当前值。

第三个信息体地址为前一个遥测地址加 1，第二个遥测点为第 18 点。

第三个信息体数据：00 00 00 00 40，其中 00 00 00 00 为测量值，40 为品质描述词。

测量值 00 00 00 00，转换为十进制为 0。

品质描述词 40，转换成二进制 0100 0000，根据品质描述每一位的含义。NT：=1，表示当前遥测值在指定的时间间隔内刷新不成功或者其值不可用，值就称为非当前值。

该段报文包含 3 个以短浮点数上送的遥测值，分别为第 1 点，第 2 点，第 3 点，其品质描述均为非当前值。

第 7 章　遥控

7.1　遥控过程

主站下发遥控选择命令，子站进行遥控选择返校，若成功则回答遥控选择成功报文，若失败则回答失败报文。主站下发取消遥控命令或者遥控执行命令，子站予以确认。子站皆以报文的镜像确认。遥控过程如图 7–1 所示。

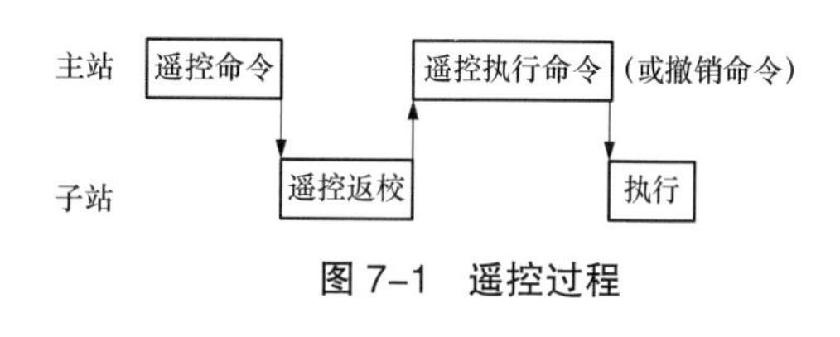

图 7–1　遥控过程

7.2　帧结构

帧结构如表 7–1 所示。

表 7–1　帧结构

帧结构
起始字 68H
APDU 长度（最大 253）
控制域 1
控制域 2
控制域 3
控制域 4
类型标识
可变结构限定词
传送原因
应用服务数据单元公共地址
信息体地址
遥控命令限定词

7.3 报文类型标识

报文类型标识含义如表 7-2 所示。

表 7-2 报文类型标识含义

类型标识	十六进制	十进制	含义
遥控	2d	45	不带时标的单点遥控，每个遥控占 1 个字节，遥控选择分：0x80；遥控执行或遥控撤销分：0x00。遥控选择合：0x81；遥控选择或遥控撤销合：0x01
	2e	46	不带时标的双点遥控，每个遥控占 1 个字节，遥控选择分：0x81；遥控执行或遥控撤销分：0x01。遥控选择合：0x82；遥控执行或遥控撤销合：0x02
	3a	58	带 7 字节长时标的单点遥控，每个遥控占 8 个字节，遥控选择分：0x80；遥控执行或遥控撤销分：0x00。遥控选择合：0x81；遥控选择或遥控撤销合：0x01。遥控命令后带 7 字节的长时标
	3b	59	带 7 字节长时标的双点遥控，每个遥控占 8 个字节，遥控选择分：0x81；遥控执行或遥控撤销分：0x01。遥控选择合：0x82；遥控选择或遥控撤销合：0x02。遥控命令后带 7 字节的长时标

7.4 传送原因

定义数据上传的原因，低位在前高位在后，如表 7-3 所示。

表 7-3 常见传送原因

序号	十六进制	十进制	含义
1	06	6	激活（遥控选择、遥控执行等）
2	07	7	激活确认（遥控选择返校、遥控执行确认等）
3	08	8	停止激活（遥控撤销等）
4	09	9	停止激活确认（遥控撤销确认等）
5	0a	10	激活结束（结束总召、遥控点号超范围、单双点遥控的命令不对等）

7.5 信息体地址分配

遥控：信息对象地址范围为 6001H ~ 6100H。

7.6 实例分析

（1）类型标示为 2d 不带时标的单点遥控：

1）主站发送→遥控选择（见表 7-4）：68 0e 06 00 0a 00 2d 01 06 00 01 00 02 60 00 81。

表 7-4　主站发送遥控选择

启动字符	68H
APDU 长度	0EH
发送序号	06H
发送序号	00H
接收序号	0AH
接收序号	00H
类型标识	2dH（不带时标的单点遥控）
可变结构限定词	01H
传送原因（2 字节）	06 00 H（激活）
应用服务数据单元公共地址（2 字节）	01 00H
信息体地址（3 字节）	02 60 00H（信息体地址，遥控号 =0x6002–0x6001=1）
信息体元素（1 字节）	81H（控合）

2）从站发送→遥控返校（见表 7-5）：68 0E 0A 00 06 00 2D 01 07 00 01 00 02 60 00 81。

表 7-5　从站发送遥控返校

启动字符	68H
APDU 长度	0EH
发送序号	0AH
发送序号	00H
接收序号	06H
接收序号	00H
类型标识	2dH（不带时标的单点遥控）
可变结构限定词	01H
传送原因（2 字节）	07 00 H（激活确认）
应用服务数据单元公共地址（2 字节）	01 00H
信息体地址（3 字节）	02 60 00H（信息体地址，遥控号 =0x6002–0x6001=1）
信息体元素（1 字节）	81H（控合）

3）主站发送→遥控执行（见表 7-6）：68 0E 08 00 0C 00 2D 01 06 00 01 00 02 60 00 01。

表 7-6　主站发送遥控执行

启动字符	68H
APDU 长度	0EH
发送序号	08H
发送序号	00H

续表

接收序号	0CH
接收序号	00H
类型标识	2dH（不带时标的单点遥控）
可变结构限定词	01H
传送原因（2 字节）	06 00 H（激活）
应用服务数据单元公共地址（2 字节）	01 00H
信息体地址（3 字节）	02 60 00H（信息体地址，遥控号 =0x6002−0x6001=1）
信息体元素（1 字节）	01H（控合）

4）从站发送→执行确认（见表 7−7）：68 0E 0C 00 08 00 2D 01 07 00 01 00 02 60 00 01。

表 7−7　从站发送执行确认

启动字符	68H
APDU 长度	0EH
发送序号	0CH
发送序号	00H
接收序号	08H
接收序号	00H
类型标识	2dH（不带时标的单点遥控）
可变结构限定词	01H
传送原因（2 字节）	07 00 H（激活确认）
应用服务数据单元公共地址（2 字节）	01 00H
信息体地址（3 字节）	02 60 00H（信息体地址，遥控号 =0x6002−0x6001=1）
信息体元素（1 字节）	01H（控合）

5）主站发送→遥控撤销（见表 7−8）：68 0E 04 00 0E 00 2D 01 08 00 01 00 02 60 00 01。

表 7−8　主站发送遥控撤销

启动字符	68H
APDU 长度	0EH
发送序号	04H
发送序号	00H
接收序号	0eH
接收序号	00H
类型标识	2dH（不带时标的单点遥控）
可变结构限定词	01H

续表

传送原因（2 字节）	08 00 H（停止激活）
应用服务数据单元公共地址（2 字节）	01 00H
信息体地址（3 字节）	02 60 00H（信息体地址，遥控号 =0x6002–0x6001=1）
信息体元素（1 字节）	01H（控合）

6）从站发送→撤销确认（见表 7–9）：68 0E 0E 00 08 00 2D 01 09 00 01 00 02 60 00 01。

表 7–9　从站发送撤销确认

启动字符	68H
APDU 长度	0EH
发送序号	0EH
发送序号	00H
接收序号	08H
接收序号	00H
类型标识	2dH（不带时标的单点遥控）
可变结构限定词	01H
传送原因（2 字节）	09 00 H（停止激活确认）
应用服务数据单元公共地址（2 字节）	01 00H
信息体地址（3 字节）	02 60 00H（信息体地址，遥控号 =0x6002–0x6001=1）
信息体元素（1 字节）	01H（控合）

遥控选择时，如果遥控点号超范围或者遥控命令与类型标示符不符时，装置发送激活结束：

7）从站发送→激活结束（见表 7–10）：68 0E 0E 00 08 00 2D 01 0A 00 01 00 02 60 00 01。

表 7–10　从站发送激活结束

启动字符	68H
APDU 长度	0EH
发送序号	0Eh
发送序号	00H
接收序号	08H
接收序号	00H
类型标识	2dH（不带时标的单点遥控）
可变结构限定词	01H
传送原因（2 字节）	0a 00 H（停止激活确认）
应用服务数据单元公共地址（2 字节）	01 00H
信息体地址（3 字节）	02 60 00H（信息体地址，遥控号 =0x6002–0x6001=1）
信息体元素（1 字节）	01H（控合）

（2）类型标示为 2e 不带时标的双点遥控：

1）主站发送→遥控选择（见表 7-11）：68 0E 04 00 9C 00 2E 01 06 00 02 00 02 60 00 82。

表 7-11　　主站发送遥控选择

启动字符	68H
APDU 长度	0EH
发送序号	04H
发送序号	00H
接收序号	9Ch
接收序号	00H
类型标识	2eH（不带时标的双点遥控）
可变结构限定词	01H
传送原因（2 字节）	06 00 H（遥控选择）
应用服务数据单元公共地址（2 字节）	02 00H
信息体地址（3 字节）	02 60 00H（信息体地址，遥控号 =0x6002-0x6001=1）
信息体元素（1 字节）	82H（遥控选择合）

2）从站发送→遥控返校（见表 7-12）：68 0E 9C 00 06 00 2E 01 07 00 02 00 02 60 00 82。

表 7-12　　从站发送遥控返校

启动字符	68H
APDU 长度	0EH
发送序号	9CH
发送序号	00H
接收序号	06H
接收序号	00H
类型标识	2eH（不带时标的双点遥控）
可变结构限定词	01H
传送原因（2 字节）	07 00 H（激活确认）
应用服务数据单元公共地址（2 字节）	02 00H
信息体地址（3 字节）	02 60 00H（信息体地址，遥控号 =0x6002-0x6001=1）
信息体元素（1 字节）	82H（遥控选择合）

3）主站发送→遥控执行（见表 7-13）：68 0E 06 00 9E 00 2E 01 06 00 02 00 02 60 00 02。

表 7-13　　主站发送遥控执行

启动字符	68H
APDU 长度	0EH

续表

发送序号	06H
发送序号	00H
接收序号	9EH
接收序号	00H
类型标识	2eH（不带时标的双点遥控）
可变结构限定词	01H
传送原因（2 字节）	06 00 H（遥控选择）
应用服务数据单元公共地址（2 字节）	02 00H
信息体地址（3 字节）	02 60 00H（信息体地址，遥控号 =0x6002−0x6001=1）
信息体元素（1 字节）	02H（遥控执行合）

4）从站发送→执行确认（见表 7–14）：68 0E 9E 00 08 00 2E 01 07 00 02 00 02 60 00 02。

表 7–14　　　　从站发送执行确认

启动字符	68H
APDU 长度	0EH
发送序号	9eH
发送序号	00H
接收序号	08H
接收序号	00H
类型标识	2EH（不带时标的双点遥控）
可变结构限定词	01H
传送原因（2 字节）	07 00 H（激活确认）
应用服务数据单元公共地址（2 字节）	02 00H
信息体地址（3 字节）	02 60 00H（信息体地址，遥控号 =0x6002−0x6001=1）
信息体元素（1 字节）	02H（遥控执行合）

5）主站发送→遥控撤销（见表 7–15）：68 0E 04 00 0E 00 2E 01 08 00 01 00 02 60 00 01。

表 7–15　　　　主站发送遥控撤销

启动字符	68H
APDU 长度	0EH
发送序号	04H
发送序号	00H
接收序号	0eH
接收序号	00H

续表

类型标识	2eH（不带时标的双点遥控）
可变结构限定词	01H
传送原因（2 字节）	08 00 H（停止激活）
应用服务数据单元公共地址（2 字节）	01 00H
信息体地址（3 字节）	02 60 00H（信息体地址，遥控号 =0x6002-0x6001=1）
信息体元素（1 字节）	01H（控合）

6）从站发送→撤销确认（见表 7-16）：68 0E 0E 00 04 00 2E 01 09 00 01 00 02 60 00 01。

表 7-16　　从站发送撤销确认

启动字符	68H
APDU 长度	0EH
发送序号	0EH
发送序号	00H
接收序号	04H
接收序号	00H
类型标识	2eH（不带时标的双点遥控）
可变结构限定词	01H
传送原因（2 字节）	09 00 H（停止激活确认）
应用服务数据单元公共地址（2 字节）	01 00H
信息体地址（3 字节）	02 60 00H（信息体地址，遥控号 =0x6002-0x6001=1）
信息体元素（1 字节）	01H（控合）

遥控选择时，如果遥控点号超范围或者遥控命令与类型标示符不符时，装置发送激活结束：

7）从站发送→激活结束（见表 7-17）：68 0E A0 00 08 00 2E 01 0A 00 02 00 02 60 00 02。

表 7-17　　从站发送激活结束

启动字符	68H
APDU 长度	0EH
发送序号	a0H
发送序号	00H
接收序号	08H
接收序号	00H
类型标识	2eH（不带时标的双点遥控）
可变结构限定词	01H

续表

传送原因（2 字节）	0a 00 H（激活结束）
应用服务数据单元公共地址（2 字节）	02 00H
信息体地址（3 字节）	02 60 00H（信息体地址，遥控号 =0x6002–0x6001=1）
信息体元素（1 字节）	02H（遥控执行合）

（3）以类型标示为 3b 带 7 字节长时标的双点遥控为例：

1）主站发送→遥控选择（见表 7–18）：68 15 02 00 06 00 3B 01 06 00 01 00 01 06 00 81 F2 79 1A 0B 02 09 10。

表 7–18　　主站发送遥控选择

启动字符	68H
APDU 长度	15H
发送序号	02H
发送序号	00H
接收序号	06H
接收序号	00H
类型标识	3bH（带 7 字节长时标的双点遥控）
可变结构限定词	01H
传送原因（2 字节）	06 00 H（遥控选择）
应用服务数据单元公共地址（2 字节）	01 00H
信息体地址（3 字节）	01 60 00H（信息体地址，遥控号 =0x6001–0x6001=0）
信息体元素（1 字节）	81H（遥控选择分）
时标（7 字节）f2（ms 低位）79（ms 高位）1a（分钟）0b（小时）02（星期加日）09（月）10（年）	

2）从站发送→遥控返校（见表 7–19）：68 15 06 00 02 00 3B 01 07 00 01 00 01 06 00 81 F2 79 1A 0B 02 09 10。

表 7–19　　从站发送遥控返校

启动字符	68H
APDU 长度	15H
发送序号	06H
发送序号	00H
接收序号	02H
接收序号	00H
类型标识	3bH（带 7 字节长时标的双点遥控）
可变结构限定词	01H

续表

传送原因（2 字节）	07 00 H（激活确认）
应用服务数据单元公共地址（2 字节）	01 00H
信息体地址（3 字节）	01 60 00H（信息体地址，遥控号 =0x6001-0x6001=0）
信息体元素（1 字节）	81H（遥控选择分）
时标（7 字节）f2（ms 低位）79（ms 高位）1a（分钟）0b（小时）02（星期加日）09（月）10（年）	

3）主站发送→遥控执行（见表 7-20）：68 15 04 00 08 00 3B 01 06 00 01 00 01 06 00 01 F2 79 1A 0B 02 09 10。

表 7-20　　主站发送遥控执行

启动字符	68H
APDU 长度	15H
发送序号	04H
发送序号	00H
接收序号	08H
接收序号	00H
类型标识	3bH（带 7 字节长时标的双点遥控）
可变结构限定词	01H
传送原因（2 字节）	06 00 H（遥控执行）
应用服务数据单元公共地址（2 字节）	01 00H
信息体地址（3 字节）	01 60 00H（信息体地址，遥控号 =0x6001-0x6001=0）
信息体元素（1 字节）	01H（遥控执行分）
时标（7 字节）f2（ms 低位）79（ms 高位）1a（分钟）0b（小时）02（星期加日）09（月）10（年）	

4）从站发送→执行确认（见表 7-21）：68 15 08 00 04 00 3B 01 07 00 01 00 01 06 00 01 F2 79 1A 0B 02 09 10。

表 7-21　　从站发送执行确认

启动字符	68H
APDU 长度	15H
发送序号	08H
发送序号	00H
接收序号	04H
接收序号	00H
类型标识	3bH（带 7 字节长时标的双点遥控）
可变结构限定词	01H

续表

传送原因（2 字节）	07 00 H（遥控执行确认）
应用服务数据单元公共地址（2 字节）	01 00H
信息体地址（3 字节）	01 60 00H（信息体地址，遥控号 =0x6001–0x6001=0）
信息体元素（1 字节）	01H（遥控执行分）
时标（7 字节）f2（ms 低位）79（ms 高位）1a（分钟）0b（小时）02（星期加日）09（月）10（年）	

5）主站发送→遥控撤销（见表 7–22）：68 15 06 00 0A 00 3B 01 08 00 01 00 01 06 00 01 F2 79 1A 0B 02 09 10。

表 7–22　　主站发送遥控撤销

启动字符	68H
APDU 长度	15H
发送序号	06H
发送序号	00H
接收序号	0aH
接收序号	00H
类型标识	3bH（带 7 字节长时标的双点遥控）
可变结构限定词	01H
传送原因（2 字节）	08 00 H（遥控撤销）
应用服务数据单元公共地址（2 字节）	01 00H
信息体地址（3 字节）	01 60 00H（信息体地址，遥控号 =0x6001–0x6001=0）
信息体元素（1 字节）	01H（遥控撤销分）
时标（7 字节）f2（ms 低位）79（ms 高位）1a（分钟）0b（小时）02（星期加日）09（月）10（年）	

6）从站发送→撤销确认（见表 7–23）：68 15 0A 00 06 00 3B 01 09 00 01 00 01 06 00 01 F2 79 1A 0B 02 09 10。

表 7–23　　从站发送撤销确认

启动字符	68H
APDU 长度	15H
发送序号	0aH
发送序号	00H
接收序号	06H
接收序号	00H
类型标识	3bH（带 7 字节长时标的双点遥控）
可变结构限定词	01H

续表

传送原因（2 字节）	09 00 H（遥控撤销确认）
应用服务数据单元公共地址（2 字节）	01 00H
信息体地址（3 字节）	01 60 00H（信息体地址，遥控号 =0x6001–0x6001=0）
信息体元素（1 字节）	01H（遥控撤销分）
时标（7 字节）f2（ms 低位）79（ms 高位）1a（分钟）0b（小时）02（星期加日）09（月）10（年）	

遥控选择时，如果遥控点号超范围或者遥控命令与类型标示符不符时，装置发送激活结束：

7）从站发送→激活结束（见表 7–24）：68 15 0E 00 08 00 3B 01 0A 00 01 00 01 06 00 01 F2 79 1A 0B 02 09 10。

表 7–24　**从站发送激活结束**

启动字符	68H
APDU 长度	15H
发送序号	0EH
发送序号	00H
接收序号	08H
接收序号	00H
类型标识	3BH（带 7 字节长时标的双点遥控）
可变结构限定词	01H
传送原因（2 字节）	0A 00 H（激活结束）
应用服务数据单元公共地址（2 字节）	01 00H
信息体地址（3 字节）	01 60 00H（信息体地址，遥控号 =0x6001–0x6001=0）
信息体元素（1 字节）	01H（遥控撤销分）
时标（7 字节）F2（MS 低位）79（MS 高位）1A（分钟）0B（小时）02（星期加日）09（月）10（年）	

第8章　遥调

8.1　遥调的意义

遥调是指远程调节。从主站向厂站下发遥调命令，厂站装置接受并执行遥调命令，对远程的控制量设备进行远程调试，如调节主变分接头挡位、调节消弧线圈档位、调节发电机输出功率等。

遥调报文和遥控报文采用相似的结构和应用流程，应用流程为：

（1）主站发送遥调选择命令；

（2）子站返回遥调返校；

（3）主站下发遥调执行命令；

（4）子站返回遥调执行命令；

（5）遥调执行完成后，子站返回遥调操作结束命令。

8.2　四遥信息体基地址范围

信息体基地址范围如表 8–1 所示。

表 8–1　信息体基地址范围

数据类型	基地址范围	信息量
遥信	1H~4000H	16384
遥测	4001H~5000H	4096
遥控（遥调）	6001H~6100H	256
设点	6201H~6400H	512
电度	6401H~6600H	512

8.3　报文字节数的设置

报文字节数的设置如表 8–2 所示。

表 8-2　　报文字节数设置方式

类别	配置方式
公共地址字节数	2
传送原因字节数	2
信息体地址字节数	3

此配置要根据主站来定，有的主站可能设为1、1、2，从站要与主站保持一致。

8.4　报文结构

主站由遥控命令来实现挡位的遥调，问答过程为遥控选择命令以遥控选择确认帧回答，遥控执行命令以遥控执行确认帧回答。主站发送遥调选择命令（类型标识为45/46，传送原因为6，S/E=1），子站返回遥调返校（类型标识为45/46，传送原因为7，S/E=1）；主站下发遥调执行命令（类型标识为45/46，传送原因为6，S/E=0），子站返回遥调执行确认（类型标识为45/46，传送原因为7，S/E=0）；主站下发撤销执行命令（类型标识为45/46，传送原因为8，S/E=0），子站返回撤销执行确认（类型标识为45/46，传送原因为9，S/E=0）；当遥调操作执行完毕后，子站返回遥调操作结束命令（类型标识为45/46，传送原因为10，S/E=0）。遥调帧格式如表8-3所示。

表 8-3　　遥调帧格式

启动字符	
APDU长度	
发送序列号N（S）LSB	0
MSB发送序列号N（S）	
接收序列号N（S）LSB	0
MSB接收序列号N（S）	
类型标识	
0	可变结构限定词
传送原因	
应用服务数据单元公共地址	
信息体地址	
SCO/DCO	

启动字符：68H

APDU长度：是指应用规约数据单元，即除启动字符与长度字节的所有字节，最大253。

控制域：长度为4个八位位组，I帧格式，其控制域中具有编号的信息传输，报文中的“发送序号”与“接收序号”具有抗报文丢失功能。I帧报文的标志为：控制域第一个八位位组的第一位比特为0，控制域第三个八位位组的第一位比特为0，如表8-4所示。

表 8-4　　I帧格式控制域

发送序列号N（S）LSB	0
MSB发送序列号N（S）	
接收序列号N（S）LSB	0
MSB接收序列号N（S）	

类型标识：2DH单点控制；2EH双点控制。

可变结构限定词：01H，1个信息字。

传送原因：

<6>：■激活

<7>：= 激活确认

<8>：= 停止激活

<9>：= 停止激活确认

<10>：= 激活结束

应用服务数据单元公共地址：01 00H，通常为 RTU 地址。

信息体地址：长度为 3 个八位位组，由低到高，例如 08 60 00，表示 006008，遥调基地址从 6001 开始，此地址为第八个遥控点。信息体地址结构如表 8–5 所示。

表 8–5 信息体地址结构

信息体地址低字节
…
信息体地址高字节

信息体数据：遥调命令

单点遥控命令 SCO，类型标识为 45，格式如表 8–6 所示。

表 8–6 单点遥控信息元素格式

bit	8	7	6	5	4	3	2	1
	S/E	QU					0	SCS

双点遥控命令 DCO，类型标识为 46，格式如表 8–7 所示。

表 8–7 双点遥控信息元素格式

bit	8	7	6	5	4	3	2	1
	S/E	QU					DCS	

S/E：=bit8<0~1>

<0>：= 执行

<1>：= 选择

QU：= 输出方式，bit2~bit7 <0~31>，目前固定为 0。

<0>：= 无另外的定义

<1>：= 短脉冲持续时间（断路器），持续时间由远方终端系统参数决定

<2>：= 长脉冲持续时间，持续时间由远方终端系统参数决定

<3>：= 持续输出

<4~8>：= 为配套标准保留（兼容范围）

<9~15>：= 为其他预先定义的功能选集保留

<16~31>：= 为特殊用途保留（专用范围）

SCS：= 单点遥调状态，bit1 <0~1>；

<0>：= 降档

<1>：= 升档

DCS：= 双点遥调状态，bit1~bit2 <0~3>；

<0>：= 不允许

<1>：= 降档

<2>：= 升档

<3>：= 不允许

8.5 遥调报文解析

以公共地址字节数 =2，传送原因字节数 =2，信息体地址字节数 =3 为例对一些基本的报文分析。

1. 单点控制——遥调降档

实例 1 主站：68 0e 24 07 1a b1 2d 01 06 00 01 00 08 60 00 80（降档选择激活）。

单点遥调降档选择命令的激活帧如表 8-8 所示。

表 8-8　　单点遥调降档选择命令的激活帧

<table>
<tr><td colspan="4">启动字符</td><td colspan="4">68H</td></tr>
<tr><td colspan="4">APDU 长度</td><td colspan="4">0eH</td></tr>
<tr><td colspan="4">发送序号 N（S）</td><td colspan="4">24H</td></tr>
<tr><td colspan="4">发送序号 N（S）</td><td colspan="4">07H</td></tr>
<tr><td colspan="4">接收序号 N（R）</td><td colspan="4">1AH</td></tr>
<tr><td colspan="4">接收序号 N（R）</td><td colspan="4">B1H</td></tr>
<tr><td colspan="4">类型标识</td><td colspan="4">2dH</td></tr>
<tr><td colspan="4">可变结构限定词</td><td colspan="4">01H</td></tr>
<tr><td colspan="4">传送原因</td><td colspan="4">06 00H</td></tr>
<tr><td colspan="4">应用服务数据单元公共地址</td><td colspan="4">01 00H</td></tr>
<tr><td colspan="4">信息体地址</td><td colspan="4">08 60 00H</td></tr>
<tr><td>1</td><td>0</td><td>0</td><td>0</td><td>0</td><td>0</td><td>0</td><td>0</td></tr>
</table>

报文解释：

类型标识：2DH，单点控制。

可变限定词：01H，1 个信息字。

传送原因：06 00H，选择激活。

公共地址：01 00H，通常为 RTU 地址。

信息体地址：08 60 00H，第 8 个遥控。

信息体元素：80H，S/E：1，为遥调选择，SCS=0，为遥调降档。

实例 2 子站：68 0E 1C B1 26 07 2D 01 07 00 01 00 08 60 00 80（降档选择激活确认）

报文解释：

类型标识：2DH，单点控制。

可变限定词：01H，1 个信息字。

传送原因：07 00H，选择激活确认。

公共地址：01 00H，通常为 RTU 地址。

信息体地址：08 60 00H，第 8 个遥控点。

信息体元素：80H，S/E：1，为遥调选择，SCS=0，为遥调降档。

实例 3 主站：68 0E 26 07 26 B1 2D 01 06 00 01 00 08 60 00 00（降档执行激活）

报文解释：

类型标识：2DH，单点控制。

可变限定词：01H，1 个信息字。

传送原因：06 00H，执行激活。

公共地址：01 00H，通常为 RTU 地址。

信息体地址：08 60 00H，第 8 个遥控点。

信息体元素：00H，S/E：0，为遥调执行，SCS=0，为遥调降档。

实例 4 子站：68 0E 2A B1 28 07 2D 01 07 00 01 00 08 60 00 00（降档执行激活确认）

报文解释：

类型标识：2DH，单点控制。

可变限定词：01H，1 个信息字。

传送原因：07 00H，执行激活确认。

公共地址：01 00H，通常为 RTU 地址。

信息体地址：08 60 00H，第 8 个遥控点。

信息体元素：00H，S/E：0，为遥调执行，SCS=0，为遥调降档。

实例 5 子站：68 0E 2A B1 28 07 2D 01 0A 00 01 00 08 60 00 00（降档结束）

报文解释：

类型标识：2DH，单点控制。

可变限定词：01H，1 个信息字。

传送原因：0a 00H，激活终止。

公共地址：01 00H，通常为 RTU 地址。

信息体地址：08 60 00H，第 8 个遥控点。

信息体元素：00H，S/E：0，为遥调执行，SCS=0，为遥调降档。

2. 单点控制——遥调升档

实例 6 主站：68 0E 24 07 1A B1 2D 01 06 00 01 00 08 60 00 81（升档选择激活）

报文解释：

类型标识：2DH，单点控制。

可变限定词：01H，1 个信息字。

传送原因：06 00H，选择激活。

公共地址：01 00H，通常为 RTU 地址。
信息体地址：08 60 00H，第 8 个遥控。
信息体元素：81H，S/E：1，为遥调选择，SCS=1，为遥调升档。
实例 7 子站：68 0E 1C B1 26 07 2D 01 07 00 01 00 08 60 00 81（升档选择激活确认）
报文解释：
类型标识：2DH，单点控制。
可变限定词：01H，1 个信息字。
传送原因：07 00H，选择激活确认。
公共地址：01 00H，通常为 RTU 地址。
信息体地址：08 60 00H，第 8 个遥控点。
信息体元素：81H，S/E：1，为遥调选择，SCS=1，为遥调升档。
实例 8 主站：68 0E 26 07 26 B1 2D 01 06 00 01 00 08 60 00 01（升档执行激活）
报文解释：
类型标识：2DH，单点控制。
可变限定词：01H，1 个信息字。
传送原因：06 00H，执行激活。
公共地址：01 00H，通常为 RTU 地址。
信息体地址：08 60 00H，第 8 个遥控点。
信息体元素：01H，S/E：0，为遥调执行，SCS=1，为遥调升档。
实例 9 子站：68 0E 2A B1 28 07 2D 01 07 00 01 00 08 60 00 01（升档执行激活确认）
报文解释：
类型标识：2DH，单点控制。
可变限定词：01H，1 个信息字。
传送原因：07 00H，执行激活确认。
公共地址：01 00H，通常为 RTU 地址。
信息体地址：08 60 00H，第 8 个遥控点。
信息体元素：01H，S/E：0，为遥调执行，SCS=1，为遥调升档。
实例 10 子站：68 0E 2A B1 28 07 2D 01 0A 00 01 00 08 60 00 01（升档结束）
报文解释：
类型标识：2DH，单点控制。
可变限定词：01H，1 个信息字。
传送原因：0a 00H，激活终止。
公共地址：01 00H，通常为 RTU 地址。
信息体地址：08 60 00H，第 8 个遥控点。
信息体元素：01H，S/E：0，为遥调执行，SCS=1，为遥调升档。

3. 双点控制——遥调降档

实例 11 主站：68 0E 24 07 1A B1 2E 01 06 00 01 00 08 60 00 81（降档选择激活）

双点遥调降档选择命令的激活帧如表 8-9 所示。

表 8-9　双点遥调降档选择命令的激活帧

<table>
<tr><td colspan="4">启动字符</td><td colspan="4">68H</td></tr>
<tr><td colspan="4">APDU 长度</td><td colspan="4">0eH</td></tr>
<tr><td colspan="4">发送序号 N（S）</td><td colspan="4">24H</td></tr>
<tr><td colspan="4">发送序号 N（S）</td><td colspan="4">07H</td></tr>
<tr><td colspan="4">接收序号 N（R）</td><td colspan="4">1aH</td></tr>
<tr><td colspan="4">接收序号 N（R）</td><td colspan="4">b1H</td></tr>
<tr><td colspan="4">类型标识</td><td colspan="4">2eH</td></tr>
<tr><td colspan="4">可变结构限定词</td><td colspan="4">01H</td></tr>
<tr><td colspan="4">传送原因</td><td colspan="4">06 00H</td></tr>
<tr><td colspan="4">应用服务数据单元公共地址</td><td colspan="4">01 00H</td></tr>
<tr><td colspan="4">信息体地址</td><td colspan="4">08 60 00H</td></tr>
<tr><td>1</td><td>0</td><td>0</td><td>0</td><td>0</td><td>0</td><td>0</td><td>1</td></tr>
</table>

报文解释：

类型标识：2EH，双点控制。

可变限定词：01H，1 个信息字。

传送原因：06 00H，选择激活。

公共地址：01 00H，通常为 RTU 地址。

信息体地址：08 60 00H，第 8 个遥控。

信息体元素：81H，S/E：1，为遥调选择，DCS=1，为遥调降档。

实例 12 子站：68 0E 1C B1 26 07 2E 01 07 00 01 00 08 60 00 81（降档选择激活确认）

报文解释：

类型标识：2EH，双点控制。

可变限定词：01H，1 个信息字。

传送原因：07 00H，选择激活确认。

公共地址：01 00H，通常为 RTU 地址。

信息体地址：08 60 00H，第 8 个遥控点。

信息体元素：81H，S/E：1，为遥调选择，DCS=1，为遥调降档。

实例 13 主站：68 0E 26 07 26 B1 2E 01 06 00 01 00 08 60 00 01（降档执行激活）

报文解释：

类型标识：2EH，双点控制。

可变限定词：01H，1 个信息字。

传送原因：06 00H，执行激活。

公共地址：01 00H，通常为 RTU 地址。

信息体地址：08 60 00H，第 8 个遥控点。

信息体元素：01H，S/E：0，为遥调执行，DCS=1，为遥调降档。

实例 14 子站：68 0E 2A B1 28 07 2E 01 07 00 01 00 08 60 00 01（降档执行激活确认）

报文解释：

类型标识：2EH，双点控制。

可变限定词：01H，1 个信息字。

传送原因：07 00H，执行激活确认。

公共地址：01 00H，通常为 RTU 地址。

信息体地址：08 60 00H，第 8 个遥控点。

信息体元素：01H，S/E：0，为遥调执行，DCS=1，为遥调降档。

实例 15 子站：68 0E 2A B1 28 07 2E 01 0A 00 01 00 08 60 00 01（降档结束）

报文解释：

类型标识：2EH，双点控制。

可变限定词：01H，1 个信息字。

传送原因：0a 00H，激活终止。

公共地址：01 00H，通常为 RTU 地址。

信息体地址：08 60 00H，第 8 个遥控点。

信息体元素：01H，S/E：0，为遥调执行，DCS=1，为遥调降档。

4. 双点控制——遥调升档

实例 16 主站：68 0E 24 07 1A B1 2E 01 06 00 01 00 08 60 00 82（升档选择激活）

报文解释：

类型标识：2EH，双点控制。

可变限定词：01H，1 个信息字。

传送原因：06 00H，选择激活。

公共地址：01 00H，通常为 RTU 地址。

信息体地址：08 60 00H，第 8 个遥控。

信息体元素：82H，S/E：1，为遥调选择，DCS=2，为遥调升档。

实例 17 子站：68 0E 1C B1 26 07 2E 01 07 00 01 00 08 60 00 82（升档选择激活确认）

报文解释：

类型标识：2EH，双点控制。

可变限定词：01H，1 个信息字。

传送原因：07 00H，选择激活确认。

公共地址：01 00H，通常为 RTU 地址。

信息体地址：08 60 00H，第 8 个遥控点。

信息体元素：82H，S/E：1，为遥调选择，DCS=2，为遥调升档。

实例 18 主站：68 0E 26 07 26 B1 2E 01 06 00 01 00 08 60 00 02（升档执行激活）

报文解释：

类型标识：2EH，双点控制。

可变限定词：01H，1 个信息字。

传送原因：06 00H，执行激活。

公共地址：01 00H，通常为 RTU 地址。

信息体地址：08 60 00H，第 8 个遥控点。

信息体元素：02H，S/E：0，为遥调执行，DCS=2，为遥调升档。

实例 19 子站：68 0E 2A B1 28 07 2E 01 07 00 01 00 08 60 00 02（升档执行激活确认）

报文解释：

类型标识：2EH，双点控制。

可变限定词：01H，1 个信息字。

传送原因：07 00H，执行激活确认。

公共地址：01 00H，通常为 RTU 地址。

信息体地址：08 60 00H，第 8 个遥控点。

信息体元素：02H，S/E：0，为遥调执行，DCS=2，为遥调升档。

实例 20 子站：68 0E 2A B1 28 07 2E 01 0A 00 01 00 08 60 00 02（升档结束）

报文解释：

类型标识：2EH，双点控制。

可变限定词：01H，1 个信息字。

传送原因：0a 00H，激活终止。

公共地址：01 00H，通常为 RTU 地址。

信息体地址：08 60 00H，第 8 个遥控点。

信息体元素：02H，S/E：0，为遥调执行，DCS=2，为遥调升档。

5. 遥调撤销过程

实例 21 主站：68 0E 2A B1 28 07 2E 01 08 00 01 00 08 60 00 82（遥调撤销激活）

报文解释：

类型标识：2EH。

可变限定词：01H。

传送原因：08 00H，停止激活。

公共地址：01 00H。

信息体地址：08 60 00H。

信息体元素：82H。

实例 22 子站：68 0E 2A B1 28 07 2E 01 09 00 01 00 08 60 00 82（遥调撤销激活确认）

报文解释：

类型标识：2EH。

可变限定词：01H。

传送原因：09 00H，停止激活确认。

公共地址：01 00H。

信息体地址：08 60 00H。

信息体元素：82H。

实例 23 子站：68 0E 2A B1 28 07 2E 01 0A 00 01 00 08 60 00 82（遥调结束）

报文解释：

类型标识：2EH。

可变限定词：01。

传送原因：0a 00H，激活终止。

公共地址：01 00H。

信息体地址：08 60 00H。

信息体元素：82H。

6. 遥调失败

实例 24 子站：68 0E 62 3C CE 1C 2E 01 47 00 01 00 08 60 00 82（遥调选择失败）

报文解释：

类型标识：2EH。

可变限定词：01H。

传送原因：47 00H，未知的信息对象地址。

公共地址：01 00H。

信息体地址：08 60 00H。

信息体元素：82H，S/E：1，为遥调选择。

实例 25 子站：68 0E 62 3C CE 1C 2E 01 47 00 01 00 08 60 00 02（遥调执行失败）

报文解释：

类型标识：2EH。

可变限定词：01H。

传送原因：47 00H，未知的信息对象地址。

公共地址：01 00H。

信息体地址：08 60 00H。

信息体元素：02H，S/E：0，为遥调执行。

第9章　时钟报文

9.1　时钟同步的意义

2016年，国家电网有限公司发布了《全面推进智能计量体系建设的意见》，其中，在提升采集效率方面，对负荷管理、有序供电管理、有序用能管理，它的重要事件、时钟同步、档案同步和设备状态的监测要达到1分钟采集要求。电力作为一种关系到民用、工业及科技发展的基础性资源，是社会和经济运行的总开关，保障电力系统的安全稳定运行显得极其重要。现代电力系统的覆盖范围非常广泛，为全面、实时地、准确地监控电力系统的运行状态，以便分析事故发展的过程与原因，电力系统的各系统之间需采用一个统一的时间信息源，从而对时钟同步的需求显得极为迫切。

近年来电力系统自动化技术迅速发展，发电厂自动化控制系统、变电站综自系统、调度自动化系统、PMU、故障录波装置、微机继电保护装置等的广泛应用，也离不开时间记录和统一的时间基准。通过时钟同步技术为每个系统馈送的正确时钟信号，结合自动化运行设备的实时测量功能，实现了对线路的故障的检测、对相量和功角动态监测、提高在电网事故中分析和判断故障的准确率，提高了在电网运行中控制机组和电网参数检验的准确性。各级调度机构、发电厂、变电站、监控中心等都需要有精准的时钟同步，确保实时数据采集时间一致性，提高线路故障测距、相量和功角动态监测、机组和电网参数校验的准确性，从而提高电网事故分析和稳定控制的水平，提高电网运行效率和可靠性，适应我国大电网互联，智能电网的发展需要。

控制站向被控制站发送时间同步帧，被控制站收到后立即更新系统时间，并向控制站发送同步确认帧。现计算机监控系统安装了全球定位系统（GPS），校时过程作为同步时钟失效后的后备措施。电力时钟同步系统选用两路外部B码基准，提供高可靠性、高冗余度的时间基准信号，并采用先进的时间频率测控技术驯服晶振，使守时电路输出的时间同步信号精密同步在GPS、外部B码的时间基准上，输出短期和长期稳定度都十分优良的高精度同步信号。

建设全网统一的时间同步网固然是解决全电网时间同步问题的好方法。但就能否精确补偿时间信号传输时延、如何利用通道资源、如何建设高可靠性高时间精度的时间同步网及其投资代价等方面的综合性问题，目前仍处于探讨阶段。结合我国电网现状，首先建设好电网每个基本单元的电厂（变电站）内时间同步系统，即时间同步子系统是迫切需要解决的。这不但对提高电力系统稳定运行极其重要，而且也为将来建设全网的时钟同步网打下良好的基础。

9.2 时钟的帧结构

时钟帧结构如表 9-1 所示。

表 9-1　　时钟帧结构

<table>
<tr><td>启动字符</td><td>68H</td></tr>
<tr><td colspan="2">APDU 长度</td></tr>
<tr><td>发送序列号 N（S）LSB</td><td>0</td></tr>
<tr><td colspan="2">MSB　发送序列号 N（S）</td></tr>
<tr><td>接收序列号 N（R）LSB</td><td>0</td></tr>
<tr><td colspan="2">MSB　接收序列号 N（R）</td></tr>
<tr><td colspan="2">类型标识</td></tr>
<tr><td colspan="2">可变结构限定词（信息体数目）</td></tr>
<tr><td colspan="2">传送原因（2 字节）</td></tr>
<tr><td colspan="2">应用服务数据单元公共地址（2 字节）</td></tr>
<tr><td colspan="2">信息体地址（3 字节）</td></tr>
<tr><td colspan="2">Miliseconds（2 字节）</td></tr>
<tr><td colspan="2">Miliseconds（2 字节）</td></tr>
<tr><td colspan="2">Minutes（2 字节）</td></tr>
<tr><td colspan="2">Hours（2 字节）</td></tr>
<tr><td colspan="2">DAY of MONTH（2 字节）</td></tr>
<tr><td colspan="2">Month（2 字节）</td></tr>
<tr><td colspan="2">Years（2 字节）</td></tr>
</table>

9.2.1 常用的带时标类型标识

CON<30>：= 带 CP56Time2a 时标的单点信息；

CON<31>：= 带 CP56Time2a 时标的双点信息；

CON<32>：= 带 CP56Time2a 时标的步位置信息；

CON<33>：= 带 CP56Time2a 时标的 32 比特串；

CON<34>：= 带 CP56Time2a 时标的测量值，归一化值；

CON<35>：= 带 CP56Time2a 时标的测量值，标度化值；

CON<36>：= 带 CP56Time2a 时标的测量值，短浮点值；

CON<37>：= 带 CP56Time2a 时标的累计量；

CON<38>：= 带 CP56Time2a 时标的继电保护装置事件；

CON<39>：= 带 CP56Time2a 时标的继电保护装置成组启动事件；

CON<40>：= 带 CP56Time2a 时标的继电保护装置成组输出电路信息；

CON<58>：= 带 CP56Time2a 时标的单命令；

CON<59>：= 带 CP56Time2a 时标的双命令；

CON<60>：= 带 CP56Time2a 时标的步调节命令；

CON<61>：= 带 CP56Time2a 时标的设点命令，归一化值；

CON<62>：= 带 CP56Time2a 时标的设点命令，标度化值；

CON<63>：= 带 CP56Time2a 时标的设点命令，短浮点值；

CON<103>：= 时钟同步命令。

9.2.2　CP56Time2a 时标格式

CP56Time2a 是电力通信规约 IEC101/104 规约中定义的时间格式，格式如下：

CP56Time 2a：=CP56 {Milliseconds、Minutes、RES1、Invalid、Hours、RES2、Summer-time、Day of Month、Day of Week、Months、RES3、Years、RES4}

Milliseconds：=UI16[1~16]<0~59999>;

Minutes：=UI6[17~22]<0~59>;

RES1：=BS1[23];

Invalid：=BS1[24]<0~1>;

<0>：= 有效；

<1>：= 无效；

Hours：=UI5[25~29]<0~23>;

RES2：=BS2[30~31];

Summer-time：=BS1[32];

Day of Month：=BS5[33~37]<1~31>;

Day of Week：=BS3[38~40]<1~7>;

Months：=BS4[41~44]<1~12>;

RES3：=BS4[45~48];

Years：=U17[49~55]<0~99>;

RES4：=BS1[56]。

CP56Time2a 时标格式时钟帧结构及 CP56Time2a 时标格式如表 9-2、表 9-3 所示。

表 9-2　CP56Time2a 时标格式时钟帧结构

Miliseconds（D7—D0）		
Miliseconds（D15—D8）		
IV（D7）	RES1（D6）	Minutes（D5—D0）
SU（D7）	RES2（D6—D5）	Hours（D4—D0）
DAY of WEEK（D7—D5）		DAY of MONTH（D4—D0）
RES3（D7—D4）		Month（D3—D0）
RES4（D7）		Years（D6—D0）

表 9-3　CP56Time2a 时标格式

Miliseconds（毫秒）
Miliseconds（毫秒）
Minutes（分）
Hours（时）
DAY of MONTH（日）
Month（月）
Years（年）

9.3 报文实例

实例 1

IEC60870-5-104 规约的十六进制报文如下文所示，请解析报文所传送的时间信息。

SEND 68 14 EA 3E BA 18 67 01 06 00 01 00 00 00 00 5D 59 05 0F 07 01 14

RECV 68 14 BA 18 EC 3E 67 01 06 00 01 00 00 00 00 5D 59 05 0F 07 01 14

报文解析如下：

主站发送：

启动字符：68H。

APDU 长度：14H（20 个字节，即 EA 3E BA 18 67 01 06 00 01 00 00 00 00 5D 59 05 0F 07 01 14）。

控制域八位位组 1：发送序列号：EAH（1110 1010）。

控制域八位位组 2：发送序列号：3EH（0011 1110）。

控制域八位位组 3：接受序列号：BAH（1011 1010）。

控制域八位位组 4：接受序列号：18H（0001 1000）。

由于第一个八位位组的第一比特为 0，第三个八位位组的第一比特为 0，可知该帧为 I 格式。

类型标识：67H（CON<103>：= 时钟同步命令）。

可变结构限定：01H（SQ<1>：= 一个信息字）。

传送原因：0600H（Cause<6>：= 激活）。

ASDU 公共地址：0100H（低位在前，高位在后）。

信息对象地址：000000H 。

信息体数据：5D 59 05 0F 07 01 14（低位在前，高位在后）。

595DH（0101 1001 0101 1101），即为 22 秒 877 毫秒。

05H（0000 0101），即为 05 分。

0FH（0000 1111），即为 15 时。

07H（0000 0111），即为 07 日。

01H（0000 0001），即为 01 月。

14H（0001 0100），即为 20 年。

该帧校时报文表示时间为：2020 年 01 月 07 日 15 时 05 分 22 秒 877 毫秒。

主站接收：

启动字符：68H。

APDU 长度：14H（20 个字节，即 BA 18 EC 3E 67 01 06 00 01 00 00 00 00 5D 59 05 0F 07 01 14）。

控制域八位位组 1：发送序列号：BAH（1011 1010）。

控制域八位位组 2：发送序列号：18H（0001 1000）。

控制域八位位组 3：接受序列号：ECH（1110 1100）。

控制域八位位组 4：接受序列号：3EH（0011 1110）。

由于第一个八位位组的第一比特为 0，第三个八位位组的第一比特为 0，可知该帧为 I 格式。

类型标识：67H（CON<103>：= 时钟同步命令）。

可变结构限定：01H（SQ<1>：= 一个信息字）。

传送原因：0700H（Cause<7>：= 激活确认）。

ASDU 公共地址：0100H（低位在前，高位在后）。

信息对象地址：000000H。

信息体数据：5D 59 05 0F 07 01 14（低位在前，高位在后）。

595DH（0101 1001 0101 1101），即为 22 秒 877 毫秒。

05H（0000 0101），即为 05 分。

0FH（0000 1111），即为 15 时。

07H（0000 0111），即为 07 日。

01H（0000 0001），即为 01 月。

14H（0001 0100），即为 20 年。

该帧校时报文表示时间为：2020 年 01 月 07 日 15 时 05 分 22 秒 877 毫秒。

实例 2

IEC60870-5-104 规约的十六进制报文如下文所示，请解析报文所传送的时间信息。

SEND 68 14 EE 3E 3E 1C 67 01 06 00 01 00 00 00 00 AB 58 0F 0F 07 01 14

RECV 68 14 3E 1C F0 3E 67 01 06 00 01 00 00 00 00 AB 58 0F 0F 07 01 14

报文解析如下：

主站发送：

启动字符：68H。

APDU 长度：14H（20 个字节，即 EE 3E 3E 1C 67 01 06 00 01 00 00 00 00 AB 58 0F 0F 07 01 14）。

控制域八位位组 1：发送序列号：EEH（1110 1110）。

控制域八位位组 2：发送序列号：3EH（0011 1110）。

控制域八位位组 3：接受序列号：3EH（0011 1110）。

控制域八位位组 4：接受序列号：1CH（0001 1100）。

由于第一个八位位组的第一比特为 0，第三个八位位组的第一比特为 0，可知该帧为 I 格式。

类型标识：67H（CON<103>：= 时钟同步命令）。

可变结构限定：01H（SQ<1>：= 一个信息字）。

传送原因：0600H（Cause<6>：= 激活）。

ASDU 公共地址：0100H（低位在前，高位在后）。

信息对象地址：000000H 。

信息体数据：AB 58 0F 0F 07 01 14（低位在前，高位在后）。

58ABH（0101 1000 1010 1110），即为 22 秒 702 毫秒。

0FH（0000 1111），即为 15 分。

0FH（0000 1111），即为 15 时。

07H（0000 0111），即为 07 日。

01H（0000 0001），即为 01 月。

14H（0001 0100），即为 20 年。

该帧校时报文表示时间为：2020 年 01 月 07 日 15 时 15 分 22 秒 702 毫秒。

主站接收：

启动字符：68H。

APDU 长度：14H（20 个字节，即 3E 1C F0 3E 67 01 06 00 01 00 00 00 00 AB 58 0F 0F 07 01 14）。

控制域八位位组 1：发送序列号：3EH（0011 1110）。

控制域八位位组 2：发送序列号：1CH（0001 1100）。

控制域八位位组 3：接受序列号：F0H（1111 0000）。

控制域八位位组 4：接受序列号：3EH（0011 1110）。

由于第一个八位位组的第一比特为 0，第三个八位位组的第一比特为 0，可知该帧为 I 格式。

类型标识：67H（CON<103>：= 时钟同步命令）。

可变结构限定：01H（SQ<1>：= 一个信息字）。

传送原因：0700H（Cause<7>：= 激活确认）。

ASDU 公共地址：0100H（低位在前，高位在后）。

信息对象地址：000000H。

信息体数据：AB 58 0F 0F 07 01 14（低位在前，高位在后）。

58ABH（0101 1000 1010 1110），即为 22 秒 702 毫秒。

0FH（0000 1111），即为 15 分。

0FH（0000 1111），即为 15 时。

07H（0000 0111），即为 07 日。

01H（0000 0001），即为 01 月。

14H（0001 0100），即为 20 年。

该帧校时报文表示时间为：2020 年 01 月 07 日 15 时 15 分 22 秒 702 毫秒。

实例 3

IEC60870-5-104 规约的十六进制报文如下文所示，请解析报文所传送的时间信息。

SEND 68 14 EE 3E 3E 1C 67 01 06 00 01 00 00 00 00 AB 58 0F 0F 07 01 14

RECV 68 14 3E 1C F0 3E 67 01 06 00 01 00 00 00 00 AB 58 0F 0F 07 01 14

报文解析如下：

主站发送：

启动字符：68H。

APDU 长度：14H（20 个字节，即 F2 3E B4 1F 67 01 06 00 01 00 00 00 00 62 5A 19 0F 07 01 14）。

控制域八位位组 1：发送序列号：F2H（1111 0010）。

控制域八位位组 2：发送序列号：3EH（0011 1110）。

控制域八位位组 3：接受序列号：B4H（1011 0100）。

控制域八位位组 4：接受序列号：1FH（0001 1111）。

由于第一个八位位组的第一比特为 0，第三个八位位组的第一比特为 0，可知该帧为 I 格式。

类型标识：67H（CON<103>：= 时钟同步命令）。

可变结构限定：01H（SQ<1>：= 一个信息字）。

传送原因：0600H（Cause<6>：= 激活）。

ASDU 公共地址：0100H（低位在前，高位在后）。

信息对象地址：000000H。

信息体数据：62 5A 19 0F 07 01 14（低位在前，高位在后）。

5A62H（0101 1010 0110 0010），即为 23 秒 128 毫秒。

19H（0001 1001），即为 25 分。

0FH（0000 1111），即为 15 时。

07H（0000 0111），即为 07 日。

01H（0000 0001），即为 01 月。

14H（0001 0100），即为 20 年。

该帧校时报文表示时间为：2020 年 01 月 07 日 15 时 25 分 23 秒 128 毫秒。

主站接收：

启动字符：68H。

APDU 长度：14H（20 个字节，即 B4 1F F4 3E 67 01 07 00 01 00 00 00 00 62 5A 19 0F 07 01 14）。

控制域八位位组 1：发送序列号：B4H（1011 0100）。

控制域八位位组 2：发送序列号：1FH（0001 1111）。

控制域八位位组 3：接受序列号：F4H（1111 0100）。

控制域八位位组 4：接受序列号：3EH（0011 1110）。

由于第一个八位位组的第一比特为 0，第三个八位位组的第一比特为 0，可知该帧为 I 格式。

类型标识：67H（CON<103>：= 时钟同步命令）。

可变结构限定：01H（SQ<1>：= 一个信息字）。

传送原因：0700H（Cause<7>：= 激活确认）。

ASDU 公共地址：0100H（低位在前，高位在后）。

信息对象地址：000000H。

信息体数据：62 5A 19 0F 07 01 14（低位在前，高位在后）。

5A62H（0101 1010 0110 0010），即为 23 秒 128 毫秒。

19H（0001 1001），即为 25 分。

0FH（0000 1111），即为 15 时。

07H（0000 0111），即为 07 日。

01H（0000 0001），即为 01 月。

14H（0001 0100），即为 20 年。

该帧校时报文表示时间为：2020 年 01 月 07 日 15 时 25 分 23 秒 128 毫秒。

实例 4

IEC60870-5-104 规约的十六进制报文如下文所示，请解析报文所传送的时间信息。

SEND68 14 86 00 C8 73 67 01 06 00 01 00 00 00 00 34 64 17 0A 18 0C 13

RECV 68 14 C8 73 88 00 67 01 07 00 01 00 00 00 00 34 64 17 0A 18 0C 13

报文解析如下：

主站发送：68 14 86 00 C8 73 67 01 06 00 01 00 00 00 00 34 64 17 0A 18 0C 13

------ 数据帧：I 帧 ------

68　启动符。

14　数据长度——控制域 + 运用服务长度 20。

86　控制域 1——LSB 发送序列号 N（s）bit1~bit7，bit0：0。

00　控制域 2——MSB 发送序列号 N（s）：67。

C8　控制域 3——LSB 接收序列号 N（s）bit1~bit7，bit0：0。

73　控制域 4——MSB 接收序列号 N（s）：29540。

67　类型标识：103。

01　可变结构限定词 VSQ——信息数目 =1 SQ：0 非顺序（如：地址 1，数据 1，地址 2，数据 2..）。

06 00　传送原因——[T bit7：0][P/N bit6：0][原因 bit5 ~ bit0：6]：激活。

01 00　运用地址 低前，高后。

00 00 00　信息对象地址：0。

34　毫秒（低）。

64　毫秒（高）——毫秒：25652——25.652 秒。

17　分钟——无效位（bit7）：0，备用位（bit6）：0，分钟（bit5 ~ bit0）：23。

0A　——夏时制位（bit7）：0，备用（bit6 ~ bit5）：00，小时（Hour）（bit4 ~ bit0）：10 时。

18　——星期（bit7 ~ bit5）：0，日（bit4 ~ bit0）：24 日。

0C　——备用（bit7 ~ bit4）：00，月（bit3 ~ bit0）：12 月。

13　——备用（bit7）：0，年（bit6 ~ bit0）：19 年。

报文是时钟同步报文，传输的时间为 2019 年 12 月 24 日 10 时 23 分 25 秒 652 毫秒。

主站接收：68 14 C8 73 88 00 67 01 07 00 01 00 00 00 00 34 64 17 0A 18 0C 13

------ 数据帧：I 帧 ------

68　启动符。

14　数据长度——控制域 + 运用服务长度 20。

C8　控制域 1——LSB 发送序列号 N（s）bit1~bit7，bit0：0。

73　控制域 2——MSB 发送序列号 N（s）：29540。

88　控制域 3——LSB 接收序列号 N（s）bit1~bit7，bit0：0。

00　控制域 4——MSB 接收序列号 N（s）：68。

67　类型标识：103。

01　可变结构限定词 VSQ——信息数目 =1 SQ：0 非顺序（如：地址 1，数据 1，地址 2，数据 2..）。

07 00　传送原因——[T bit7：0][P/N bit6：0][原因 bit5 ~ bit0：7]：激活确认。

01 00　运用地址 低前，高后。

00 00 00　信息对象地址：0。

34　毫秒（低）。

64　毫秒（高）——毫秒：25652——25.652 秒。

17　分钟——无效位（bit7）：0，备用位（bit6）：0，分钟（bit5 ~ bit0）：23。

0A ——夏时制位（bit7）：0，备用（bit6 ~ bit5）：00，小时（Hour）（bit4 ~ bit0）：10 时。

18 ——星期（bit7 ~ bit5）：0，日（bit4 ~ bit0）：24 日。

0C ——备用（bit7 ~ bit4）：00，月（bit3 ~ bit0）：12 月。

13 ——备用（bit7）：0，年（bit6 ~ bit0）：19 年。

报文是时钟同步报文，传输的时间为 2019 年 12 月 24 日 10 时 23 分 25 秒 652 毫秒。

实例 5

IEC 60870-5-104 规约的十六进制报文如下文所示，请解析报文所传送的时间信息。

SEND：68 14 26 0F B4 CA 67 01 06 00 01 00 00 00 00 93 5B 09 00 0F 01 14

报文解析如下：

主站发送：------ 数据帧：I 帧 ------

68 启动符。

14 数据长度——控制域 + 运用服务长度 20。

26 控制域 1——LSB 发送序列号 N（s）bit1~bit7，bit0：0。

0F 控制域 2——MSB 发送序列号 N（s）：3859。

B4 控制域 3——LSB 接收序列号 N（s）bit1~bit7，bit0：0。

CA 控制域 4——MSB 接收序列号 N（s）：51802。

67 类型标识：103。

01 可变结构限定词 VSQ——信息数目 =1 SQ：0 非顺序（如：地址 1，数据 1，地址 2，数据 2..）。

06 00 传送原因——[T bit7：0][P/N bit6：0][原因 bit5 ~ bit0：6]：激活。

01 00 运用地址 低前，高后。

00 00 00 信息对象地址：0。

93 毫秒（低）。

5B 毫秒（高）——毫秒：23443——23.443 秒。

09 分钟——无效位（bit7）：0，备用位（bit6）：0，分钟（bit5 ~ bit0）：9。

00 ——夏时制位（bit7）：0，备用（bit6 ~ bit5）：00，小时（Hour）（bit4 ~ bit0）：00 时。

0F ——星期（bit7 ~ bit5）：0，日（bit4 ~ bit0）：15 日。

01 ——备用（bit7 ~ bit4）：00，月（bit3 ~ bit0）：01 月。

14 ——备用（bit7）：0，年（bit6 ~ bit0）：20 年。

报文是时钟同步报文，传输的时间为 2020 年 01 月 15 日 00 时 09 分 23 秒 443 毫秒。

实例 6

IEC 60870-5-104 规约的十六进制报文如下文所示，请解析报文所传送的时间信息。

SEND：68 14 2E 0F BA E3 67 01 06 00 01 00 00 00 00 AC 5B 1D 00 0F 01 14

报文解析如下：

主站发送：------ 数据帧：I 帧 ------

68　启动符。

14　数据长度——控制域 + 运用服务长度 20。

2E　控制域 1——LSB 发送序列号 N（s）bit1~bit7，bit0：0。

0F　控制域 2——MSB 发送序列号 N（s）：3863。

BA　控制域 3——LSB 接收序列号 N（s）bit1~bit7，bit0：0。

E3　控制域 4——MSB 接收序列号 N（s）：58205。

67　类型标识：103。

01　可变结构限定词 VSQ——信息数目 =1 SQ：0 非顺序（如：地址 1，数据 1，地址 2，数据 2..）。

06 00　传送原因——[T bit7：0][P/N bit6：0][原因 bit5 ～ bit0：6]：激活。

01 00　运用地址 低前，高后。

00 00 00　信息对象地址：0。

AC　毫秒（低）。

5B　毫秒（高）——毫秒：23468——23.468 秒。

1D　分钟——无效位（bit7）：0，备用位（bit6）：0，分钟（bit5 ～ bit0）：29。

00　——夏时制位（bit7）：0，备用（bit6 ～ bit5）：00，小时（Hour）（bit4 ～ bit0）：00 时。

0F　——星期（bit7 ～ bit5）：0，日（bit4 ～ bit0）：15 日。

01　——备用（bit7 ～ bit4）：00，月（bit3 ～ bit0）：01 月。

14　——备用（bit7）：0，年（bit6 ～ bit0）：20 年。

报文是时钟同步报文，传输的时间为 2020 年 01 月 15 日 00 时 29 分 23 秒 468 毫秒。

实例 7

IEC 60870-5-104 规约的十六进制报文如下文所示，请解析报文所传送的时间信息。

SEND：68 14 48 2E 48 0F 67 01 07 00 01 00 00 00 00 17 41 24 01 0F 01 14

报文解析如下：

主站发送：------ 数据帧：I 帧 ------

68　启动符。

14　数据长度——控制域 + 运用服务长度 20。

48　控制域 1——LSB 发送序列号 N（s）bit1~bit7，bit0：0。

2E　控制域 2——MSB 发送序列号 N（s）：11812。

48　控制域 3——LSB 接收序列号 N（s）bit1~bit7，bit0：0。

0F　控制域 4——MSB 接收序列号 N（s）：3876。

67　类型标识：103。

01　可变结构限定词 VSQ——信息数目 =1 SQ：0 非顺序（如：地址 1，数据 1，地址 2，数据 2..）。

07 00　传送原因——[T bit7：0][P/N bit6：0][原因 bit5 ~ bit0：7]：激活确认。

01 00　运用地址 低前，高后。

00 00 00　信息对象地址：0。

17　毫秒（低）。

41　毫秒（高）——毫秒：16663——16.663 秒。

24　分钟——无效位（bit7）：0，备用位（bit6）：0，分钟（bit5 ~ bit0）：36。

01　——夏时制位（bit7）：0，备用（bit6 ~ bit5）：00，小时（Hour）（bit4 ~ bit0）：01 时。

0F　——星期（bit7 ~ bit5）：0，日（bit4 ~ bit0）：15 日。

01　——备用（bit7 ~ bit4）：00，月（bit3 ~ bit0）：01 月。

14　——备用（bit7）：0，年（bit6 ~ bit0）：20 年。

报文是时钟同步报文，传输的时间为 2020 年 01 月 15 日 01 时 36 分 16 秒 663 毫秒。

实例 8

IEC 60870-5-104 规约的十六进制报文如下文所示，请解析报文所传送的时间信息。

SEND：68 14 3E 0F 7E 15 67 01 06 00 01 00 00 00 00 DC 5B 09 01 0F 01 14

报文解析如下：

主站发送：------ 数据帧：I 帧 ------

68　启动符。

14　数据长度——控制域 + 运用服务长度 20。

3E　控制域 1——LSB 发送序列号 N（s）bit1~bit7，bit0：0。

0F　控制域 2——MSB 发送序列号 N（s）：3871。

7E　控制域 3——LSB 接收序列号 N（s）bit1~bit7，bit0：0。

15　控制域 4——MSB 接收序列号 N（s）：5439。

67　类型标识：103。

01　可变结构限定词 VSQ——信息数目 =1 SQ：0 非顺序（如：地址 1，数据 1，地址 2，数据 2..）。

06 00　传送原因——[T bit7：0][P/N bit6：0][原因 bit5 ~ bit0：6]：激活。

01 00　运用地址 低前，高后。

00 00 00　信息对象地址：0。

DC　毫秒（低）。

5B　毫秒（高）——毫秒：23516——23.516 秒。

09　分钟——无效位（bit7）：0，备用位（bit6）：0，分钟（bit5 ~ bit0）：9。

01　——夏时制位（bit7）：0，备用（bit6 ~ bit5）：00，小时（Hour）（bit4 ~ bit0）：01 时。

0F　——星期（bit7 ~ bit5）：0，日（bit4 ~ bit0）：15 日。

01　——备用（bit7 ~ bit4）：00，月（bit3 ~ bit0）：01 月。

14　——备用（bit7）：0，年（bit6 ~ bit0）：20 年。

报文是时钟同步报文，传输的时间为 2020 年 01 月 15 日 01 时 09 分 23 秒 516 毫秒。

实例 9

IEC 60870-5-104 规约的十六进制报文如下文所示，请解析报文所传送的时间信息。

SEND：68 14 5E 01 DA C6 67 01 06 00 01 00 00 00 00 2F AA 14 00 0F 01 14

报文解析如下：

主站发送：------ 数据帧：I 帧 ------

68　启动符。

14　数据长度——控制域 + 运用服务长度 20。

5E　控制域 1——LSB 发送序列号 N（s）bit1~bit7，bit0：0。

01　控制域 2——MSB 发送序列号 N（s）：303。

DA　控制域 3——LSB 接收序列号 N（s）bit1~bit7，bit0：0。

C6　控制域 4——MSB 接收序列号 N（s）：50797。

67　类型标识：103。

01　可变结构限定词 VSQ——信息数目 =1 SQ：0 非顺序（如：地址 1，数据 1，地址 2，数据 2..）。

06 00　传送原因——[T bit7：0][P/N bit6：0][原因 bit5 ~ bit0：6]：激活。

01 00　运用地址 低前，高后。

00 00 00　信息对象地址：0。

2F　毫秒（低）。

AA　毫秒（高）——毫秒：43567——43.567 秒。

14　分钟——无效位（bit7）：0，备用位（bit6）：0，分钟（bit5 ~ bit0）：20。

00　——夏时制位（bit7）：0，备用（bit6 ~ bit5）：00，小时（Hour）（bit4 ~ bit0）：00 时。

0F　——星期（bit7 ~ bit5）：0，日（bit4 ~ bit0）：15 日。

01　——备用（bit7 ~ bit4）：00，月（bit3 ~ bit0）：01 月。

14　——备用（bit7）：0，年（bit6 ~ bit0）：20 年。

报文是时钟同步报文，传输的时间为 2020 年 01 月 15 日 00 时 20 分 43 秒 567 毫秒。

实例 10

IEC 60870-5-104 规约的十六进制报文如下文所示，请解析报文所传送的时间信息。

SEND：68 14 9E 02 3C D8 67 01 06 00 01 00 00 00 00 FE A8 28 0D 0F 01 14

报文解析如下：

主站发送：------ 数据帧：I 帧 ------

68 启动符。

14 数据长度——控制域 + 运用服务长度 20。

9E 控制域 1——LSB 发送序列号 N（s）bit1~bit7，bit0：0。

02 控制域 2——MSB 发送序列号 N（s）：591。

3C 控制域 3——LSB 接收序列号 N（s）bit1~bit7，bit0：0。

D8 控制域 4——MSB 接收序列号 N（s）：55326。

67 类型标识：103。

01 可变结构限定词 VSQ——信息数目 =1 SQ：0 非顺序（如：地址 1，数据 1，地址 2，数据 2..）。

06 00 传送原因——[T bit7：0][P/N bit6：0] [原因 bit5 ~ bit0：6]：激活。

01 00 运用地址 低前，高后。

00 00 00 信息对象地址：0。

FE 毫秒（低）。

A8 毫秒（高）——毫秒：43262——43.262 秒。

28 分钟——无效位（bit7）：0，备用位（bit6）：0，分钟（bit5 ~ bit0）：40。

0D ——夏时制位（bit7）：0，备用（bit6 ~ bit5）：00，小时（Hour）（bit4 ~ bit0）：13 时。

0F ——星期（bit7 ~ bit5）：0，日（bit4 ~ bit0）：15 日。

01 ——备用（bit7 ~ bit4）：00，月（bit3 ~ bit0）：01 月。

14 ——备用（bit7）：0，年（bit6 ~ bit0）：20 年。

报文是时钟同步报文，传输的时间为 2020 年 01 月 15 日 13 时 40 分 43 秒 262 毫秒。

实例 11

IEC 60870-5-104 规约的十六进制报文如下文所示，请解析报文所传送的时间信息。

SEND：68 14 BE 02 B8 83 67 01 06 00 01 00 00 00 00 8F A9 00 0F 0F 01 14

报文解析如下：

主站发送：------ 数据帧：I 帧 ------

68 启动符。

14 数据长度——控制域 + 运用服务长度 20。

BE 控制域 1——LSB 发送序列号 N（s）bit1~bit7，bit0：0。

02 控制域 2——MSB 发送序列号 N（s）：607。

B8 控制域 3——LSB 接收序列号 N（s）bit1~bit7，bit0：0。

83 控制域 4——MSB 接收序列号 N（s）：33628。

67 类型标识：103。

01 可变结构限定词 VSQ——信息数目 =1 SQ：0 非顺序（如：地址 1，数据 1，地址 2，数据 2..）。

06 00　传送原因——[T bit7：0][P/N bit6：0][原因 bit5 ~ bit0：6]：激活。

01 00　运用地址 低前，高后。

00 00 00　信息对象地址：0。

8F　毫秒（低）。

A9　毫秒（高）——毫秒：43407——43.407 秒。

00　分钟——无效位（bit7）：0，备用位（bit6）：0，分钟（bit5 ~ bit0）：0。

0F　——夏时制位（bit7）：0，备用（bit6 ~ bit5）：00，小时（Hour）（bit4 ~ bit0）：15 时。

0F　——星期（bit7 ~ bit5）：0，日（bit4 ~ bit0）：15 日。

01　——备用（bit7 ~ bit4）：00，月（bit3 ~ bit0）：01 月。

14　——备用（bit7）：0，年（bit6 ~ bit0）：20 年。

报文是时钟同步报文，传输的时间为 2020 年 01 月 15 日 15 时 00 分 43 秒 407 毫秒。

实例 12

IEC 60870-5-104 规约的十六进制报文如下文所示，请解析报文所传送的时间信息。

RECV：68 14 70 F9 38 03 67 01 07 00 01 00 00 00 00 3B A9 00 14 0F 01 14

报文解析如下：

主站接收：------ 数据帧：I 帧 ------

68　启动符。

14　数据长度——控制域 + 运用服务长度 20。

70　控制域 1——LSB 发送序列号 N（s）bit1~bit7，bit0：0。

F9　控制域 2——MSB 发送序列号 N（s）：63800。

38　控制域 3——LSB 接收序列号 N（s）bit1~bit7，bit0：0。

03　控制域 4——MSB 接收序列号 N（s）：796。

67　类型标识：103。

01　可变结构限定词 VSQ——信息数目 =1 SQ：0 非顺序（如：地址 1，数据 1，地址 2，数据 2..）。

07 00　传送原因——[T bit7：0][P/N bit6：0][原因 bit5 ~ bit0：7]：激活确认。

01 00　运用地址 低前，高后。

00 00 00　信息对象地址：0。

3B　毫秒（低）。

A9　毫秒（高）——毫秒：43323——43.323 秒。

00　分钟——无效位（bit7）：0，备用位（bit6）：0，分钟（bit5 ~ bit0）：0。

14　——夏时制位（bit7）：0，备用（bit6 ~ bit5）：00，小时（Hour）（bit4 ~ bit0）：20 时。

0F　——星期（bit7 ~ bit5）：0，日（bit4 ~ bit0）：15 日。

01 ——备用（bit7 ~ bit4）：00，月（bit3 ~ bit0）：01 月。

14 ——备用（bit7）：0，年（bit6 ~ bit0）：20 年。

报文是时钟同步报文，传输的时间为 2020 年 01 月 15 日 20 时 00 分 43 秒 323 毫秒。

实例 13

IEC 60870-5-104 规约的十六进制报文如下文所示，请解析报文所传送的时间信息。

RECV：68 14 82 46 48 03 67 01 07 00 01 00 00 00 00 DC A8 28 14 0F 01 14

报文解析如下：

主站接收：------ 数据帧：I 帧 ------

68 启动符。

14 数据长度——控制域 + 运用服务长度 20。

82 控制域 1——LSB 发送序列号 N（s）bit1~bit7，bit0：0。

46 控制域 2——MSB 发送序列号 N（s）：17985。

48 控制域 3——LSB 接收序列号 N（s）bit1~bit7，bit0：0。

03 控制域 4——MSB 接收序列号 N（s）：804。

67 类型标识：103。

01 可变结构限定词 VSQ——信息数目 =1 SQ：0 非顺序（如：地址 1，数据 1，地址 2，数据 2..）。

07 00 传送原因——[T bit7：0][P/N bit6：0][原因 bit5 ~ bit0：7]：激活确认。

01 00 运用地址 低前，高后。

00 00 00 信息对象地址：0。

DC 毫秒（低）。

A8 毫秒（高）——毫秒：43228——43.228 秒。

28 分钟——无效位（bit7）：0，备用位（bit6）：0，分钟（bit5 ~ bit0）：40。

14 ——夏时制位（bit7）：0，备用（bit6 ~ bit5）：00，小时（Hour）（bit4 ~ bit0）：20 时。

0F ——星期（bit7 ~ bit5）：0，日（bit4 ~ bit0）：15 日。

01 ——备用（bit7 ~ bit4）：00，月（bit3 ~ bit0）：01 月。

14 ——备用（bit7）：0，年（bit6 ~ bit0）：20 年。

报文是时钟同步报文，传输的时间为 2020 年 01 月 15 日 20 时 40 分 43 秒 228 毫秒。

第10章　SOE

SOE 即事件顺序记录，当电力系统内发生各种事件时（如断路器变位、继电保护动作等），按毫秒时间顺序，逐个记录下来，以利于对电力系统事故处理时进行事故分析。SOE 包括遥信对象名称、状态变化和变化时间。由于变电站断路器、继电保护及自动装置的动作非常快，通常都在毫秒级水平，所以要求 SOE 具有很高的时间分辨率，一般有求站内不大于 2ms，站间不大于 20ms。SOE 信息的设置便于调度运行人员对事故的判断和分析，提高调度决策与运行操作的效率。

10.1　SOE 帧结构

SOE 帧结构如表 10-1 所示。

表 10-1　　SOE 帧结构

启动字符 68H
APDU 长度（最大，253）
控制域八位位组 1
控制域八位位组 2
控制域八位位组 3
控制域八位位组 4
类型标识 02H/04H/1EH/1FH
可变结构限定词（信息体数目）
传送原因（2 字节）03/05/14
应用服务数据单元地址（2 字节）
信息体地址（3 字节）
信息体元素（1 字节）
CP56Time2a（7 字节）/ CP24 Time2a（3 字节）
信息体地址（3 字节）
信息体元素（1 字节）
CP56Time2a（7 字节）/ CP24 Time2a（3 字节）
……

10.2 报文类型标识

遥信类型标识为应用服务数据单元的第一个八位位组如表 10-2 所示。

表 10-2　　类型标识描述及标识符

类型标识（报文类型）	描述	标识符
02H /02	带时标单点信息（soe 信息）	M_SP_TA_1
04H /04	带时标双点信息（soe 信息）	M_DP_TA_1
1EH /30	带时标的单点信息（soe 信息）	M_SP_TB_1
1FH /31	带时标的双点信息（soe 信息）	M_DP_TB_1

10.3 信息数据时间

10.3.1 CP56Time2a 时标格式（见表 10-3）

表 10-3　　CP56Time2a 时标格式

<table>
<tr><td colspan="3">Miliseconds（D7—D0）</td></tr>
<tr><td colspan="3">Miliseconds（D15—D8）</td></tr>
<tr><td>IV（D7）</td><td>RES1</td><td>Minutes（D5—D0）</td></tr>
<tr><td>SU（D7）</td><td>RES2</td><td>Hours（D4—D0）</td></tr>
<tr><td colspan="2">Day of week</td><td>Day of Month（D4—D0）</td></tr>
<tr><td>RES3</td><td colspan="2">Month（D3—D0）</td></tr>
<tr><td>RES4</td><td colspan="2">Years（D6—D0）</td></tr>
</table>

解析：

CP56Time 2a ：=CP56｛Milliseconds、Minutes、RES1、IV、Hours、RES2、SU、Day of month、Day of week、Months、RES3、Years、RES4｝

Milliseconds ：=［1 ~ 16］<0 ~ 59999>;

Minutes ：=［17 ~ 22］<0 ~ 59>;

RES1 ：=［23］保留；

IV ：=［24］<0 ~ 1>，IV=0 有效，IV =1 无效；

Hours ：=［25 ~ 29］<0 ~ 23>;

RES2 ：=［30 ~ 31］保留；

SU ：=［32］，Summertime =0 标准时间，Summertime =1 夏时制；

Day of month ：=［33 ~ 37］<1 ~ 31>;

Day of week ：=［38 ~ 40］< 1 ~ 7 >;

Months ：=［41 ~ 44］< 1 ~ 12 >;

RES3 ：=［45 ~ 48］保留；

Years ：=U17［49 ~ 55］< 0 ~ 99 >;

RES4 ：=BS1［56］保留。

10.3.2 CP24 Time2a 时标格式（见表 10-4）

表 10-4 CP24 Time2a 时标格式

Miliseconds（D7—D0）		
Miliseconds（D15—D8）		
IV（D7）	RES1	Minutes（D5—D0）

解析：

CP24Time 2a ：=CP56｛Milliseconds、Minutes、RES1、IV｝

Milliseconds ：=［1 ~ 16］< 0 ~ 59999 >;

Minutes ：=［17 ~ 22］< 0 ~ 59 >;

RES1 ：=［23］保留；

IV ：=［24］< 0 ~ 1 >，IV=0 有效，IV =1 无效。

实例 1：7 字节时标单点 SOE

报文举例（一）

子站：68 15 1A 00 06 00 1E 01 03 00 01 00 08 00 00 00 AD 39 1C 10 5A 0B 13

单点信息的事件顺序记录帧如表 10-5 所示。

表 10-5 单点信息的事件顺序记录帧

启动字符	68H
APDU 长度	15H
发送序列号	1AH
发送序列号	00H
接收序列号	06H
接收序列号	00H
类型标识	1EH
可变结构限定词	01
传送原因（2 字节）	03 00 H
应用服务数据单元公共地址（2 字节）	01 00H
信息体地址（3 字节）	08 00 00H
信息体元素（1 字节）	00H
CP56Time2a（7 字节）	AD 39 1C 10 5A 0B 13

报文解析：

启动字符：68H。

APDU 长度：15H（21 个字节，即 1A 00 06 00 1E 01 03 00 01 00 08 00 00 00 AD 39 1C 10 5A 0B 13）。

控制域八位位组 1：发送序列号：1AH（0001 1010，第一个八位位组的第一比特为 0）。

控制域八位位组 2：发送序列号：00H（0000 0000）。

控制域八位位组 3：接收序列号：06H（0000 0110，第三个八位位组的第一比特为 0）。

控制域八位位组 4：接收序列号：00H（0000 0000）。

该帧为 I 格式。

类型标识：1EH（CON<30>：= 单点 SOE）。

可变结构限定词：01H（0000 0001, SQ=0 遥信地址逐个列出，NUMBER=1 1 个遥信量）。

传送原因：0300H（Cause<3>：= 突发）。

ASDU 公共地址：0100H（0001H 转换为十进制为 1，通常为 RTU 地址）。

信息对象地址：08 00 00（第 8 点）。

信息体数据：00，转化成二进制 0000 0000。IV：0（有效）NT：0（当前值）SB：0（未被取代）BL：0（未被封锁）SPI：0（OFF 分）。

CP56Time2a（7 字 节）：AD 39 1C 10 5A 0B 13（14 秒 765 毫 秒 28 分 16 点 26 日 11 月 2019 年）。

其中 AD 39，表示秒和毫秒，按照低字节在前，高字节在后原则，即 39AD，为 14 秒 765 毫秒；

1CH，表示分钟，为 28 分；

10H，表示小时，为 16 时；

5AH，表示日与星期，（转换为二进制为 01011010，bit0~bit4 表示日，bit5~bit7 表示星期几）为 26 日星期二；

0BH，表示月，为 11 月；

13H，表示年，为 2019 年。

报文举例（二）

子站：68 15 1A 00 06 00 1E 01 03 00 01 00 12 00 00 01 AD 39 1C 10 5A 0B 13

单点信息的事件顺序记录帧如表 10-6 所示。

报文解析：

启动字符：68H。

表 10-6　　　　单点信息的事件顺序记录帧

启动字符	68H
APDU 长度	15H
发送序列号	1AH
发送序列号	00H
接收序列号	06H
接收序列号	00H
类型标识	1EHH
可变结构限定词	01H
传送原因（2 字节）	03 00H
应用服务数据单元公共地址（2 字节）	01 00H
信息体地址（3 字节）	12 00 00H
信息体元素（1 字节）	01H
CP56Time2a（7 字节）	AD 39 1C 10 5A 0B 13

APDU 长度：15H（21 个字节，即 1A 00 06 00 1E 01 03 00 01 00 12 00 00 01 AD 39 1C 10 5A 0B 13）。

控制域八位位组 1：发送序列号：1AH（0001 1010，第一个八位位组的第一比特为 0）。

控制域八位位组 2：发送序列号：00H（0000 0000）。

控制域八位位组 3：接收序列号：06H（0000 0110，第三个八位位组的第一比特为 0）。

控制域八位位组 4：接收序列号：00H（0000 0000）。

该帧为 I 格式。

类型标识：1EH（CON<30>：= 单点 SOE）。

可变结构限定词：01H（0000 0001, SQ=0 遥信地址逐个列出，NUMBER=1 1个遥信量）。

传送原因：0300H（Cause<3>：= 突发）。

ASDU 公共地址：0100H（0001H 转换为十进制为 1，通常为 RTU 地址）。

信息对象地址：12 00 00（第 18 点）。

信息体数据：01，转化成二进制 0000 0001。IV：0（有效）NT：0（当前值）SB：0（未被取代）BL：0（未被封锁）SPI：1（ON 合）。

CP56Time2a（7 字 节）：AD 39 1C 10 7A 0B 05（14 秒 765 毫 秒 28 分 16 点 26 日 11 月 2005 年）。

其中 AD39，表示秒和毫秒，按照低字节在前，高字节在后原则，即 39AD，为 14 秒 765 毫秒；

1CH，表示分钟，为 28 分；

10H，表示小时，为 16 时；

7AH，表示日与星期，（转换为二进制为 01111010，bit0~bit4 表示日，bit5~bit7 表示星期几）为 26 日星期三；

0BH，表示月，为 11 月；

05H，表示年，为 2005 年。

报文举例（三）

子站：68 20 12 00 04 00 1E 02 03 00 01 00 03 00 00 00 99 AF 3A 13 1E 03 00 04 00 00 00 99 AF 3A 13 1E 03 00

单点信息的事件顺序记录帧如表 10-7 所示。

表 10-7 单点信息的事件顺序记录帧

启动字符	68H
APDU 长度	20H
发送序列号	12H
发送序列号	00H
接收序列号	04H
接收序列号	00H
类型标识	1EH
可变结构限定词	02H
传送原因（2 字节）	03 00 H
应用服务数据单元公共地址（2 字节）	01 00H
信息体地址（3 字节）	03 00 00H
信息体元素（1 字节）	00H
CP56Time2a（7 字节）	99 AF 3A 13 1E 03 00
信息体地址（3 字节）	04 00 00H
信息体元素（1 字节）	00H
CP56Time2a（7 字节）	99 AF 3A 13 1E 03 00

报文解析：

启动字符：68H。

APDU 长度：20H（32 个字节， 即 12 00 04 00 1E 02 03 00 01 00 03 00 00 00 99 AF 3A 13 1E 03 00 03 00 01 00 99 AF 3A 13 1E 03 00）。

控制域八位位组 1：发送序列号：12H（0001 1100，第一个八位位组的第一比特为 0）。

控制域八位位组 2：发送序列号：00H（0000 0000）。

控制域八位位组 3：接收序列号：04H（0000 0100，第三个八位位组的第一比特为 0）。

控制域八位位组 4：接收序列号：00H（0000 0000）。

该帧为 I 格式。

类型标识：1EH（CON<30>：= 单点 SOE）。

可变结构限定词：02H（0000 0010, SQ=0 遥信地址逐个列出，NUMBER=2 2 个遥信量）。

传送原因：0300H（Cause<3>：= 突发）。

ASDU 公共地址：0100H（0001H 转换为十进制为 1，通常为 RTU 地址）。

信息对象地址：03 00 00（第 3 点）。

信息体数据：00，转化成二进制 0000 0000。IV：0（有效）NT：0（当前值）SB：0（未被取代）BL：0（未被封锁）SPI：0（OFF 分）。

CP56Time2a（7 字节）：99 AF 3A 13 1E 03 00（44 秒 953 毫秒 58 分 19 点 30 日 3 月 2000 年）。

其中 99AF，表示秒和毫秒，按照低字节在前，高字节在后原则，即 AF99，为 44 秒 953 毫秒；

3AH，表示分钟，为 58 分；

13H，表示小时，为 19 时；

1EH，表示日与星期，（转换为二进制为 00011110，bit0~bit4 表示日，bit5~bit7 表示星期几）为 30 日；

03H，表示月，为 3 月；

00H，表示年，为 2000 年。

信息对象地址：04 00 00（第 4 点）。

信息体数据：00，转化成二进制 0000 0000。IV：0（有效）NT：0（当前值）SB：0（未被取代）BL：0（未被封锁）SPI：0（OFF 分）。

CP56Time2a（7 字节）：99 AF 3A 13 1E 03 00（44 秒 953 毫秒 58 分 19 点 30 日 3 月 2000 年）。

其中 99AF，表示秒和毫秒，按照低字节在前，高字节在后原则，即 AF99，为 44 秒 953 毫秒；

3AH，表示分钟，为 58 分；

13H，表示小时，为 19 时；

1EH，表示日与星期，（转换为二进制为 00011110，bit0–bit4 表示日，bit5–bit7 表示星期几）为 30 日；

03H，表示月，为 3 月；

00H，表示年，为 2000 年。

报文举例（四）

子站：68 15 6C 2B DE 08 1E 01 03 00 02 02 01 00 00 00 4C DA 25 0F 05 07 04

单点信息的事件顺序记录帧如表 10–8 所示。

报文解析：

启动字符：68H。

表 10-8　　单点信息的事件顺序记录帧

启动字符	68H
APDU 长度	15H
发送序列号	6CH
发送序列号	2BH
接收序列号	DEH
接收序列号	08H
类型标识	1EH
可变结构限定词	01H
传送原因（2 字节）	03 00 H
应用服务数据单元公共地址（2 字节）	01 00H
信息体地址（3 字节）	01 00 00H
信息体元素（1 字节）	00H
CP56Time2a（7 字节）	4C DA 25 0F 05 07 04

APDU 长度：15H（21 个字节，即 6C 2B DE 08 1E 01 03 00 01 00 01 00 00 00 4C DA 25 0F 05 07 04）。

控制域八位位组 1：发送序列号：6CH（0110 1100，第一个八位位组的第一比特为 0）。

控制域八位位组 2：发送序列号：2BH（0010 1011）。

控制域八位位组 3：接收序列号：DEH（1101 1110，第三个八位位组的第一比特为 0）。

控制域八位位组 4：接收序列号：08H（0000 1000）。

该帧为 I 格式。

类型标识：1EH（CON<30>：= 单点 SOE）。

可变结构限定词：01H（0000 0001, SQ=0 遥信地址逐个列出，NUMBER=1 1 个遥信量）。

传送原因：0300H（Cause<3>：= 突发）。

ASDU 公共地址：0100H（0001H 转换为十进制为 1，通常为 RTU 地址）。

信息对象地址：01 00 00（第 3 点）。

信息体数据：00，转化成二进制 0000 0000。IV：0（有效）NT：0（当前值）SB：0（未被取代）BL：0（未被封锁）SPI：0（OFF 分）。

CP56Time2a（7 字节）：4C DA 25 0F 05 07 04（55 秒 884 毫秒 37 分 15 点 5 日 7 月 04 年）。

其中 4CDA，表示秒和毫秒，按照低字节在前，高字节在后原则，即 DA4C，为 55 秒 884 毫秒；

25H，表示分钟，为 37 分；

0FH，表示小时，为 15 时；

05H，表示日与星期，（转换为二进制为 00000110，bit0-bit4 表示日，bit5-bit7 表示星期几）为 05 日；

07H，表示月，为 7 月；

04H，表示年，为 2004 年。

报文举例（五）

子站：68 15 32 2B D8 08 1E 01 03 00 01 00 01 00 00 01 35 CC 25 0F 05 07 04

单点信息的事件顺序记录帧如表 10-9 所示。

表 10-9　　单点信息的事件顺序记录帧

启动字符	68H
APDU 长度	15H
发送序列号	32H
发送序列号	2BH
接收序列号	D8H
接收序列号	08H
类型标识	1EH
可变结构限定词	01H
传送原因（2 字节）	03 00H
应用服务数据单元公共地址（2 字节）	01 00H
信息体地址（3 字节）	01 00 00H
信息体元素（1 字节）	01H
CP56Time2a（7 字节）	35 CC 25 0F 05 07 04

报文解析：

启动字符：68H。

APDU 长度：15H（21 个字节，即 32 2B D8 08 1E 01 03 00 01 00 01 00 00 01 35 CC 25 0F 05 07 04）。

控制域八位位组 1：发送序列号：32H（0011 0010，第一个八位位组的第一比特为 0）。

控制域八位位组 2：发送序列号：2BH（0010 1011）。

控制域八位位组 3：接收序列号：D8H（1101 1000，第三个八位位组的第一比特为 0）。

控制域八位位组 4：接收序列号：08H（0000 1000）。

该帧为 I 格式。

类型标识：1EH（CON<30>：= 单点 SOE）。

可变结构限定词：01H（0000 0001, SQ=0 遥信地址逐个列出，NUMBER=1 1 个遥信量）。

传送原因：0300H（Cause<3>：= 突发）。

ASDU 公共地址：0100H（0001H 转换为十进制为 1，通常为 RTU 地址）。

信息对象地址：01 00 00（第 1 点）。

信息体数据：01，转化成二进制 0000 0001。IV：0（有效）NT：0（当前值）SB：0（未被取代）BL：0（未被封锁）SPI：1（ON 合）。

CP56Time2a（7 字节）：35 CC 25 0F 05 07 04（52 秒 277 毫秒 37 分 15 点 5 日 7 月 04 年）。

其中 35CC，表示秒和毫秒，按照低字节在前，高字节在后原则，即 CC35，为 52 秒 277 毫秒；

25H，表示分钟，为 37 分；

0FH，表示小时，为 15 时；

05H，表示日与星期，（转换为二进制为 00000110，bit0–bit4 表示日，bit5–bit7 表示星期几）为 05 日；

07H，表示月，为 7 月；

04H，表示年，为 2004 年。

报文举例（六）

子站：68 15 1C 04 02 00 1E 01 03 00 01 00 02 00 00 00 DE 6C 0F 0E 1B 07 0C

单点信息的事件顺序记录帧如表 10-10 所示。

表 10-10　　单点信息的事件顺序记录帧

启动字符	68H
APDU 长度	15H
发送序列号	1CH
发送序列号	04H
接收序列号	02H
接收序列号	00H
类型标识	1EH
可变结构限定词	01H
传送原因（2 字节）	03 00H
应用服务数据单元公共地址（2 字节）	01 00H
信息体地址（3 字节）	02 00 00H
信息体元素（1 字节）	00H
CP56Time2a（7 字节）	DE 6C 0F 0E 1B 07 0C

报文解析：

启动字符：68H。

APDU 长 度：15H（21 个字节，即 1C 04 02 00 1E 01 03 00 01 00 02 00 00 00 DE 6C 0F 0E 1B 07 0C）。

控制域八位位组 1：发送序列号：1CH（0001 1010，第一个八位位组的第一比特为 0）。

控制域八位位组 2：发送序列号：04H（0000 0100）。

控制域八位位组 3：接收序列号：02H（0000 0010，第三个八位位组的第一比特为 0）。

控制域八位位组 4：接收序列号：00H（0000 0000）。

该帧为 I 格式。

类型标识：1EH（CON<30>：= 单点 SOE）。

可变结构限定词：01H（0000 0001, SQ=0 遥信地址逐个列出，NUMBER=1 1 个遥信量）。

传送原因：0300H（Cause<3>：= 突发）。

ASDU 公共地址：0100H（0001H 转换为十进制为 0，通常为 RTU 地址）。

信息对象地址：02 00 00（第 1 点）。

信息体数据：00，转化成二进制 0000 0001。IV：0（有效）NT：0（当前值）SB：0（未被取代）BL：0（未被封锁）SPI：0（OFF 分）。

CP56Time2a（7 字 节）：DE 6C 0F 0E 1B 07 0C（27 秒 870 毫 秒 15 分 14 点 27 日 7 月 12 年）。

其中 DE6C，表示秒和毫秒，按照低字节在前，高字节在后原则，即 6CDE，为 27 秒 870 毫秒；

0FH，表示分钟，为 15 分；

0EH，表示小时，为 14 时；

1BH，表示日与星期，（转换为二进制为 00011011，bit0-bit4 表示日，bit5-bit7 表示星期几）为 27 日；

07H，表示月，为 7 月；

04H，表示年，为 12 年。

实例 2：3 字节时标单点 SOE

备注：短时标只有 3 个字节，分别是 1 个字节的分和 2 个字节的毫秒。在实际应用中，带时标的信息往往可以在通道恢复后被补充传送，但通道中断时间是一个不确定因素，因此仅有精确到分钟的时标是不安全的，一般不予采用。

报文举例（一）

子站回答：68 11 24 00 2A 00 02 01 01 00 01 00 01 00 00 00 7E 3E 18

单点信息的事件顺序记录帧（一）如表 10-11 所示。

报文解析：

表 10-11 单点信息的事件顺序记录帧（一）

启动字符	68H
APDU 长度	11H
发送序列号	24H
发送序列号	00H
接收序列号	2AH
接收序列号	00H
类型标识	02H
可变结构限定词	01H
传送原因（2 字节）	01 00H
应用服务数据单元公共地址（2 字节）	01 00H
信息体地址（3 字节）	01 00 00H
信息体元素（1 字节）	00H
CP24Time2a（3 字节）	7E 3E 18H

启动字符：68H。

APDU 长度：11H（17 个字节，即 24 00 2A 00 02 01 01 00 01 00 01 00 00 00 7E 3E 18）。

控制域八位位组 1：发送序列号：24H（0010 0100，第一个八位位组的第一比特为 0）。

控制域八位位组 2：发送序列号：00H（0000 0000）。

控制域八位位组 3：接收序列号：2AH（0010 1010，第三个八位位组的第一比特为 0）。

控制域八位位组 4：接收序列号：00H（0000 0000）。

该帧为 I 格式。

类型标识：02H（CON<2>：= 带时标的单点 SOE）。

可变结构限定词：01H（0000 0001, SQ=0 遥信地址逐个列出，NUMBER=1 1 个遥信量）。

传送原因：0100H（Cause<1>：= 周期、循环）。

ASDU 公共地址：0100H（0001H 转换为十进制为 1，通常为 RTU 地址）。

信息对象地址：01 00 00（第 1 点）。

信息体数据：00，分位。

CP24Time2a（3 字节）：7E 3E 18。

其中 7E 3E，表示秒和毫秒，按照低字节在前，高字节在后原则，即 3E7E，为 15 秒 998 毫秒；

18，表示分钟，为 24 分。

报文举例（二）

子站回答：68 11 12 00 04 00 02 01 01 00 01 00 03 00 00 00 99 AF 3A

单点信息的事件顺序记录帧（二）如表 10–12 所示。

表 10–12　单点信息的事件顺序记录帧（二）

启动字符	68H
APDU 长度	11H
发送序列号	12H
发送序列号	00H
接收序列号	04H
接收序列号	00H
类型标识	02H
可变结构限定词	01H
传送原因（2 字节）	01 00H
应用服务数据单元公共地址（2 字节）	01 00H
信息体地址（3 字节）	03 00 00H
信息体元素（1 字节）	00H
CP24Time2a（3 字节）	99 AF 3AH

报文解析：

启动字符：68H。

APDU 长度：11H（17 个字节，即 12 00 04 00 02 01 03 00 01 00 03 00 00 00 99 AF 3A）。

控制域八位位组 1：发送序列号：12H（0001 0010，第一个八位位组的第一比特为 0）。

控制域八位位组 2：发送序列号：00H（0000 0000）。

控制域八位位组 3：接收序列号：04H（0000 0100，第三个八位位组的第一比特为 0）。

控制域八位位组 4：接收序列号：00H（0000 0000）。

该帧为 I 格式。

类型标识：02H（CON<2>：= 带时标的单点 SOE）。

可变结构限定词：01H（0000 0001, SQ=0 遥信地址逐个列出，NUMBER=1 1 个遥信量）。

传送原因：0100H（Cause<1>：= 周期、循环）。

ASDU 公共地址：0100H（0001H 转换为十进制为 1，通常为 RTU 地址）。

信息对象地址：03 00 00（第 3 点）。

信息体数据：00，分位。

CP24Time2a（3 字节）：99 AF 3A（58 分 44 秒 953 毫秒）。

其中 99AF，表示秒和毫秒，按照低字节在前，高字节在后原则，即 AF99，为 44 秒 953 毫秒。

3A，表示分钟，为 58 分。

实例 3：双点 SOE

报文举例（一）

子站：68 15 1C 00 06 00 1F 01 03 00 01 00 0A 00 00 01 2F 40 1C 10 7A 0B 05

双点信息的事件顺序记录帧（一）如表 10–13 所示。

报文解析：

启动字符：68H。

表 10-13　双点信息的事件顺序记录帧（一）

启动字符	68H
APDU 长度	15H
发送序列号	1CH
发送序列号	00H
接收序列号	06H
接收序列号	00H
类型标识	1FH
可变结构限定词	01H
传送原因（2 字节）	03 00H
应用服务数据单元公共地址（2 字节）	01 00H
信息体地址（3 字节）	0A 00 00H
信息体元素（1 字节）	01H
CP56Time2a（7 字节）	2F 40 1C 10 7A 0B 05H

APDU 长度：15H（21 个字节，即 1C 00 06 00 1F 01 03 00 01 00 0A 00 00 01 2F 40 1C 10 7A 0B 05）。

控制域八位位组 1：发送序列号：1CH（0001 1100，第一个八位位组的第一比特为 0）。

控制域八位位组 2：发送序列号：00H（0000 0000）。

控制域八位位组 3：接收序列号：06H（0000 0110，第三个八位位组的第一比特为 0）。

控制域八位位组 4：接收序列号：00H（0000 0000）。

该帧为 I 格式。

类型标识：1FH（CON<31>：= 双点 SOE）。

可变结构限定词：01H（0000 0001, SQ=0 遥信地址逐个列出，NUMBER=1　1 个遥信量）。

传送原因：0300H（Cause<3>：= 突发）。

ASDU 公共地址：0100H（0001H 转换为十进制为 1，通常为 RTU 地址）。

信息对象地址：0A 00 00（第 10 点）。

信息体数据：01，分位。

CP56Time2a（7 字节）：2F 40 1C 10 7A 0B 05。

其中 2F40，表示秒和毫秒，按照低字节在前，高字节在后原则，即 402F，为 16 秒 431 毫秒。

1CH，表示分钟，为 28 分；

10H，表示小时，为 16 时；

7AH，表示日与星期，（转换为二进制为 01111010，bit0-bit4 表示日，bit5-bit7 表示星期几）为 26 日星期三；

0BH，表示月，为 11 月；

05H，表示年，为 2005 年。

报文举例（二）

子站：68 15 1A 00 06 00 1F 01 03 00 01 00 08 00 00 02 AD 39 1C 10 7A 0B 05

双点信息的事件顺序记录帧（二）如表 10-14 所示。

报文解析：

启动字符：68H。

表 10–14 双点信息的事件顺序记录帧（二）

启动字符	68H
APDU 长度	15H
发送序列号	1AH
发送序列号	00H
接收序列号	06H
接收序列号	00H
类型标识	1FH
可变结构限定词	01H
传送原因（2 字节）	03 00H
应用服务数据单元公共地址（2 字节）	01 00H
信息体地址（3 字节）	08 00 00H
信息体元素（1 字节）	02H
CP56Time2a（7 字节）	AD 39 1C 10 7A 0B 05H

APDU 长度：15H（21 个字节，即 1A 00 06 00 1F 01 03 00 01 00 08 00 00 02 AD 39 1C 10 7A 0B 05）。

控制域八位位组 1：发送序列号：1AH（0001 1010，第一个八位位组的第一比特为 0）。

控制域八位位组 2：发送序列号：00H（0000 0000）。

控制域八位位组 3：接收序列号：06H（0000 0110，第三个八位位组的第一比特为 0）。

控制域八位位组 4：接收序列号：00H（0000 0000）。

该帧为 I 格式。

类型标识：1FH（CON<31>：= 双点 SOE）。

可变结构限定词：01H（0000 0001, SQ=0 遥信地址逐个列出，NUMBER=1 1 个遥信量）。

传送原因：0300H（Cause<3>：= 突发）。

ASDU 公共地址：0100H（0001H 转换为十进制为 1，通常为 RTU 地址）。

信息对象地址：08 00 00（第 8 点）。

信息体数据：02，转化成二进制 0000 0010。IV：0（有效）NT：0（当前值）SB：0（未被取代）BL：0（未被封锁）SPI：10（ON 合）。

CP56Time2a（7 字节）：AD 39 1C 10 7A 0B 05。

其中 AD39，表示秒和毫秒，按照低字节在前，高字节在后原则，即 39AD，为 14 秒 765 毫秒；

1CH，表示分钟，为 28 分；

10H，表示小时，为 16 时；

7AH，表示日与星期，（转换为二进制为 01111010，bit0–bit4 表示日，bit5–bit7 表示星期几）为 26 日星期三；

0BH，表示月，为 11 月；

05H，表示年，为 2005 年。

报文举例（三）

子站：68 15 3C 31 2C 0A 1F 01 03 00 01 00 3D 00 00 02 68 61 29 0F 05 07 04

双点信息的事件顺序记录帧（三）如表 10–15 所示。

报文解析：

表 10-15　　双点信息的事件顺序记录帧（三）

启动字符	68H
APDU 长度	15H
发送序列号	3CH
发送序列号	31H
接收序列号	2CH
接收序列号	0AH
类型标识	1FH
可变结构限定词	01H
传送原因（2 字节）	03 00H
应用服务数据单元公共地址（2 字节）	01 00H
信息体地址（3 字节）	3D 00 00H
信息体元素（1 字节）	02H
CP56Time2a（7 字节）	68 61 29 0F 05 07 04H

启动字符：68H。

APDU 长度：15H（21 个字节，即 3C 31 2C 0A 1F 01 03 00 01 00 3D 00 00 02 68 61 29 0F 05 07 04）。

控制域八位位组 1：发送序列号：3CH（0011 1100，第一个八位位组的第一比特为 0）。

控制域八位位组 2：发送序列号：31H（0011 0001）。

控制域八位位组 3：接收序列号：2CH（0010 1100，第三个八位位组的第一比特为 0）。

控制域八位位组 4：接收序列号：0AH（0000 1010）。

该帧为 I 格式。

类型标识：1FH（CON<31>：= 双点 SOE）。

可变结构限定词：01H（0000 0001, SQ=0 遥信地址逐个列出，NUMBER=1 1 个遥信量）。

传送原因：0300H（Cause<3>：= 突发）。

ASDU 公共地址：0100H（0001H 转换为十进制为 1，通常为 RTU 地址）。

信息对象地址：3D 00 00（第 61 点）。

信息体数据：02，转化成二进制 0000 0001。IV：0（有效）NT：0（当前值）SB：0（未被取代）BL：0（未被封锁）SPI：10（ON 合）。

CP56Time2a（7 字节）：68 61 29 0F 05 07 04（24 秒 936 毫秒 41 分 15 点 5 日 7 月 04 年）。

其中 6861，表示秒和毫秒，按照低字节在前，高字节在后原则，即 6168，为 24 秒 936 毫秒；

29H，表示分钟，为 41 分；

0FH，表示小时，为 15 时；

05H，表示日与星期，（转换为二进制为 00000110，bit0-bit4 表示日，bit5-bit7 表示星期几）为 05 日；

07H，表示月，为 7 月；

04H，表示年，为 2004 年。

第 11 章　规约扩展

目前，IEC 60870-5-104 规约已广泛应用于主站和子站之间的信息传输，随着各应用系统的不断完善，在电力系统中出现很多对 IEC 60870-5-104 未定义部分的扩展应用，如表 11-1 所示，本章节简要列举了 5 种类型的 IEC 60870-5-104 的扩展应用，仅供参考。

表 11-1　　IEC 60870-5-104 扩展应用类型标识

在监视方向的过程信息	类型标识	<22..29>：= 为将来兼容定义保留
	类型标识	<41..44>：= 为将来兼容定义保留
在控制方向的过程信息	类型标识	<52..57>：= 为将来兼容定义保留
	应用服务数据单元	<65..69>：= 为将来兼容定义保留
在监视方向的系统命令	类型标识	<71..99>：= 为将来兼容定义保留
在控制方向的系统命令	类型标识	<108..109>：= 为将来兼容定义保留
在控制方向的参数命令	类型标识	<114..119>：= 为将来兼容定义保留
文件传输	类型标识	<127>：= 为将来兼容定义保留

11.1　IEC 60870-5-104 规约在遥控双重校验中的应用

目前，主站系统与站端系统的远动规约主要采用 IEC104，其传送的遥控命令中只包含遥控点号和遥控值，站端系统接收到遥控命令后，只对遥控命令的遥控点号进行检验，只要判断到该点号存在，就进行遥控，一旦主站系统遥控点关联出错或站端系统遥控点出现与主站端系统发生不对应，就有可能发生误遥控，为了避免遥控过程潜在的隐患，需要建立遥控过程的多重校验机制。因此，自动化运维人员提出了一种利用 104 规约扩产功能，在遥控命令中增加设备名称，通过同时判断遥控点号和设备名称对应关系的遥控防误校验技术。主站和子站的校验信息，可以通过两种方式进行校验核对。一种是遥控过程中进行核对；另外一种是定时召唤进行核对。遥控过程中核对，就是在每次遥控选择和遥控执行的报文中，增加主站和子站的校验信息，每次遥控中都会进行校验，如果远动装置和调度主站的主站和子站校验信息都匹配，进行遥控，如果不匹配，则返回特殊的遥控失败原因码，以便通知工程人员，配置错误。定时召唤核对，按照数据总召唤的方式，链路连通并且主站进行完数据召唤后，调度主站召唤远动装置中的遥控配置表，将远动中的主站和子站校验信息与调度主站的主站和子站校验信息进行核对，发现工程人员配置错误问题。

11.1.1 主站与厂站间遥控过程的双重校核规约扩展

在 IEC104 规约基础上扩展遥控预置与执行的报文结构，下发点号时，能够将设备名称（短设备名字而非路径名）一起下发。同时，返回错误码能够明确错误原因（点号与名称不一致、存在重复点号、无法校验等），并将原因返回给调度自动化主站系统 SCADA 的遥控界面显示并告警。遥控的预置、执行都应该增加此校验环节，保证遥控的安全可靠。带名称校验的单命令类型标识为 54，如表 11-2 所示。

表 11-2 应用服务数据单元：带名称校验的单命令

<table>
<tr><td>0</td><td>0</td><td>1</td><td>1</td><td>0</td><td>1</td><td>1</td><td>0</td><td>类型标识（TYP）</td><td rowspan="4">数据单元标识符在 DL/T634.5101—2002 的 7.1 中定义</td></tr>
<tr><td>0</td><td>0</td><td>0</td><td>0</td><td>0</td><td>0</td><td>0</td><td>1</td><td>可变结构限定词（VSQ）</td></tr>
<tr><td colspan="8">在 DL/T634.5101—2002 的 7.2.3 中定义</td><td>传送原因（COT）</td></tr>
<tr><td colspan="8">在 DL/T634.5101—2002 的 7.2.4 中定义</td><td>应用服务数据单元公共地址</td></tr>
<tr><td colspan="8">在 DL/T634.5101—2002 的 7.2.5 中定义</td><td>信息对象地址</td><td rowspan="3">信息对象</td></tr>
<tr><td>S/E</td><td colspan="5">QU</td><td>0</td><td>SCS</td><td>SCO= 单命令（在 DL/T634.5101—2002 的 7.2.6.15 中定义）</td></tr>
<tr><td colspan="8">校验信息　n byte</td><td>校验信息（n 可利用报文长度计算得出）</td></tr>
</table>

校验信息说明：

校验信息为字符串，包含结束符。传输时校验信息按照实际的长度发送，校验信息字符串长度可由报文长度计算得出。例如：IEC104 规约中一帧报文的最大长度为 255 字节（包括起始字节和报文长度字节），去除报文的其他部分后，校验信息的最大长度 239 字节，119 个汉字。校验信息建议采用标准命名方式，从厂站往后的部分，不需要全名称。“选择”“返校”“执行”等遥控命令的 ASDU 信息格式具体规定如表 11-3~ 表 11-8 所示。

表 11-3 遥控选择

36 H（TYPE）
01 H（VSQ）
06 H（COT）
源发站地址
公共地址低字节
公共地址高字节
信息体地址低位
信息体地址中位
信息体地址高位
单命令选择
校验信息（n 个字节 ASCII 码）

表 11-4 遥控选择返校

36 H（TYPE）
01 H（VSQ）
07 H（COT）
源发站地址
公共地址低字节
公共地址高字节
信息体地址低位
信息体地址中位
信息体地址高位
单命令选择
返校出错信息（n 个字节 ASCII 码，返校成功时 n 为 0）

表 11-5　遥控执行

36 H（TYPE）
01 H（VSQ）
06 H（COT）
源发站地址
公共地址低字节
公共地址高字节
信息体地址低位
信息体地址中位
信息体地址高位
单命令选择
校验信息（*n* 个字节 ASCII 码）

表 11-6　遥控执行返校

36 H（TYPE）
01 H（VSQ）
07 H（COT）
源发站地址
公共地址低字节
公共地址高字节
信息体地址低位
信息体地址中位
信息体地址高位
单命令选择
出错信息（*n* 个字节 ASCII 码，执行成功时 *n* 为 0）

表 11-7　遥控撤销

36 H（TYPE）
01 H（VSQ）
08 H（COT）
源发站地址
公共地址低字节
公共地址高字节
信息体地址低位
信息体地址中位
信息体地址高位
单命令选择
校验信息（*n* 个字节 ASCII 码）

表 11-8　遥控撤销返校

36H（TYPE）
01H（VSQ）
09H（COT）
源发站地址
公共地址低字节
公共地址高字节
信息体地址低位
信息体地址中位
信息体地址高位
单命令选择
出错信息（*n* 个字节 ASCII 码，执行成功时 *n* 为 0）

11.1.2　主站处理流程

调度自动化主站系统在遥控操作时，调度员在厂站接线图上通过右键对开关进行遥控操作，在弹出的遥控操作界面上，操作员需要再次输入所遥控开关的开关编号，程序会判断所输入的开关编号与所操作的开关名称中的编号是否相同，如相同才允许继续进行遥控预置操作。调度自动化主站系统的画面、SCADA 应用、前置应用间传输遥控命令时使用的是系统内部的设备关键字（ID），前置应用在下发遥控命令时通过设备关键字从数据库中取出设备遥控点号组装到下发的遥控命令中，厂站端收到遥控命令后，根据命令中的遥控点号和站端预设的点号和设备对应关系找到所要操作的设备，并对其进行控制操作。

现调度自动化主站系统的画面在判断操作员输入的开关编号正确后，需要将此编号与原有的 ID、状态等信息一并通过 SCADA 应用发给前置应用，前置应用在下发到厂站端的遥控命令时，需要再通过设备关键字从数据库中取出设备所在测控装置的 IP 地址和遥控点号，并与遥控状态和开关编号信息按照新的遥控命令格式组装报文。厂站端在收到主站的遥控命令后，需要先判断命令中的遥控点号、开关编号和测控装置 IP 地址的对应关系与站端设置的是否一致，一致则继续，否则就返回出错信息给主站。主站端在接收处理站端上送的遥控返校报文时，需要将站端系统上送的校核结果文本信息返送给画面，显示在主站系统的遥控操作界面上。

11.1.3 厂站处理流程

变电站一体化监控系统的传统遥控过程，由厂站端前置通信软件接到主站的遥控命令，根据遥控号从转发信息表中检索出相应的数据库遥控记录索引号（OID），然后通过 OID 检索出遥控开关设备对象的记录信息，根据该开关设备对象的记录信息属性，对装置进行相应的控制操作。在变电站一体化监控系统体系下，所有控制操作都是依据遥控开关设备对象数据库数据属性统一进行相应操作。因此遥控对象数据库，在传统常规变电站，只要可靠地验证了该对象库正确性，基本就能保证一体化监控系统对下端的装置操作的正确性。在新型智能变电站，站控层网络是基于 IEC61850 协议体系，由于其的强大的互操作性及丰富的扩展性能，让装置实现对带编号校核属性的遥控功能支持是能够实现的，这样就更加在整个遥控双校核过程上的所有环节，都能可靠保证遥控操作的可靠性和唯一性。在本次项目中，变电站一体化监控系统，可分别由总控对带编号遥控操作的校核和由总控和装置对带编号遥控操作的校核两种方案。

方案一及方案二的流程图如图 11-1 所示。

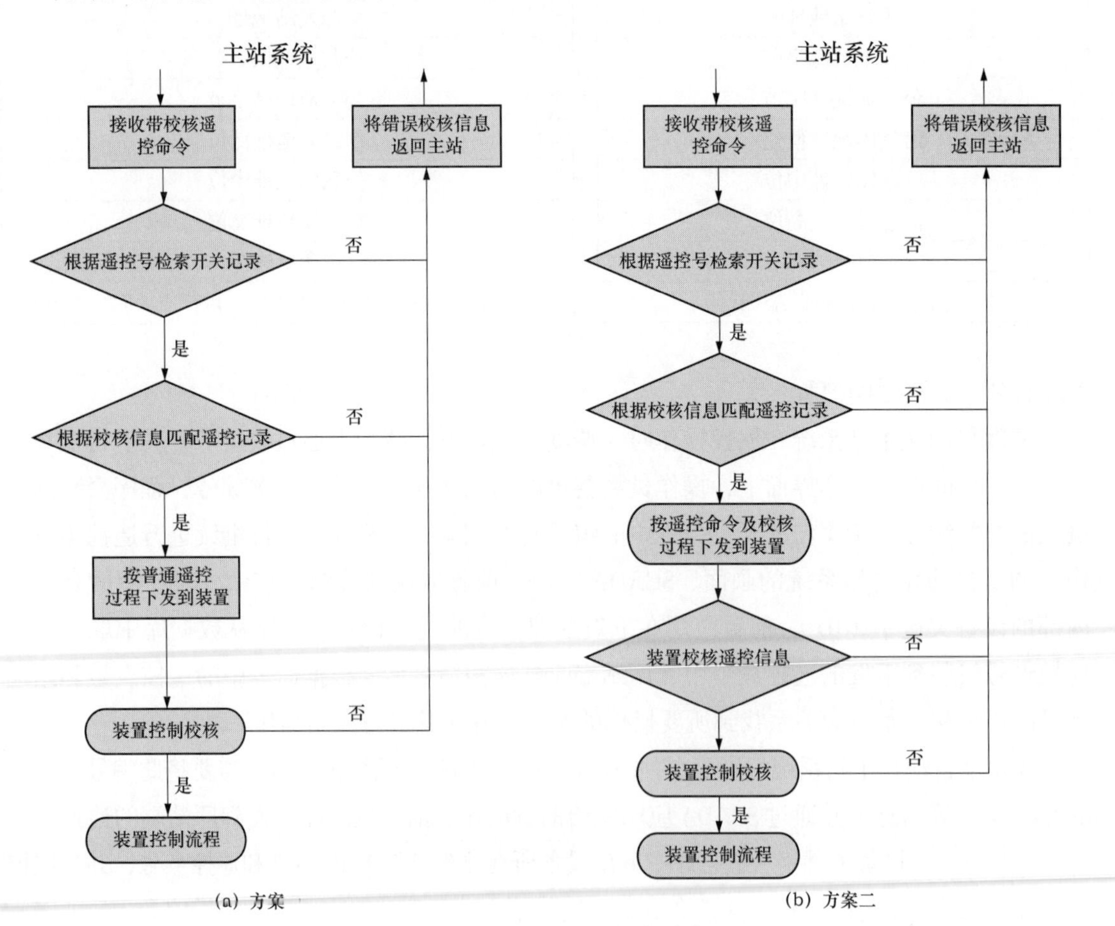

图 11-1 方案一、二的流程图

方案一实现流程如下：监控系统从主站下发的遥控命令信息中，在获取遥控号的同时，也获取该遥控的校核信息，并将校核信息与该遥控的开关记录信息终端遥控别名域匹配和装置IP地址匹配，如果匹配不成功，返回主站遥控校核错误信息，若校核匹配成功即转为传统遥控流程操作。

方案二实现流程如下：监控系统从主站下发的遥控命令信息中，在获取遥控号的同时，也获取该遥控的校核信息，并将校核信息与该遥控的开关记录信息终端遥控别名域匹配和装置IP地址匹配，如果匹配不成功，返回主站遥控校核错误信息，校核匹配成功，再根据遥控开关对象将校核信息发送给对应装置，由装置根据本设备配置再次校核遥控编号信息是否正确，校核成功进行常规控制操作，否则就取消该控制操作，并将错误信息返回给一体化监控系统，再由一体化监控系统返回给主站。

11.1.4　校验信息定义

遥控校验信息应为包含"开关编号"和"装置IP地址"的合成字符串，中间以"/"隔开，具体例子可以参考："2511/100.100.100.11"。

现有IEC 60870-5-104规约传输遥控命令仅仅依据点号，主站系统和站端系统信息表一旦出现点号错位等不对应情况，很容易导致误遥控。通过规约扩展，实现点号和设备编号的双重校验，同时校验测控装置的IP地址，彻底消除了主站系统和站端系统的点号对应关系错误带来的误遥控可能性。

11.1.5　主站遥控流程中的双重校核

在调度自动化主站系统中，很多应用都需要向站端下发遥控命令，如监控员需要在SCADA画面上控制线路开关，AVC应用会根据程序计算结果去控制电容器开关，此时，各个应用都会有自己的表去设置相关设备的遥控参数，其中一般只包含应用本身可控的设备。但是，与遥控相关的遥控点号的设置一般是在另外的"下行遥控信息表"中，这张表里包含了主站系统中所有可遥控的设备，既有与监控有关的线路开关，也有与AVC有关的电容器开关。因此，当某个应用在下行遥控信息表中设置相关设备的遥控点号时，有可能误改了其他设备的遥控点号。

所以，在各应用自己私有的遥控设备参数设置表里也扩充了一个域，用来填写下行的遥控点号。遥控操作时，当应用程序首先比对这两张表中所遥控设备的遥控点号是否一致，如不一致则立即停止遥控。在SCADA应用中，在SCADA设置遥控参数的数字控制表中新增了一个控制点号域，用以填写此设备的遥控点号。SCADA程序在发送遥控命令时，先读取数字控制表中所控设备的控制点号，再读取前置应用"下行遥控信息表"中此设备的数据点号，如果这两个点号一致则发送遥控命令，如果不一致则报错并停止遥控。

11.2　IEC 60870-5-104规约在省地负荷批量控制中的应用

电网调度自动系统是电网运行控制的基础，其自动化水平影响着电网安全、高效运行。基于D5000平台，开发省地负荷批量控制功能，在电网处于非正常运行状态时省调实现快速、准确批量切除负荷，改变电网运行结构，减少事故影响。该技术研究对提高电网自动化水平，保障电网安全运行具有重要意义。基于 IEC104 规约探讨其扩展应用，实现省地负荷批量控制功能。工程实际投入运行验证了该功能的可行性。

11.2.1 省地负荷批量控制技术规约扩展

目前，省地负荷批量控制功能中信息的交换是通过对 IEC104 规约中 ASDU 功能码进行扩展，传输数据内容和中文描述，实现省地间指令信息的交互。省地负荷批量控制信息与常规的四遥信息同属于实时数据信息类别，为了方便省地负荷批量拉路控制的传输与管理，将省地负荷批量控制信息与四遥信息传输的协议报文格式作统一规定，只在信息体地址字段后描述内容的功能定义上作区分，以保持对接收四遥信息实时数据的兼容性，更好地扩展 IEC104 规约应用于实际电力生产中。

11.2.2 省地负荷批量控制技术 ASDU 说明

省地负荷批量控制，使用 ASDU 类型标识“56”用于省地间负荷批量控制信息数据交换。为了保持兼容性和通用性，省地间负荷批量拉路控制功能使用 ASDU 时，仍然采用标准 IEC104 规约的基础结构。只对数据 APDU 中的数据域作相应修改，同时扩展信息元素集中元素，以满足省地间负荷批量拉路控制传输的使用，如表 11-9 所示。一般地，省地负荷控制数据传输时，省调下发命令，所有字段都必须有，当交互限定词类型为—请求时，选中线路个数、和选择负荷总量应为 0。上级调度不需要下发请求命令以获取下级调度系统中的信息数据。主要采用推送方式，地调上送数据时，报文格式中 1~15、27—校验码字段都应包含。其余字段根据交互限定词分别上送，具体为：2—返校、5—急停返校、9—执行确认；按序组包字段为：预期切除负荷总量、选中线路个数、实际选择负荷总量；6—控制过程中切除负荷；按序组包字段为：实际切除负荷总量；7—控制结果；按序组包字段为：预期切除负荷总量、实际选择负荷总量、实际切除负荷总量、选中线路个数、开关控制成功个数、总共耗时、轮次；8—控制结束；按序组包字段为：预期切除负荷总量、实际选择负荷总量，控制数据信息长度、控制数据信息内容根据实际，若控制数据信息长度为 0，可不组包；其他：返回信息功能码和失败原因只有当地调上送失败原因时出现。

省地负荷批量控制 ASDU 数据如表 11-9 所示。

表 11-9　　省地负荷批量控制 ASDU 数据

字节	报文内容	说明
1	类型标识（TYP）	56
2	可变结构限定词	bit7=0
		Bit6-Bit0 控制对象的数目 N，填写 1
3	传送原因（COT）	<6>：= 激活
		<8>：= 停止激活
4		0

续表

字节	报文内容	说明
5	应用服务数据单元公共地址	RTU 站址
6		
7	信息体地址	3 个字节，都为 0
8	交互命令限定词	<1>：= 请求
		<2>：= 请求返校
		<3>：= 执行
		<4>：= 急停
		<5>：= 急停返校
		<6>：= 控制切除负荷
		<7>：= 控制结果
		<8>：= 控制结束
		<9>：= 执行确认
		该字节最高位为 1 时表式有后续命令字段，0 表式无后续命令字段
9	数据类型	1—控制操作，2—数据传输
10	控制标识	4 字节
11	控制类型	1 字节：分为测试、只预置、自动控制
12	控制地区	16 字节，地区名称（辽宁 / 沈阳……）
13	控制校验码	64 字节，暂定做地调匹配序列用
14	控制密码串	4 字节，地区名称与校验码组合加密
15	下发时间	4 字节
16	预期切除负荷总量	4 字节（float）
17	选中线路个数	4 字节（int）
18	选中负荷总量	4 字节（float）
19	校验码	1 字节，对“交互命令限定词”到本帧数据最后内容进行和校验

省地负荷批量控制数据交互内容如表 11-10 所示。

表 11-10　　省地负荷批量控制数据交互内容

序号	类型	功能	交互内容
1	实时数据上送	地调周期转发本地调的序列控制实时数据信息	消息类型 当前时间 区域名 校验字符串 实时可切负荷 设计可切负荷 当前系统状态

续表

序号	类型	功能	交互内容
2	控制请求 下发	省调下发某地 调下发控制切 除负荷目标值	消息类型 本次控制标识 当前时间 区域名
3	控制确认 反校	地调根据省调 下发的控制目 标值选出序列 后，向省调确 认遥控执行	消息类型 本次控制标识 当前时间 区域名 校验字符串 设置可切负荷 选中线路个数 选中负荷总量
4	控制执行 （取消 / 急停） 下发	省调审核通过 后进行确认地 调执行负荷批 量控制	消息类型 本次控制标识 当前时间 区域名 校验字符串 设置可切负荷 选中线路个数 选中负荷总量
5	控制执行 （取消 / 急停） 确认	地调根据省调 下发的控制控 制执行（取消 / 急停），向省调 确认操作状态	消息类型 本次控制标识 当前时间 区域名 校验字符串

通过扩展 IEC014 规约 ASDU 数据块结构的方式可满足数据在上、下级调度系统间传输要求，交互指令内容采用“数字 + 中文”描述格式，命令字段具有良好的可读性及编码规范性。同时，保持了通信报文的基本结构不变，进一步保证了本文研究成果的通用性和扩展性。为了满足省地间负荷拉路控制功能的新要求，在不改变原有报文结构功能的基础上，扩展了报文结构中部分字段的使用范围，使得本文研究成果更加符合电力系统生产的要求。

11.3 IEC 60870-5-104 规约在 EMS 与 DMS 间数据交互的数据传输与安全控制操作方法中的应用

随着电力系统的发展，尤其受城乡电网建设与改造的影响，对配网管理系统（DMS）改善电能质量提出新的要求。能量管理系统（EMS）与配网管理系统间的数据交互越来越多，DMS 通过 EMS 进行控制操作的需求越来越急切。基于 IEC104 规约在 EMS 与 DMS 间的扩展应用，并通过遥控信息冗余校验的概念，给出遥控信息冗余校验判断策略，提出了 EMS 与 DMS 间数据交互和安全遥控操作的方法，实现 EMS 向 DMS 转发遥测、遥信数据。

11.3.1 EMS 与 DMS 间数据交互的数据传输数据传送方式

整厂转发模式指的是变电站发送给 EMS 的信息顺序号，同样应用于 EMS 发送给 DMS，无需人工干预模型匹配关系。将 1 个或多个站端系统（或电力控制中心）的全部数据通过 EMS 与 DMS 建立 TCP 通信链路传输。多个变电站的数据可以通过 EMS 与 DMS 建立的 1 个通信链路进行传输。传统的转发方式，需消耗操作系统多个 TCP 链接，人工维护模型映射关系和核对信息的工作。采用整厂转发模式能有效提高传输效率。由于整厂转发模式是时分复用的，对 IEC104 规约中 ASDU 公共地址进行扩展，用以表示转发数据所属厂站，而电力调度自动化监控系统中厂站是通过厂站编号进行区分的。通过扩展“ASDU 公共地址”应用，EMS 向 DMS 转发遥测、遥信数据示意图如图 11-2 所示。图 11-2 显示内容意义为，在 1 个 EMS 与 DMS 通信的厂站中，传输了厂站编号为 28,155,33,39 的遥测数据，对应 IEC104 中的 ASDU 公共地址 0x1C0x00、0x9B0x00、0x210x00、0x270x00；传输了厂站编号为 144,45 的遥信数据，对应 IEC104 中的 ASDU 公共地址 0x900x00、0x2D0x00。

整厂转发报文如图 11-2 所示。

发送（遥测）：6812FC427E06 0D 01 03001C00 AE400E88D463F00

发送（遥测）：681AFE427E06 0D 02 03009B00 09410000DCBD41000B410033B3D84100

发送（遥测）：681200437E060D 01 03002100 E6400198EA14300

发送（遥测）：681A02437E06 0D 02 03002700 85400F5DB874200 86400E1DE8A4200

接收：680401000643

发送（遥信）：682006437E06 1E 02 03009000 F30600012723000050021 0F30600000820000500210

发送（遥信）：682E06437E06 01 01 03002D00 23020000

发送（遥信）：68150A437E06 0E 01 03002D00 23020000E1210000500210

发送：680443000000

发送：680483000000

图 11-2 整厂转发报文

采用上述数据传送方式，对 DMS 而言，数据源等同于来自变电站监控系统，提高了数据传输的实时性和准确性，更加符合电力系统安全生产的要求。同时因为 DMS 通过模型文件获取了 EMS 中设备的唯一性标识和设备模型定义描述，从技术上保证了控制操作的安全性，即操作的设备属性同 EMS 保持高度一致。此时，EMS 的地位等同于 DMS 中的数据采集模块。特别地，单个 EMS 与 DMS 通信的控制中心生成的遥测、遥信模型文件中可以包含 EMS 中多个厂站的模型，DMS 通过 EMS 下发遥控命令时，也支持多对一的关系。即多个厂站的控制命令可以通过 1 个已建立 TCP 链接的 EMS 与 DMS 通信控制中心下发给变电站，如此进一步提升 EMS 与 DMS 间信息交互的效率。

11.3.2 EMS 和 DMS 间安全控制操作方法

为实现 DMS 通过 EMS 对低电压等级（主要是 10 kV）断路器设备进行安全控制操作，在标准单点遥控报文后增加遥控信息冗余校验，对 ASDU 结构中的类型标识进行扩充，从规约设置层面保障控制操作设备信息的准确性。冗余校验信息由冗余校验信息字节数和冗余校验信息组成，其中冗余校验信息主要包含 EMS 中设备关键字信息，设备所属厂站名称、设备测点名等。遥控类型采用扩展类型 74，在标准单点遥控报文后增加了设备的 KEYID 结构信息进行冗余校验。EMS 和 DMS 间安全控制操作 ASDU 如表 11-11 所示。

表 11-11　　EMS 和 DMS 间安全控制操作 ASDU

<table>
<tr><td>0</td><td>1</td><td>1</td><td>1</td><td>0</td><td>1</td><td>0</td><td>0</td><td>类型标识（TYP）</td><td rowspan="4">数据单元标识符在 DL/T634.5101—2002 的 7.1 中定义</td></tr>
<tr><td>0</td><td>0</td><td>0</td><td>0</td><td>0</td><td>0</td><td>0</td><td>1</td><td>可变结构限定词（VSQ）</td></tr>
<tr><td colspan="8">在 DL/T634.5101—2002 的 7.2.3 中定义</td><td>传送原因（COT）</td></tr>
<tr><td colspan="8">在 DL/T634.5101—2002 的 7.2.4 中定义</td><td>应用服务数据单元公共地址</td></tr>
<tr><td colspan="8">在 DL/T634.5101—2002 的 7.2.5 中定义</td><td>信息对象地址</td><td rowspan="9">信息对象</td></tr>
<tr><td>S/E</td><td colspan="5">QU</td><td>0</td><td>SCS</td><td>SCO= 单命令（在 DL/T634.5101—2002 的 7.2.6.15 中定义）</td></tr>
<tr><td colspan="8">冗余效验信息字节数　1 byte</td><td>冗余效验信息字节数</td></tr>
<tr><td colspan="8">系统权限　2 byte</td><td rowspan="6">冗余效验信息</td></tr>
<tr><td colspan="8">表号　2 byte</td></tr>
<tr><td colspan="8">记录号　4 byte</td></tr>
<tr><td colspan="8">域号　2 byte</td></tr>
<tr><td colspan="8">厂站名　32 byte</td></tr>
<tr><td colspan="8">测点名　128 byte</td></tr>
</table>

11.3.3 安全控制操作多条件校验技术

为了加强遥控操作安全性，防止遥控误操作，对控制操作增加了多条件验证。遥控报文后增加遥控信息冗余校验，确保遥控操作信息准确性。在 EMS 中对接收到的遥控设备信息进行表级验证，即在 EMS 中增加存储可遥控的设备信息。即便 DMS 发送的遥控信息校验通过，但不满足 EMS 中存储的表级验证要求，遥控指令不会被执行。结合配网的生产实际情况，EMS 接收 DMS 发送的遥控命令时，对校验信息中的设备所属的电压等级进一步判断，一般仅允许 10 kV 的断路器设备遥控可被执行。同时，"系统限" 作为控制安全操作的判据，仅允许具有遥控操作权限的用户进行遥控操作。遥控操作的流程如下所述：

（1）DMS 向 EMS 发送遥控预置报文（类型 74），附带遥控校验冗余信息。

（2）EMS 处理接收到的遥控预置报文，处理过程如下：校验冗余信息，由遥控点号寻找设备实际的所属厂站，校验信息正确性。如果校验出错，发送返校失败报文给 DMS；如果校验通过，发送遥控预置报文给变电站内自动化监控系统，等待变电站内自动化监控系统的返校报文，在 15s 内收到的变站内自动化监控系统返回的返校成功或失败报文，同时转发返校信息给 DMS。在 DMS 返校成功或失败后，EMS 如果在 10s 内没有收到 DMS 的遥控执行或遥控撤销报文，则发送遥控撤销报文给变电站内自动化监控系统。

（3）EMS 处理执行报文过程同处理预置报文的过程。主要差别在于处理执行报文时不需要等待变电站内自动化监控系统的实际执行结果，直接返回执行确认给 DMS。DMS 系统通过接收到的遥信变位判断是否遥控成功。DMS 通过 EMS 遥控操作流程如图 11-3 所示。

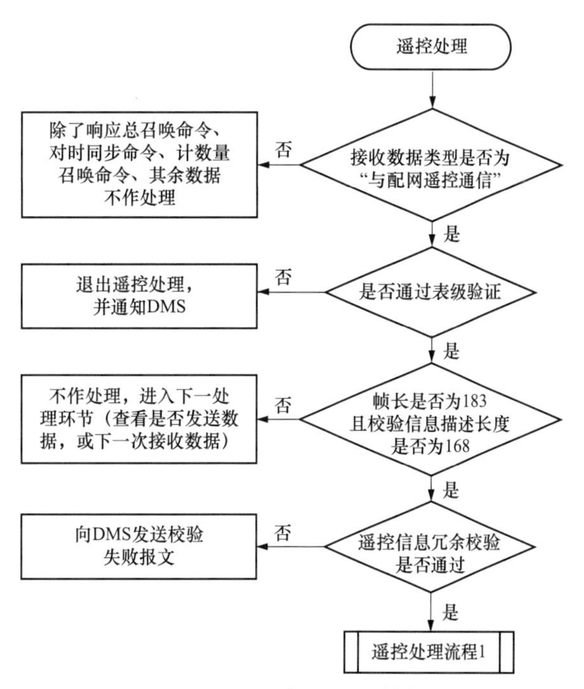

图 11-3　DMS 通过 EMS 遥控操作流程

11.4　IEC 60870-5-104 规约在配电终端自描述功能中的应用

配电终端自描述功能主要包括终端模型的建立以及模型的传输这两方面的内容。通过借鉴 IEC61850 面向对象的建模思想完成配电终端的建模，在模型中增加了远程维护和在线监测这两个逻辑设备。参考 IEC 60870-5-104 规约的报文格式，设计用于传输装置描述信息的报文，这种基于 104 规约扩展的方案解决了以往装置描述信息无法传输的问题，从而实现配电终端的自描述功能。元部件的工作状态，当配电终端设备相关功能模块运行出现异常时，配电终端应能够对相关异常进行自检并评估故障的严重程度，并及时将相关告警信号上送至主站，以便运行维护人员能够及时发现并对故障进行处理，从而保障系统的稳定、可靠运行。

11.4.1　配电自动化系统常用的通信协议

由配电终端的工作方式可知，配电终端的信息交换主要分为以下三类：配电终端与电压、电流互感器之间的通信；配电终端与配电终端之间的通信以及配电终端与配电主站之间的通信。IEC 61850 对于前两种信息交换方式给出了明确具体的规定，其中电压、电流互感器与配电终端的通信采用采样值传输服务，配电终端与配电终端之间采用 GOOSE 报文。而对于第三类通信，即配电终端与配电主站之间的通信，目前尚未实现统一的规定。为了实现配电终端的自描述功能，终端与主站的通信内容不仅要包含实时数据，还应该包括模型的描述信息。目前广泛应用的 104 规约仅能完成数据的传输，故模型描述信息的传输是实现配电终端自描述功能的关键。主站与终端间的通信方式如图 11-4 所示。

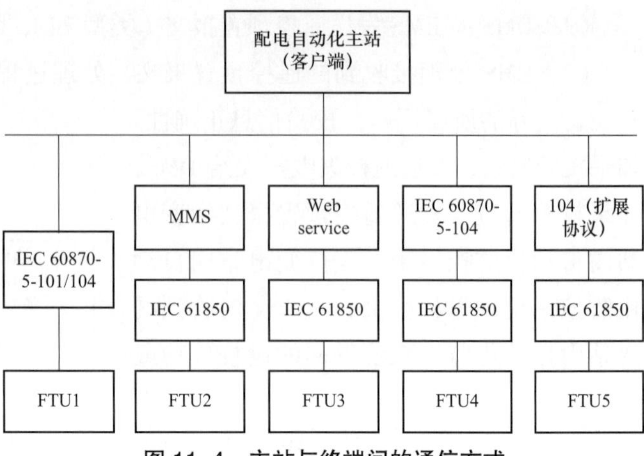

图 11-4　主站与终端间的通信方式

（1）传统配电网中，基于点表传输数据的 IEC60870-5-101/104 协议是实现配电主站与配电终端通信的主要方式，如图 11-4 中 FTU1 所示。这种方式只是完成了数据传输的任务，在数据实际传输的过程中，数据之间的关系容易丢失且在安装调试配电自动化系统时，需要在主站和终端间以人工的方式核对点表，工作量巨大且易发生错误。在 IEC 61850 标准引入配电自动化系统后，借鉴 IEC 61850 的建模思想对配电终端进行功能建模成为一种趋势，这使得原先缺乏关联的数据具有了自描述的功能。然而 IEC 61850 标准并未规定具体的通信协议，选择哪种通信协议以及如何将模型映射到通信协议是实现配电终端自描述功能的关键。图 11-4 中所示 FTU3、FTU4 和 FTU5 是将信息模型映射到三种不同的通信协议。

（2）FTU2 将信息模型映射到 MMS 协议。MMS 协议具有完整的信息模型，可以通过将 IEC 61850 的信息模型映射到 MMS 的信息模型里面实现配电终端与配电主站的通信。但是由于 MMS 信息模型的层次与 IEC 61850 信息模型的层次有所不同，例如 IEC 61850 里的逻辑节点、数据、控制等都要映射到 MMS 里的有名变量。这会造成调用逻辑节点信息的服务响应中包含大量冗余信息。又由于配电终端数量多，故这种方式不适用于配电系统。

（3）FTU3 将信息模型映射到 Web services，Webservices 技术是服务器程序通过 Internet 发布应用服务并能够被客户端程序远程调用的一种标准机制。Web services 不适合用于实时数据的传输，配电自动化系统通常会使用 IEC 60870-5-104+Webservices 的方法实现配电主站与配电终端的通讯。

（4）FTU4 将信息模型映射到 IEC 60870-5-104 协议，这种方式可以实现配电终端与配电主站实时信息的传输，但是还不能支持用于获取终端信息模型的 GetServerDirectory 以及 GetLogicalDirectory 等服务。

（5）如图 11-4 中 FTU5 所示，借鉴 IEC 60870-5-103 协议中的类型标识来扩展 IEC 60870-5-104 协议，使之不仅能够传输实时数据，还能通过召唤终端描述、应答等报文获取配电终端的信息模型，从而实现配电终端的自描述功能。

11.4.2 IEC 60870-5-104 的扩展

目前，在工程实际中配电终端通常使用 FTP 上送模型文件，配电主站通过解析配电终端的 SCL 文件，将配电终端信息模型内的数据映射到 IEC60870-5-104 中的地址信息中，完成配电主站与配电终端的配置工作。这种方式实施起来简单方便，但是模型文件的传输可能引起网络的延时，影响实时数据的传输。另外一种配置方式是借鉴 IEC 60870-5-103 协议中的类型标识，并参考 104 规约的报文格式，设计用于传输装置描述信息的报文。在 104 规约中扩展一种应用数据服务单元 ASDU，采用八位位组串作为数据类型，传送对应信息体的描述。终端装置在与主站连接后，将装置的描述信息按照信息对象地址排列，等待主站召唤命令。遵循 104 规约对报文格式的基本定义，扩展两种报文格式如表 11-12 和表 11-13 所示。

扩展报文的类型标识为 A0H，其余的报文格式与 104 规约中要求相同。扩展报文的类型标识为 A0H，每个信息体的数据类型是八位位组串，由终端控制每帧报文上送的信息对象的个数。主站获取终端描述时使用的传送原因为总召唤，当主站系统重新启时或者当主站判断出终端装置为重新上电时，发送召唤终端描述的报文，终端装置收到召唤报文后将按照信息对象地址排列好的装置描述信息依次送至主站，完毕后发送响应结束报文。

表 11-12　主站召唤终端描述的报文格式

<table>
<tr><td>类型标识</td><td>A0H</td><td rowspan="4">数据单元标识符</td></tr>
<tr><td>可变结构限定词</td><td>104 规约中定义</td></tr>
<tr><td>传送原因</td><td>104 规约中定义</td></tr>
<tr><td>ASDU 公共地址</td><td>104 规约中定义</td></tr>
<tr><td>信息对象地址</td><td>104 规约中定义</td><td>信息对象</td></tr>
</table>

表 11-13　终端应答的报文格式

<table>
<tr><td>类型标识</td><td>A0H</td><td rowspan="4">数据单元标识符</td></tr>
<tr><td>可变结构限定词</td><td>104 规约中定义</td></tr>
<tr><td>传送原因</td><td>104 规约中定义</td></tr>
<tr><td>ASDU 公共地址</td><td>104 规约中定义</td></tr>
<tr><td>信息对象地址</td><td>104 规约中定义</td><td rowspan="3">信息对象</td></tr>
<tr><td>八位位组串长度</td><td>单字节标识（1~255）</td></tr>
<tr><td>八位位组串</td><td>ASCII 字符</td></tr>
</table>

11.4.3 基于扩展 104 协议的终端描述信息更新机制

新上电的配电终端向配电主站发送 Register 信息进行注册请求，此信息中包含配电终端的版本配置、名字、IP 地址等信息。配电主站收到 Register 信息后发送一次 Discover 信息给相应的终端来召唤终端的描述，此信息中包括配电主站的名称、IP 地址等信息。配电终端收到 Discover 信息后将描述上送主站，此后配电主站将新注册的配电终端上传的信息与主站已有的终端信息库进行比较。处理结果分为三种情况，如图 11-5 所示。

（1）配电主站的终端信息库中没有新注册的配电终端，则配电主站要在终端信息库中增加相应的终端信息，通过扩展 104 获取终端的模型信息，并将全部信息按照信息对象地址录入数据库中，并将信息对象地址与系统监视画面关联；

（2）配电主站的终端信息库中有新注册的配电终端，则依次比较每一个信息对象地址的描述是否一致，如果配置信息版本号等描述有所改变，则需要更新相应信息对象地址下的描述信息，并且自动更新系统监视画面中该信息对象地址的描述；

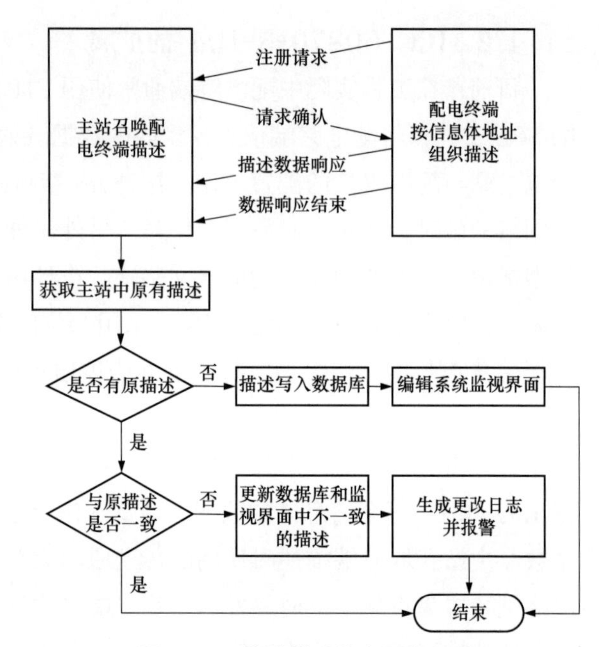

图 11-5　终端描述信息更新机制

（3）新注册的配电终端的模型在配电主站中已经存在，则配电主站可以直接获取配电终端的实时信息。

11.5　IEC 60870-5-104 规约在微机保护接入中的应用

目前，调度自动化主站需要接入的信号特别是保护信号种类繁多，对应的厂家也有很多，但标准的 IEC 60870-5-104 规约未对微机保护信息的传输做明确的规定，这样就有必要通过拓展标准 IEC 60870-5-104 规约的方式对各种微机保护类型进行统一的定义和规范。

厂站需要上送主站的保护信息有保护事项信息、保护定值、保护模拟量、保护装置自检事项信息。规定保护事项信息和保护装置自检事项信息属于 1 级用户数据，事项发生后主动上传主站，保护定值和保护模拟量信息响应主站召唤上传。

11.5.1　应用规约数据单元（APDU）的定义

编号的监视功能（S 格式）帧和未编号的控制功能（U 格式）帧的 APDU 仅包括应用规约控制信息（APCI）部分，与标准 104 规约相同。对编号的信息传输（I 格式）帧的 APDU，对其 ASDU 进行扩展以传输微机保护信息。具体格式对比说明如表 11-14 所示。

ASDU 具体说明：

TYP：在标准 104 规约的基础上进行扩展。

VSQ：暂为 0。

COT：对于主动上送的微机保护事项固定为 3（突发）；对于召唤响应的保护定值、保护测量值等固定为 5（请求 / 被请求）。

ADDR：同标准 104 规约。保护信息传输控制字节：D7 为后续保护信息帧标志位；D6–D0（0 ~ 127）表示当前帧序号。

保护单元地址：为变电站内的所有保护单元进行统一的编号，占用 2 个字节（short 类型）。

保护报文长度：本帧保护数据信息体装载的保护数据。

表 11–14　　标准 104 规约与扩展 104 规约 APDU 格式对比

<table>
<tr><th>规约对比
格式说明</th><th>标准的 104 规约</th><th colspan="3">扩展 104 规约</th></tr>
<tr><td rowspan="17"></td><td>TYP</td><td colspan="3">TYP（需扩展）</td></tr>
<tr><td>VSQ</td><td colspan="3">VSQ</td></tr>
<tr><td>COT_I</td><td colspan="3">COT_I</td></tr>
<tr><td>COT_H</td><td colspan="3">COT_H</td></tr>
<tr><td>ADDR_L</td><td colspan="3">ADDR_L</td></tr>
<tr><td>ADDR_H</td><td colspan="3">ADDR_H</td></tr>
<tr><td rowspan="11">信息体</td><td>InfAddr_0</td><td colspan="2">保护信息传输控制字节</td></tr>
<tr><td>InfAddr_1</td><td colspan="2">保护单元地址 _L</td></tr>
<tr><td>InfAddr_2</td><td colspan="2">保护单元地址 _H</td></tr>
<tr><td rowspan="8">…</td><td colspan="2">保护报文长度</td></tr>
<tr><td rowspan="7">保护信息 103 规约
ASDU</td><td>TYP</td></tr>
<tr><td>VSQ</td></tr>
<tr><td>COT</td></tr>
<tr><td>ADDR</td></tr>
<tr><td>FUN</td></tr>
<tr><td>INK</td></tr>
<tr><td>…</td></tr>
</table>

保护信息 103 规约的 ASDU：同 IEC60870–5–103 规约部分解释。

<table>
<tr><td>根据 DL/T 634.5101，从 GB/T 18657.5 中选取的应用功能</td><td>初始化</td><td>用户进程</td></tr>
<tr><td colspan="2">从 DL/T 634.5101 和本部分选取的 ASDU</td><td rowspan="2">应用层（第 7 层）</td></tr>
<tr><td colspan="2">APCI(应用协议控制信息)
传输接口(用户到 TCP 的接口)</td></tr>
<tr><td colspan="2" rowspan="4">TCP/IP 协议子集（RFC 2200）</td><td>传输层（第 4 层）</td></tr>
<tr><td>网络层（第 3 层）</td></tr>
<tr><td>链路层（第 2 层）</td></tr>
<tr><td>物理层（第 1 层）</td></tr>
<tr><td colspan="3">注：第 5 层、第 6 层未用。</td></tr>
</table>

图 11–6　IEC60870–5–104 网络参考模型

在图 11-6 中，IEC 60870-5-104 扩展规约的 ASDU 部分对 TYP（类型标识）进行扩展定义，用来标识本规约为 IEC 60870-5-104 扩展规约，同时在其信息体处增加对保护信息的处理，以达到传输微机保护信息的目的。整个处理过程对 IEC 60870-5-104 规约的 U 格式帧和 S 格式帧均不需做任何处理，这样可以使接口规约改动尽可能小，系统配置比较简单、灵活、方便. IEC 60870-5-104 扩展规约保护信息上传过程中，对于完整的一帧保护报文，发送方可能 1 帧就可以发送完成，也可能要分 1 ~ N 帧发送完成，接收方也要一直接收全所有的保护数据帧后再进行相关保护数据的解释处理。对于这两种不同的发送方式可以在“保护信息传输控制字节”处进行处理。按照 IEC 60870-5-104 扩展规约一帧能够装载的保护数据为 239 字节。对保护信息传输控制字节定义如下（只反映保护信息体头的变化）：若保护报文的长度小于 239 字节，则只需一帧即可传输完所有保护数据，保护信息传输控制字节定义为 00H（D7：0 标识无后续帧；当前帧序号为 0）。若保护报文的长度为 492 字节，则需要三帧才可传输完所有保护数据。保护信息传输控制字节定义为：① 00H（D7：0 标识无后续帧；当前帧序号为 0）；② 11H（D7：1 标识有后续帧；当前帧序号为 1）；③ 12H（D7：1 标识有后续帧；当前帧序号为 2）。

11.5.2 类型标识定义

<1~127>：按照标准 104 规约的规定，用于常规信息传输、文件传输等。

<128~150>：保留，用于其他扩展。如 IEC60870-5-101：2002 的附录 C 互操作性推荐意见中规定类型标识 136 用于多点设定命令。为满足现场的实际需要、适应不同厂家的保护装置类型，拓展 IEC-60870-5-104 标准制定新的规范。规定相应的类型标识如表 11-15 所示。

表 11-15　扩展 104 规约接入微机保护的类型标识

类型标识	保护系统
151	积成电子 CAN2000
152	LFP-103 保护系统（串口 103 规约）
153	RCS-103 保护系统（串口 103 规约）
154	ISA-103 保护系统（串口 103 规约）
155	LFP 保护系统（LFP 规约）
156	深圳南瑞 ISA-1 保护（ISA_V2.0 规约）
157	南自厂 WXB 保护（WXB94 规约）
158	N4F 四方保护
159	许继保护
160	南瑞 RCS9000（LFPV3.0 规约）
161	南瑞城乡 DFP
162	深圳南瑞 ISA300（ISA_V3.0）
163	上海申瑞 DFP500
164	南京电研 NSA 保护

续表

类型标识	保护系统
165	DIRIS- 保护
166	南自厂 PS6000 低压综自系统（厂家自己的以太网 103 规约）
167	南瑞故障信息系统（厂家自己的以太网 103 规约）
168	北京四方公司保护

11.5.3　IEC 60870-5-104 扩展规约的子站端和主站端设计

（1）由于 IEC 60870-5-104 扩展规约的上传保护信息量特别大，且考虑主站需要遥控操作，为了安全考虑以及便于运行人员监盘和日后维护，建议硬件上在子站端单独配置一总控（子站的 RTU）和主站（也单独配置一监控机）通信。

（2）子站端总控只和保护装置通讯，对所接收到的保护报文的正确性严格校核，然后打包经 IEC 60870-5-104 扩展规约直接上送主站前置系统，子站端对保护报文不做任何处理，仅对其进行打包上送，即总控对保护信息的上传是透明的，可作为一个载体来考虑，这也就保证对保护信息解释的独立性和完整性。

（3）主站对保护的解释须以动态链接库 DLL 的形式进行动态调入解释，不同的保护规约和厂家类型，对应不同的 DLL 解释动态库。调度端须严格校核该帧保护下行的全部类容的正确性，以确保其操作设备的安全；为了保证保护信息解释的独立性、扩展性和完整性，保护的解释须以动态链接库 DLL 的形式进行动态调入解释，不同的保护规约和厂家类型，对应不同的 DLL 解释动态库。

（4）由于主站判断接收保护报文的类型唯一依据是依靠接收报文中的装置地址，这个地址需要子站和主站事先约定统一，因此也就要求保护装置地址的唯一性，不管保护装置和总控是串口通信还是以太网通信，装置地址必须唯一，不可重复。程序设计流程如图 11-7 所示。

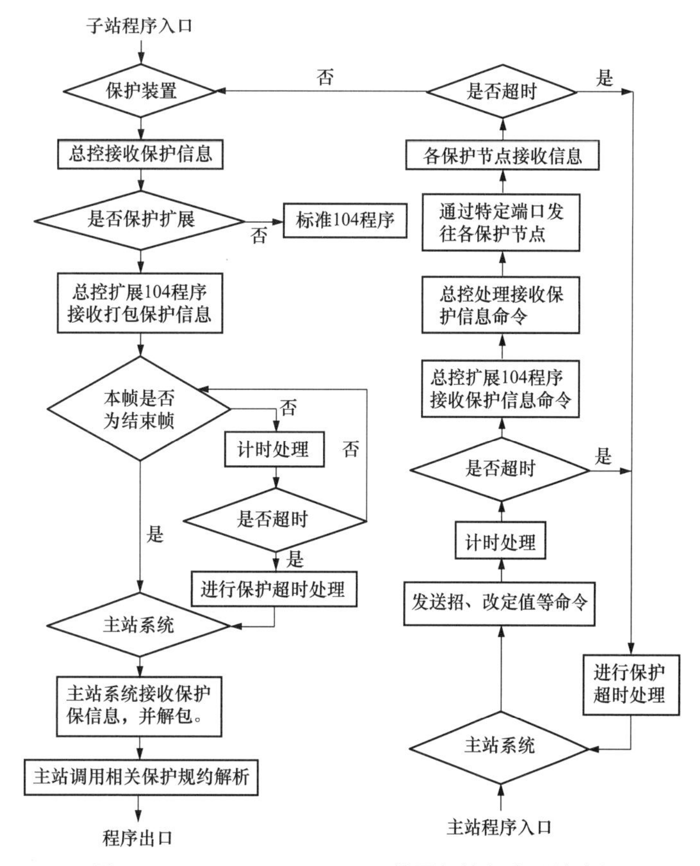

图 11-7　IEC 60870-5-104 扩展规约程序设计流程